SolidWorks 2012机械设计
入门与实战

云杰漫步CAX设计教研室 编著

人民邮电出版社
北　京

图书在版编目（ＣＩＰ）数据

SolidWorks 2012机械设计入门与实战 / 云杰漫步
CAX设计教研室编著. -- 北京：人民邮电出版社，
2013.11
　ISBN 978-7-115-32888-5

　Ⅰ. ①S… Ⅱ. ①云… Ⅲ. ①机械设计—计算机辅助
设计—应用软件 Ⅳ. ①TH122

中国版本图书馆CIP数据核字(2013)第195522号

内 容 提 要

　　本书是 SolidWorks 2012 机械设计的入门与实战教程，不仅包括 SolidWorks 2012 软件的基础应用和使用技巧，而且也包括其在机械设计领域的实际案例应用。

　　全书共 11 章，包括 SolidWorks 2012 软件入门、草图设计、实体基本建模、实体附加特征、零件形变特征、特征编辑、曲线与曲面设计、工程图设计、公差和应力分析、渲染输出等与机械设计相关的各种知识与模块，对机械设计功能和技巧进行了全面和深入地讲解，最后通过机械设计技术综合范例对所讲内容进行了系统性回顾和总结。

　　本书配套光盘中有各章节实例、综合演练的讲解以及源文件，便于读者学习使用。

　　本书适合使用 SolidWorks 2012 中文版进行机械设计的广大初、中级用户，既可以作为广大读者快速掌握 SolidWorks 2012 机械设计的自学教程，也可以作为大专院校计算机辅助设计课程的指导教材。

◆ 编　　著　云杰漫步 CAX 设计教研室
　　责任编辑　许曙宏
　　责任印制　方　航

◆ 人民邮电出版社出版发行　　北京市崇文区夕照寺街 14 号
　　邮编　100061　　电子邮件　315@ptpress.com.cn
　　网址　http://www.ptpress.com.cn
　　北京昌平百善印刷厂印刷

◆ 开本：787×1092　1/16
　　印张：28
　　字数：746 千字　　　　　　　　2013 年 11 月第 1 版
　　印数：1- 3 000 册　　　　　　　2013 年 11 月北京第 1 次印刷

定价：59.00 元（附光盘）

读者服务热线：(010) 67132692　印装质量热线：(010) 67129223
反盗版热线：(010) 67171154
广告经营许可证：京崇工商广字第 0021 号

前　言

SolidWorks公司是一家专业从事三维机械设计、工程分析、产品数据管理软件研发和销售的国际性公司。其产品SolidWorks是世界上第一套基于Windows系统开发的三维CAD软件，这是一套完整的 3D MCAD 产品设计解决方案，即在一个软件包中为机械设计团队提供了所有必要的机械设计、验证、运动模拟、数据管理和交流工具。该软件以参数化特征造型为基础，具有功能强大、易学、易用等特点，是当前最优秀的三维CAD软件之一。在SolidWorks 2012中文版中，针对设计中的多种功能进行了大量的补充和更新，使用户可以更加方便地进行设计，这一切无疑为广大的机械设计人员带来了福音。

为了使读者能够在最短的时间内掌握SolidWorks 2012机械设计技术的诀窍，笔者的CAX设计教研室根据多年使用SolidWorks机械设计的经验编写了本书。本书针对SolidWorks机械设计的特点，对书的内容做了周密的安排，按照从简单到复杂的过程进行编排，整书就像一位专业设计师，面对面地与读者交流设计项目时的思路、流程、方法和技巧、操作步骤。全书共分为11章，内容包括软件入门、草图设计、实体基本建模、实体附加特征、零件形变特征、特征编辑、曲线与曲面设计、工程图设计、公差和应力分析、渲染输出等，对机械设计功能和技巧进行了全面和深入的讲解，并在最后通过机械设计技术综合范例进行了具体的实践训练。

本书还配备了交互式多媒体教学演示光盘，将案例制作过程录制为多媒体，并配以从教多年的专业讲师全程以面对面的形式进行语音视频跟踪讲解，便于读者学习使用。同时光盘中还提供了所有实例的源文件，以便读者练习使用。关于多媒体教学光盘的使用方法，读者可以参看光盘根目录下的光盘说明。另外，本书还提供了网络的免费技术支持，欢迎大家登录云杰漫步多媒体科技的网上技术论坛http://www.yunjiework.com/bbs进行交流。论坛分为多个专业的设计版块，可以为读者提供实时的软件技术支持，解答图书中的问题。

本书由云杰漫步多媒体科技CAX设计教研室编著，参加编写工作的有张云杰、靳翔、尚蕾、张云静、贺安、董闯、宋志刚、刘亚鹏、彭勇、焦淑娟、金宏平、李家田、杨晓晋等。书中的范例均由云杰漫步多媒体科技公司设计制作，多媒体光盘由云杰漫步多媒体科技公司提供技术支持，同时要感谢人民邮电出版社的大力支持。

由于本书编写时间紧张，编写人员的水平有限，因此在编写过程中难免有不足之处，希望广大读者不吝赐教，对书中的不足之处给予指正。

作　者
2013年10月

多媒体光盘使用说明

多媒体教学光盘内容为所学范例的多媒体教学课程和学习过程中需要调用的sldprt模型文件。读者可以将书本和光盘结合起来进行学习，也可以直接通过光盘中的多媒体教学进行独立学习。

光盘使用方法

1. 光盘可以自动运行（当您把光盘放入光驱时，只需等待一小段时间就会自动运行程序）。

2. 如果光盘不能自动运行，在光盘根目录中双击start.exe文件即可运行光盘程序，进入光盘主界面，如图1所示。

3. 单击【光盘说明】按钮可以打开光盘说明内容。

4. 单击【资料库】按钮后可打开文件夹"ywj"，其中有本书中范例的模型文件，其中的各文件夹的名称为章号。

5. 单击某一章的章号按钮即可打开该章的范例目录，如图2所示。

6. 单击各小节按钮可进行该范例的学习，如图3所示。

7. 单击【退出】按钮可以退出光盘播放。

图1

图2

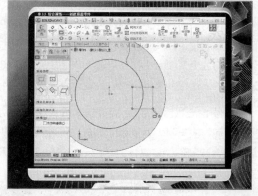

图3

配置要求

1. 处理器要求。Intel Pentium 4 1GHz以上。

2. 内存要求。最低 256MB（最好没有其他程序运行）。

3. 操作系统要求。Windows XP/2003 操作系统以上。

4. 光驱要求。DVD-ROM

5. 浏览器要求。Internet Explorer 5.0 以上。

6. 媒体播放器要求。建议采用Windows Media Player 版本为9.0以上。

7. 显示模式要求。使用 1024×768 或者 1280×1024 模式浏览。

特别提示

1. 由于光盘中教学视频采用了TSCC的压缩格式，需要读者的计算机中安装有该解码程序，没有的读者可以通过在主界面中单击【安装视频解码器】按钮，或者从网上下载解码程序进行安装，也可以登录技术支持论坛（www.yunjiework.com/bbs）后下载解码程序进行安装。

2. 书中的模型源文件为本书各章实例的prt文件，读者需要使用SolidWorks 2012才能将它们打开。建议读者将光盘中的所有模型文件复制在硬盘上运行。

特别声明

本光盘中的图片、影像等素材文件仅作为学习和欣赏之用，未经许可不得用于任何商业等其他用途。

技术支持

关于本书的相关技术支持和软件问题请到作者的技术论坛进行交流，或者发电子邮件寻求帮助。

云杰漫步多媒体科技公司 CAX设计教研室
技术论坛：www.yunjiework.com/bbs
电子邮件：yunjiebook@126.com

SolidWorks 2012机械设计入门与实战视频目录

为了帮助你更好地学习本书，作者录制了总共54例、时长接近3小时的配套多媒体语音视频教程。通过视频教程，作者一方面直观地演示了所有命令操作以帮助你更简单地掌握SolidWorks 2012机械设计的基本操作；另一方面结合演示对一些较为复杂的概念进行了形象的讲解。同时，结合画面与语言，作者对一些重点与细节进行了强调，这将有助于你更好地抓住学习要点。这套多媒体教程不但是书本的有力补充，也是本书不可或缺的重要部分。

所有视频都使用了720P高清格式录制以保证最佳观赏体验。同时，多媒体教程还有良好的交互界面，读者可以在电脑上自如地选择要播放的教程视频，控制播放进度，调整播放音量，打开选择的范例源文件，边操作边学习。

本书学习方法

尽管此部分是介绍性的视频，但是不要忽略这些内容。这对读者理解本书的内容，形成系统的学习方式有很大的好处，同时也包含了很多关于本书的重要知识。时长：4分20秒

第1章　SolidWorks 2012入门

本章是SolidWorks的基础。这一章的多媒体视频详细地介绍了软件的操作界面、文件的基本操作以及生成和修改参考几何体的方法。这些知识是正确使用SolidWorks 2012进行机械设计的基础。

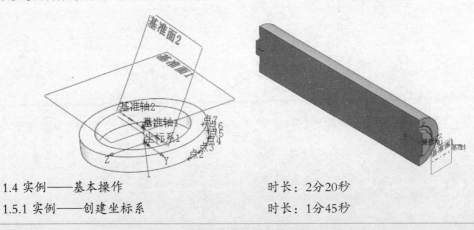

1.4 实例——基本操作　　　　　　　　　　　时长：2分20秒

1.5.1 实例——创建坐标系　　　　　　　　　时长：1分45秒

第2章　草图设计

草图绘制对SolidWorks三维零件的模型生成非常重要，是使用该软件的基础。这一章的多媒体视频为你详细介绍了草图绘制的方法、草图编辑及3D草图生成的方法。

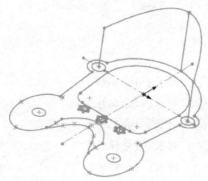

第3章　实体基本建模

这一章中的多媒体视频将介绍各种实体特征设计的命令和步骤，包括拉伸、旋转、扫描和放样等实体特征。

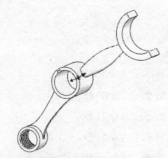
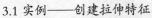
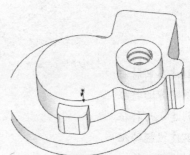

第4章　实体附加特征

实体附加特征是针对已经完成的实体模型，进行辅助性编辑的特征。本章的多媒体视频将介绍圆角特征、倒角特征、筋特征、孔特征、抽壳特征和扣合特征的操作。

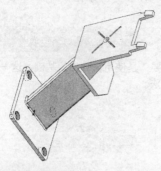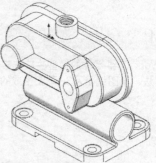

第5章　零件形变特征

零件形变特征可以改变复杂曲面和实体模型的局部或整体形状，本章的多媒体视频主要介绍弯曲特征、压凹特征、变形特征、拔模特征和圆顶特征的创建方法和属性设置。

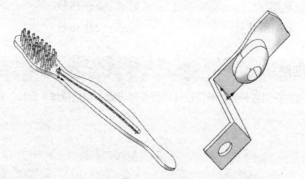

第6章　特征编辑

本章的多媒体视频将介绍在组合编辑、阵列、装配中零部件的阵列和各种镜向特征的创建方法。

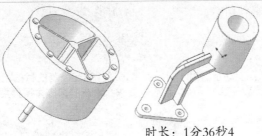

第7章　曲线与曲面设计

　　曲线和曲面是复杂和不规则实体模型的主要组成部分，尤其在工业设计中，该组命令的应用更为广泛。这一章的多媒体视频主要介绍曲线与曲面设计以及编辑曲面的方法。

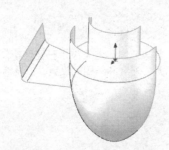

第8章　工程图设计

　　工程图是用来表达三维模型的二维图样，通常包含一组视图、完整的尺寸、技术要求、标题栏等内容。在本章的多媒体视频中，将介绍工程图的基本设置方法，工程视图的创建和尺寸、注释的添加，以及工程图的打印方法。

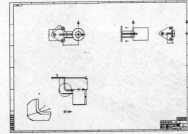
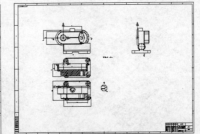

8.6 综合演练——创建零件图纸   时长：6分51秒

第9章　公差和应力分析

公差就是实际参数值的允许变动量。对于机械制造来说，制定公差的目的就是为了确定产品的几何参数，使其变动量在一定的范围之内，以便达到互换或配合的要求。本章的多媒体视频主要介绍应力分析的方法。

9.5 实例——创建应力分析   时长：3分52秒

9.7 综合演练——模型的应力分析   时长：6分02秒

第10章　渲染输出

PhotoView 360插件是SolidWorks中的标准逼真渲染解决方案。渲染技术已经更新，以改善用户体验和最终成果。本章的多媒体视频主要讲解渲染零件的布景、光源、外观和贴图的设置，以及渲染输出。

10.2 实例——创建材质   时长：1分45秒

10.3 实例——零件渲染   时长：56秒

10.4 综合演练——玩具模型的渲染   时长：1分58秒

第11章　SolidWorks 2012机械设计综合范例

本章通过电机模型和冲压模具模型这两个综合范例的制作，来巩固前面讲解的内容，从而增强实际应用能力。本章的视频就是这两个范例的详细操作过程，请读者多加学习理解。

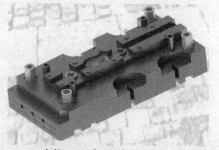

11.1 综合范例1——电机模型创建   时长：12分58秒

11.2 综合范例2——冲压模具模型创建   时长：9分22秒

目　录

第1章

SolidWorks 2012入门

SolidWorks是功能强大的三维CAD设计软件，是达索系统（Dassault Systemes S.A）下的子公司开发的以Windows操作系统为平台的设计软件。SolidWorks相对于其他CAD设计软件来说，简单易学，具有高效的、简单的实体建模功能，并可以利用SolidWorks集成的辅助功能对设计的实体模型进行一系列计算机辅助分析，能够更好地满足设计需要，节省设计成本，提高设计效率。

本章是SolidWorks的基础，主要介绍该软件的基本概念和操作界面、文件的基本操作以及生成和修改参考几何体的方法。这些是用户使用SolidWorks必须要掌握的基础知识，是熟练使用该软件进行产品设计的前提。

知识要点

- ✖ SolidWorks简介
- ✖ SolidWorks 2012操作界面
- ✖ SolidWorks 2012新增功能
- ✖ 基本操作工具
- ✖ 参考几何体

案例解析

参考创建

文件操作

1.1　SolidWorks简介

SolidWorks已广泛应用于机械设计、工业设计、电装设计、消费品产品及通信器材设计、汽车制造设计、航空航天的飞行器设计等行业。下面对SolidWorks的背景、发展及其主要设计特点进行简单的介绍。

1.1.1　背景和发展

SolidWorks是由达索系统下的子公司SolidWorks公司成功开发的一款三维CAD设计软件，它采用智能化参变量式设计理念及Microsoft Windows 图形化用户界面，具有表现卓越的几何造型和分析功能。软件操作灵活，运行速度快，设计过程简单、便捷，被业界称为"三维机械设计方案的领先者"，并受到广大用户的青睐，在机械制图和结构设计领域已成为三维CAD设计的主流软件。

工程技术人员利用SolidWorks可以更有效地为产品建模及模拟整个工程系统，以缩短产品的设计和生产周期，并可完成更加富有创意的产品制造。在市场应用中，SolidWorks也取得了卓越的成绩。例如，利用SolidWorks及其集成软件COSMOSWorks设计制作的美国国家宇航局（NASA）"勇气号"飞行器的机器人臂，在火星上圆满完成了探测器的展开、定位以及摄影等工作。负责该航天产品设计的总工程师Jim Staats表示，SolidWorks能够提供非常精确的分析测试及优化设计，既满足了应用的需求，又提高了产品的研发速度。作为中国航天器研制、生产基地的中国空间技术研究院，也选择了SolidWorks作为三维设计软件，以最大限度地满足其对产品设计的高端要求。

1.1.2　主要设计特点

SolidWorks是一款参变量式CAD设计软件。与传统的二维机械制图相比，参变量式CAD设计软件具有许多优越的性能，是当前机械制图设计软件的主流和发展方向。参变量式CAD设计软件是参数式和变量式CAD设计软件的通称。其中，参数式设计是SolidWorks最主要的设计特点。所谓参数式设计，是将零件尺寸的设计用参数描述，并在设计修改的过程中通过修改参数的数值改变零件的外形。SolidWorks中的参数不仅代表了设计对象的相关外观尺寸，并且具有实质上的物理意义。例如，可以将系统参数（如体积、表面积、重心、三维坐标等）或者用户定义参数即用户按照设计流程需求所定义的参数（如密度、厚度等具有设计意义的物理量或者字符）加入到设计构思中来表达设计思想。这不仅从根本上改变了设计理念，而且将设计的便捷性向前推进了一大步。用户可以运用强大的数学运算方式，建立各个尺寸参数间的关系式，使模型可以随时自动计算出应有的几何外型。

下面对SolidWorks参数式设计进行简单介绍。

1. 模型的真实性

利用SolidWorks设计出的是真实的三维模型。这种三维实体模型弥补了传统面结构和线结构的不足，将用户的设计思想以最直观的方式表现出来。用户可以借助系统参数，计算出产品的体积、面积、重心、重量以及惯性等参数，以便更清楚地了解产品的真实性，并进行组件装配等操作，在产品设计的过程中能随时掌握设计重点，调整物理参数，省去人为计算的时间。

2. 特征的便捷性

初次使用SolidWorks的用户大多会对特征感到十分亲切。SolidWorks中的特征正是基于人性化理念而设计的。孔、开槽、圆角等均被视为零件设计的基本特征，用户可以随时对其进行合理的、不违反几何原理的修正操作（如顺序调整、插入、删除、重新定义等）。

3. 数据库的单一性

SolidWorks可以随时由三维实体模型生成二维工程图,并可自动标示工程图的尺寸数据。设计者在三维实体模型中作任何数据的修正,其相关的二维工程图及其组合、制造等相关设计参数均会随之改变,这样既确保了数据的准确性和一致性,又避免了由于反复修正而耗费大量时间,有效地解决了人为改图产生的疏漏,减少了错误的发生。这种采用单一数据库、提供所谓双向关联性的功能,也正符合了现代产业中同步工程的指导思想。

1.2 SolidWorks 2012操作界面

SolidWorks 2012的操作界面是用户对创建文件进行操作的基础,图1-1所示为一个零件文件的操作界面,包括菜单栏、工具栏、特征管理区、绘图区及状态栏等。装配体文件和工程图文件与零件文件的操作界面类似,本节以零件文件操作界面为例,介绍SolidWorks 2012的操作界面。

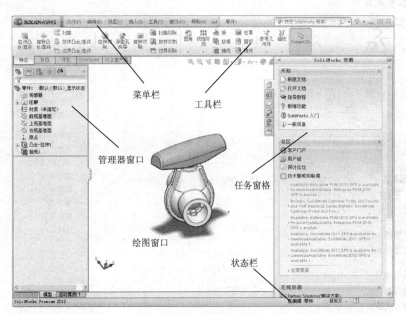

图1-1 SolidWorks 2012操作界面

在SolidWorks 2012操作界面中,菜单栏包括了所有的操作命令,工具栏一般显示常用的按钮,可以根据用户需要进行相应的设置。

CommandManager(命令管理器)可以将工具栏按钮集中起来使用,从而为绘图窗口节省空间。

FeatureManager(特征管理器)设计树记录文件的创建环境以及每一步骤的操作,对于不同类型的文件,其特征管理区有所差别。

绘图窗口是用户绘图的区域,文件的所有草图及特征生成都在该区域中完成,FeatureManager设计树和绘图窗口为动态链接,可在任一窗格中选择特征、草图、工程视图和构造几何体。

状态栏显示编辑文件目前的操作状态。特征管理器中的注解、材质和基准面是系统默认的,可根据实际情况对其进行修改。

1.2.1 菜单栏

系统默认情况下,SolidWorks 2012的菜单栏是隐藏的,将鼠标移动到SolidWorks徽标上或者单击它,菜单栏就会出现。将菜单栏中图标 改为 打开状态,菜单栏就成为固定、可见的,如图1-2

所示。SolidWorks 2012包括【文件】、【编辑】、【视图】、【插入】、【工具】、【窗口】和【帮助】等菜单，单击可以将其打开相应的菜单。

文件(F)　编辑(E)　视图(V)　插入(I)　工具(T)　窗口(W)　帮助(H)

图1-2　菜单栏

下面对各菜单分别进行介绍。

1. 【文件】菜单

【文件】菜单包括【新建】、【打开】、【保存】和【打印】等命令，如图1-3所示。

2. 【编辑】菜单

【编辑】菜单包括【剪切】、【复制】、【粘帖】、【删除】以及【压缩】、【解除压缩】等命令，如图1-4所示。

3. 【视图】菜单

【视图】菜单包括显示控制的相关命令，如图1-5所示。

图1-3　【文件】菜单　　　　　　图1-4　【编辑】菜单　　　　　　图1-5　【视图】菜单

4. 【插入】菜单

【插入】菜单包括【凸台/基体】、【切除】、【特征】、【阵列/镜向】（此处为与软件界面统一，使用"镜向"，下同）、【扣合特征】、【曲面】、【钣金】、【焊件】等命令，如图1-6所示。这些命令也可通过【特征】工具栏中相应的功能按钮来实现。具体操作将在以后的章节中陆续介绍，在此不作赘述。

5. 【工具】菜单

【工具】菜单包括多种命令，如【草图工具】、【几何关系】、【测量】、【质量特性】、【检查】等，如图1-7所示。

6. 【窗口】菜单

【窗口】菜单包括【视口】、【新建窗口】、【层叠】等命令，如图1-8所示。

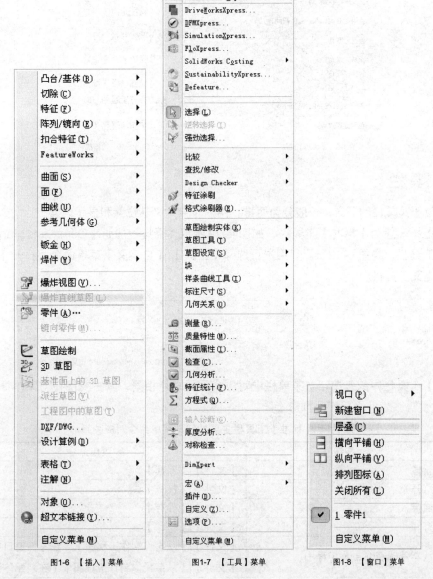

图1-6 【插入】菜单　　　图1-7 【工具】菜单　　　图1-8 【窗口】菜单

7. 【帮助】菜单

【帮助】菜单（如图1-9所示）可提供各种信息查询。例如，【SolidWorks 帮助】命令可展开

SolidWorks软件提供的在线帮助文件，【API帮助主题】命令可展开SolidWorks软件提供的API（应用程序界面）在线帮助文件，这些均为用户学习中文版SolidWorks 2012的参考。

此外，用户还可通过快捷键访问菜单或自定义菜单命令。在SolidWorks中单击鼠标右键，弹出与上下文相关的快捷菜单，如图1-10所示。可在绘图窗口和FeatureManager（特征管理器）设计树（以下统称为"特征管理器设计树"）中使用快捷菜单。

图1-9 【帮助】菜单

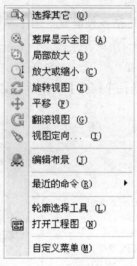

图1-10 快捷菜单

1.2.2 工具栏

工具栏位于菜单栏的下方，一般分为两排，用户可自定义其位置和显示内容。

工具栏上排一般为【标准】工具栏，如图1-11所示。下排一般为【CommandManager（命令管理器）】工具栏，如图1-12所示。用户可选择【工具】|【自定义】菜单命令，打开【自定义】对话框，自行定义工具栏。

图1-11 【标准】工具栏   图1-12 【CommandManager】工具栏

【标准】工具栏中的各按钮与菜单栏中对应命令的功能相同，其主要按钮与菜单命令对应关系见表1-1。

表1-1 【标准】工具栏主要按钮与菜单命令对应关系

图标	按钮	菜单命令
	新建	【文件】|【新建】
	打开	【文件】|【打开】
	保存	【文件】|【保存】
	打印	【文件】|【打印】
	从零件/装配体制作工程图	【文件】|【从零件制作工程图】（在零件窗口中）
		【文件】|【从装配体制作工程图】（在装配体窗口中）
	从零件/装配体制作装配体	【文件】|【从零件制作装配体】（在零件窗口中）
		【文件】|【从装配体制作装配体】（在装配体窗口中）

1.2.3　状态栏

状态栏显示了正在操作对象的状态，如图1-13所示。

| -46.87mm | 1.98mm | 0m 欠定义 | 在编辑 草图3 | 自定义 ▲ | ? |

图1-13　状态栏

状态栏中提供的信息如下。

（1）当用户将鼠标指针拖动到工具栏的按钮上或单击菜单命令时进行简要说明。

（2）当用户对要求重建的草图或零件进行更改时，显示 ⑧【重建模型】图标。

（3）当用户进行草图相关操作时，显示草图状态及鼠标指针的坐标。

（4）对所选实体进行常规测量，如边线长度等。

（5）显示用户正在装配体中的编辑零件的信息。

（6）在用户使用【系统选项】对话框中的【协作】选项时，显示可访问【重装】对话框的 ◉ 图标。

（7）当用户选择【暂停自动重建模型】命令时，显示"重建模型暂停"。

（8）显示或者关闭快速提示，可以单击 ?、⑧、✖、□ 等图标。

（9）如果保存通知以分钟为单位，显示最近一次保存后至下次保存前的时间间隔。

1.2.4　管理器窗口

管理器窗口包括 ◈【特征管理器设计树】、◲【PropertyManager（属性管理器）】（以下统称为【属性管理器】）、◱【ConfigurationManager（配置管理器）】（以下统称为【配置管理器】）、◈【DimXpertManager（公差分析管理器）】（以下统称为【公差分析管理器】）和 ◉【DisplayManager（外观管理器）】（以下统称为【外观管理器】）5个选项卡，其中【特征管理器设计树】和【属性管理器】使用得比较普遍，下面进行详细介绍。

1.【特征管理器设计树】

【特征管理器设计树】提供激活的零件、装配体或者工程图的大纲视图，可用来观察零件或装配体的生成，查看工程图的图纸和视图，如图1-14所示。

【特征管理器设计树】与绘图窗口为动态链接，可在设计树的任意窗口中选择特征、草图、工程视图和构造几何体。

用户可分割【特征管理器设计树】，以显示出两个【特征管理器设计树】，或将【特征管理器设计树】与【属性管理器】或【配置管理器】进行组合。

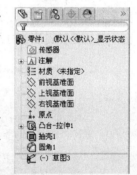

图1-14　【特征管理器设计树】

2.【属性管理器】

当用户在编辑特征时，出现相应的属性管理器。图1-15所示为【属性管理器】中的【属性】对话框。属性管理器可显示草图、零件或特征的属性。

（1）在【属性管理器】中一般包含 ✓【确定】、✖【取消】、?【帮助】、🖈【保持可见】等按钮。

（2）信息框。引导用户下一步的操作，常列举出实施下一步操作的各种方法，如图1-16所示。

（3）选项组框。包含一组相关参数的设置，带有组标题（如【方向 1】等），单击 ⌃ 或者 ⌄ 箭头图标，可以扩展或者折叠选项组，如图1-17所示。

图1-15 【属性管理器】中的【属性】对话框

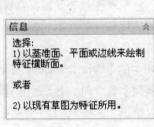

图1-16 【信息】框

图1-17 选项组框

（4）选择框。处于活动状态时，显示为蓝色，如图1-18所示。在其中选择任一项目时，所选项在绘图窗口中高亮显示。若要删除所选项目，用鼠标右键单击该项目，在弹出的菜单中选择【删除】命令（针对某一项目）或者选择【消除选择】命令（针对所有项目），如图1-19所示。

图1-18 处于活动状态的选择框

图1-19 删除选择项目的快捷菜单

（5）分隔条。分隔条可控制【属性管理器】窗口的显示，将【属性管理器】与绘图窗口分开。如果将其来回拖动，则分隔条在【属性管理器】显示的最佳宽度处捕捉到位。当用户生成新文件时，分隔条在最佳宽度处打开。用户可以拖动分隔条以调整【属性管理器】的宽度，如图1-20所示。

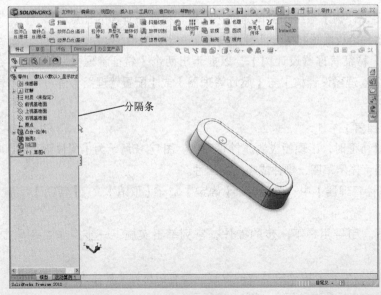

图1-20 分隔条

1.2.5　任务窗口

任务窗口包括【SolidWorks资源】、【设计库】、【文件探索器】等选项卡，如图1-21和图1-22所示。

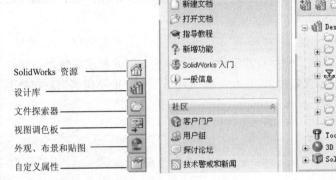

图1-21　任务窗口选项卡图标

图1-22　任务窗口

1.3　SolidWorks 2012新增功能

2011年9月20日，DS SolidWorks推出SolidWorks 2012新品，这也是SolidWorks的CAD软件史上发布的第20个版本。在SolidWorks 2012中，新增和完善了200多项功能，可以更好地提高企业创新能力和设计团队的工作效率。SolidWorks 2012较以往版本有较大幅度的改进，其中主要新增功能如下。

1. 成本计算工具

SolidWorks Costing可以自动计算钣金和机加工零件的制造成本。修改设计或切换零件配置后，可以立即看到更新后的新的制造成本估算值。默认模板可以定制，以模拟特定的制造环境。

2. 大型设计审阅

"大型设计审阅"模式是打开并查验大型装配体的最快方法。功能包括走查、剖切和测量，并且可以打开任何装配零部件。

3. 磁力线和零件序号增强功能

"磁力线"功能允许自动在工程图上准确排列零件序号。"零件序号"会捕捉到磁力线，并可以从一根磁力线移到另一根磁力线。

4. 特征"启用冻结栏"

利用特征"启用冻结栏"，可以控制是否需要重建特定的特征。而且不必重建以前的特征，即可添加其他特征；特征可以随时取消冻结。

5. 增强的方程式编辑器

对"方程式编辑器"进行了彻底的改造，以实现更加简洁的导航和使用。语法亮显对于排查方程式中的问题尤其有用。有多种视图，包括变量和方程式视图、尺寸视图和求解顺序视图。

6. 搜索命令

"搜索命令"使用户能够快速查找难以访问或者不在标准工具栏中的命令。可以启动命令，拖放命令，或者只是直接从搜索结果中，亮显命令在下拉菜单或工具栏中的位置。

7. 运动优化

"运动优化"可以自动使用运动算例结果创建传感器和优化机械的多个方面，例如马达大小、轴承载荷和行程范围。动态调整任何的输入信息，并可即时对约束或目标进行更改。

8. 3DVIA COMPOSER增强的真实体验

"增强的真实体验"使用户可以向2D面板添加零件间的阴影、环境光遮蔽以及阴影效果，并且可以精确控制，从而获得更具立体感的效果。还可以添加发光效果，突出显示用户感兴趣的特定区域。

9. SOLIDWORKS SUSTAINABILITY

Sustainability提供了全新的高级用户界面，使用户能够通过参数（例如回收材质和使用持续时间）更准确地控制建模流程。还可以及时访问最新的Sustainability Extras资料，而不用等到发布补丁包或者新版本时才可以访问。

1.4 基本操作工具

文件的基本操作由【文件】菜单下的命令及【标准】工具栏中的相应命令按钮控制。

1.4.1 新建文件

创建新文件时，需要选择创建文件的类型。选择【文件】|【新建】菜单命令，或单击【标准】工具栏上的□【新建】按钮，可以打开【新建SolidWorks文件】对话框，如图1-23所示。

不同类型的文件，其工作环境是不同的，SolidWorks提供了不同类型文件的默认工作环境，对应不同的文件模板。在【新建SolidWorks文件】对话框中有3个图标，分别是【零件】、【装配体】及【工程图】3个图标。单击对话框中需要创建文件类型的图标，然后单击【确定】按钮，就可以建立需要的文件，并进入默认的工作环境。

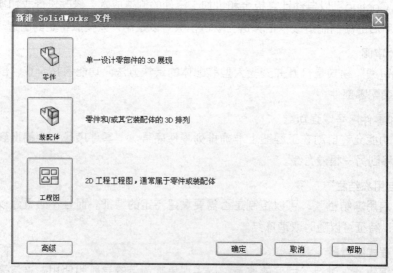

图1-23 【新建SolidWorks文件】对话框

在SolidWorks 2012中，【新建SolidWorks文件】对话框有两个界面可供选择，一个是新手界面对话框，如图1-23所示；另一个是高级界面对话框，如图1-24所示。

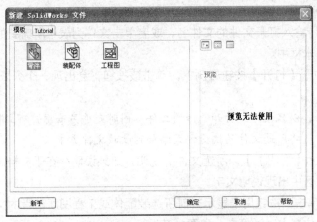

图1-24 【新建SolidWorks文件】对话框的高级界面

单击图1-23所示的【新建SolidWorks文件】对话框中的【高级】按钮，就可以进入高级界面；单击图1-24所示的【新建SolidWorks文件】中的【新手】按钮，就可以进入新手界面。新手界面对话框中使用较简单的对话框，提供零件、装配体和工程图文档的说明；高级界面对话框中在各个标签上显示模板图标，当选择某一文件类型时，模板预览出现在预览框中，在该界面中，用户可以保存模板并添加自己的标签，也可以单击【Tutorial】标签，切换到【Tutorial】选项卡来访问指导教程模板。

在图1-24所示的对话框中有3个图标，分别是【大图标】、【列表】和【列出细节】。单击□【大图标】按钮，左侧框中的零件、装配体和工程图将以大图标方式显示；单击□【列表】按钮，左侧框中的零件、装配体和工程图将以列表方式显示；单击□【列出细节】按钮，左侧框中的零件、装配体和工程图将以名称、文件大小及已修改的日期等细节方式显示。在实际使用中可以根据实际情况加以选择。

1.4.2 打开文件

打开已存储的SolidWorks文件，对其进行相应的编辑和操作。选择【文件】|【打开】菜单命令，或单击【标准】工具栏上的□【打开】按钮，弹出【打开】对话框，如图1-25所示。

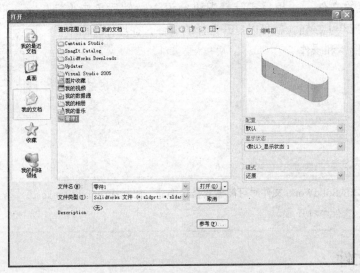

图1-25 【打开】对话框

【打开】对话框中各项功能如下。

（1）【文件名】，输入打开文件的文件名，或者单击文件列表中所需要的文件，文件名称会自动显示在【文件名】文本框中。

（2）下箭头 （位于【打开】按钮右侧），单击该按钮，会出现一个列表，如图1-26所示。各项功能如下。

- 【以只读打开】，以只读方式打开选择的文件，同时允许另一用户有文件写入访问权。
- 【添加到收藏】，将所选文件的快捷方式添加到收藏文件夹中。

（3）【Description（说明）】，所选文件的说明，如果说明存在于文档属性中或者是在文档保存时添加，则在说明栏区中出现说明文字。

（4）【参考】，单击该按钮用于显示当前所选装配体或工程图所参考的文件清单，文件清单显示在【编辑参考的文件位置】对话框中，如图1-27所示。

（5）【缩略图】，启用该复选框可以预览所选的文件。

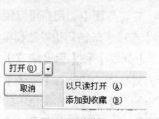

图1-26　下拉列表

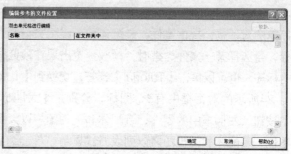

图1-27　【编辑参考的文件位置】对话框

【打开】对话框中的【文件类型】下拉列表框用于选择显示文件的类型，显示的文件类型并不限于SolidWorks类型的文件，如图1-28所示。默认的选项是SolidWorks文件（*.sldprt、*.sldasm和*.slddrw）。

如果在【文件类型】下拉列表框中选择了其他类型的文件，SolidWorks软件还可以调用其他软件所形成的图形并对其进行编辑。

单击选取需要的文件，并根据实际情况进行设置，然后单击【打开】对话框中的【打开】按钮，就可以打开选择的文件，在操作界面中可以对其进行相应的编辑和操作。

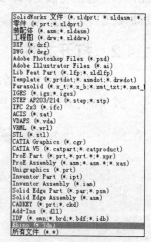

图1-28　【文件类型】下拉列表框

高手指点

打开早期版本的SolidWorks文件时可能需要转换格式，已转换为SolidWorks 2012格式的文件，将无法在旧版的SolidWorks软件中打开。

1.4.3　保存文件

文件只有保存起来，在需要时才能打开该文件对其进行相应的编辑和操作。选择【文件】|【保存】菜单命令，或单击【标准】工具栏上的 【保存】按钮，打开【另存为】对话框，如图1-29所示。

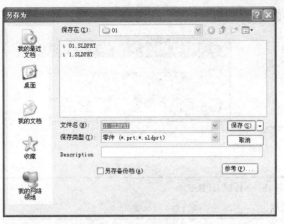

图1-29 【另存为】对话框

对话框中各项功能如下。

（1）【保存在】，用于选择存放文件的文件夹。

（2）【文件名】，在该下拉列表框中可输入自行命名的文件名，也可以使用默认的文件名。

（3）【保存类型】，用于选择所保存文件的类型。通常情况下，在不同的工作模式下，系统会自动设置文件的保存类型。保存类型并不限于SolidWorks类型的文件，如*.sldprt、*.sldasm和*.slddrw，还可以保存为其他类型的文件，方便其他软件对其调用并进行编辑。图1-30所示为【保存类型】下拉列表框，可以看出 SolidWorks可以保存为其他文件的类型。

（4）【参考】，单击该按钮，会打开【带参考另存为】对话框，用于设置当前文件参考的文件清单，如图1-31所示。

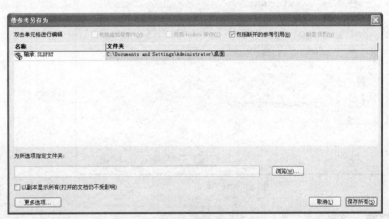

图1-30 【保存类型】下拉列表框　　　　　　图1-31 【带参考另存为】对话框

1.4.4 退出SolidWorks 2012

文件保存完成后，用户可以退出SolidWorks 2012系统。选择【文件】|【退出】菜单命令，或单击绘图窗口右上角的⊠【关闭】按钮，可退出SolidWorks。

如果在操作过程中不小心执行了退出命令，或者对文件进行了编辑而没有保存文件却执行退出命令，系统会弹出如图1-32所示的提示框。如果要保存对文件的修改并退出SolidWorks系统，则单击提示框中的【是】按钮。如果不保存对文件的修改并退出SolidWorks系统，则单击提示框中的【否】按钮。如果对该文件不进行任何操作也不退出SolidWorks系统，则单击提示框中的【取消】

按钮，回到原来的操作界面。

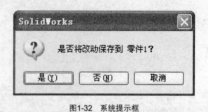

图1-32　系统提示框

实例——基本操作

结果文件：\01\1-1. SLDPRT

多媒体教学路径：主界面→第1章→1.4实例

01　新建文件

单击【标准】工具栏上的 【新建】按钮，打开【新建SolidWorks文件】对话框，如图1-33所示。

①选择【零件】按钮。

②单击【确定】按钮。

02　选择草绘面

单击【草图】工具栏中的 【草图绘制】按钮，单击选择上视基准面进行绘制，如图1-34所示。

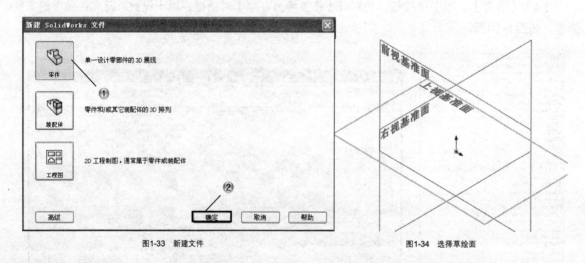

图1-33　新建文件　　　　　　　　　　　　图1-34　选择草绘面

03　绘制圆形

单击【草图】工具栏中的 【圆】按钮，弹出【圆】属性管理器，如图1-35所示。

①绘制圆形。

②设置圆的半径。

③单击【确定】按钮。

04　拉伸凸台

单击【特征】工具栏中的 【拉伸凸台／基体】按钮，系统弹出【凸台-拉伸】的属性管理器，如图1-36所示。

① 设置拉伸参数。

② 单击【确定】按钮。

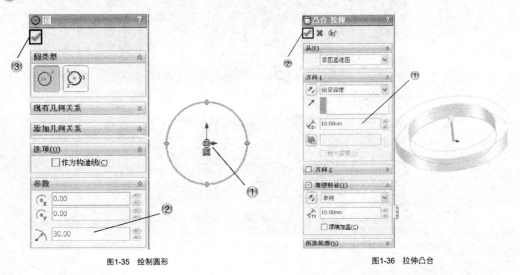

图1-35 绘制圆形　　　　　　　　　　图1-36 拉伸凸台

05 保存文件

单击【标准】工具栏上的 【保存】按钮，打开【另存为】对话框，如图1-37所示。

① 设置文件名称。

② 单击【保存】按钮。

图1-37 保存文件

06 关闭文件

单击绘图窗口右上角的 【关闭】按钮，关闭当前的模型，如图1-38所示。

图1-38 关闭文件

1.5 参考几何体

SolidWorks使用带原点的坐标系，零件文件包含原有原点。当用户选择基准面或者打开1个草图并选择某一面时，将生成1个新的原点，与基准面或者这个面对齐。原点可用作草图实体的定位点，并有助于定向轴心透视图。三维的视图引导可令用户快速定向到零件和装配体文件中的x、y、z轴方向。

参考坐标系的作用归纳起来有以下几点。

（1）方便CAD数据的输入与输出。当SolidWorks 三维模型导出为IGES、FEA、STL等格式时，此三维模型需要设置参考坐标系；同样，当IGES、FEA、STL等格式模型被导入SolidWorks中时，也需要设置参考坐标系。

（2）方便电脑辅助制造。当CAD模型被用于数控加工，在生成刀具轨迹和NC加工程序时需要设置参考坐标系。

（3）方便质量特征的计算。计算零部件的转动惯量、质心时需要设置参考坐标系。

高手指点

转动惯量，即刚体围绕轴转动惯性的度量。质心，即质量中心，指物质系统上被认为质量集中于此的一个假想点。

（4）在装配体环境中方便进行零件的装配。

1.5.1 参考坐标系

1. 原点

零件原点显示为蓝色，代表零件的（0,0,0）坐标。当草图处于激活状态时，草图原点显示为红色，代表草图的（0,0,0）坐标。可以将尺寸标注和几何关系添加到零件原点中，但不能添加到草图原点中。

（1）↳，蓝色，表示零件原点，每个零件文件中均有一个零件原点。

（2）⌐，红色，表示草图原点，每个新草图中均有一个草图原点。

（3）⌐，表示装配体原点。

（4）⌐，表示零件和装配体文件中的视图引导。

2. 参考坐标系的属性设置

可定义零件或装配体的坐标系，并将此坐标系与测量和质量特性工具一起使用，也可将SolidWorks文件导出为IGES、STL、ACIS、STEP、Parasolid、VDA等格式。

单击【参考几何体】工具栏中的⌐【坐标系】按钮（或选择【插入】|【参考几何体】|【坐标系】菜单命令），如图1-39所示，系统弹出【坐标系】属性管理器，如图1-40所示。

（1）⌐【原点】，定义原点。单击其选择框，在绘图窗口中选择零件或者装配体中的1个顶点、点、中点或者默认的原点。

（2）【X轴】、【Y轴】、【Z轴】（此处为与软件界面统一，使用英文大写正体，下同）。

- 定义各轴，单击其选择框，在绘图窗口中按照以下方法之一定义所选轴的方向。
- 单击顶点、点或者中点，则轴与所选点对齐。
- 单击线性边线或者草图直线，则轴与所选的边线或者直线平行。
- 单击非线性边线或者草图实体，则轴与所选实体上选择的位置对齐。
- 单击平面，则轴与所选面的垂直方向对齐。

（3）⌐【反转X/Y轴方向】按钮，反转轴的方向。

坐标系定义完成之后，单击✔【确定】按钮。

图1-39　单击【坐标系】按钮

图1-40　【坐标系】属性管理器

3. 修改和显示参考坐标系

（1）将参考坐标系平移到新的位置。在【特征管理器设计树】中，用鼠标右键单击已生成的坐标系的图标，在弹出的菜单中选择【编辑特征】命令，系统弹出【坐标系】属性管理器，如图1-41所示。在【选择】选项组中，单击⌐【原点】选择框，在绘图窗口中单击想将原点平移到的点或者顶点处，单击✔【确定】按钮，原点被移动到指定的位置上。

（2）切换参考坐标系的显示。要切换坐标系的显示，可以选择【视图】|【坐标系】菜单命令。菜单命令左侧的图标下沉，表示坐标系可见。

（3）隐藏或者显示参考坐标系。在【特征管理器设计树】中用鼠标右键单击已生成的坐标系的图标。

在弹出的菜单中选择⌐【显示】（或【隐藏】）命令，可以显示（或隐藏）坐标系，如图1-42所示。

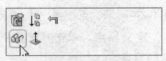

图1-41 【坐标系】属性管理器　　　　　　图1-42 选择【显示】命令

实例——创建坐标系

 结果文件：\01\1-1. SLDPRT

多媒体教学路径：主界面→第1章→1.5.1实例

01 打开文件

单击【标准】工具栏上的 【打开】按钮，打开【打开】对话框，如图1-43所示。

① 选择"1-1"文件。

② 单击【打开】按钮。

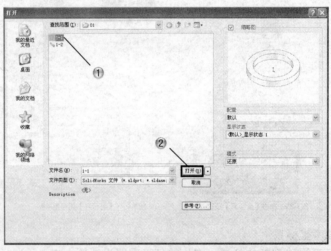

图1-43 打开文件

02 创建坐标系

单击【参考几何体】工具栏中的 【坐标系】按钮，弹出【坐标系】属性管理器，如图1-44所示。

① 选择圆柱面。

② 单击【确定】按钮。

03 编辑坐标系

在特征管理器设计树中，右键单击新创建的坐标系，在弹出的快捷菜单中单击 【编辑特征】按钮，如图1-45所示。

图1-44 创建新坐标系

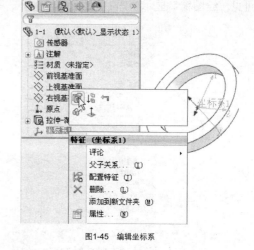

图1-45 编辑坐标系

04 设置X轴

① 打开【坐标系】属性管理器，单击坐标系的X轴箭头，调整方向，如图1-46所示。

② 单击【确定】按钮。

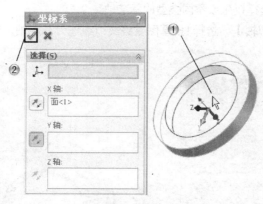

图1-46 设置x轴

1.5.2 参考基准轴

参考基准轴是参考几何体中的重要组成部分。在生成草图几何体或圆周阵列时常使用参考基准轴。

参考基准轴的用途较多，概括起来为以下3项。

（1）参考基准轴作为中心线。基准轴可作为圆柱体、圆孔、回转体的中心线。通常情况下，拉伸一个草图绘制的圆得到一个圆柱体，或通过旋转得到一个回转体时，SolidWorks会自动生成一个临时轴，但生成圆角特征时系统不会自动生成临时轴。

（2）作为参考轴，辅助生成圆周阵列等特征。

（3）基准轴作为同轴度特征的参考轴。当2个均包含基准轴的零件需要生成同轴度特征时，可选择各个零件的基准轴作为几何约束条件，使2个基准轴在同一轴上。

1. 临时轴

每一个圆柱和圆锥面都有1条轴线。临时轴是由模型中的圆锥和圆柱隐含生成的，临时轴常被设置为基准轴。

可设置隐藏或显示所有临时轴。选择【视图】I【临时轴】菜单命令，如图1-47所示，表示临时轴可见，绘图窗口显示如图1-48所示。

图1-47　选择【临时轴】菜单命令

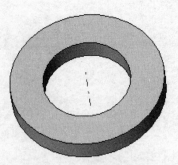

图1-48　显示临时轴

2. 参考基准轴的属性设置

单击【参考几何体】工具栏中的 [基准轴] 按钮（或者选择【插入】|【参考几何体】|【基准轴】菜单命令），系统弹出【基准轴】属性管理器，如图1-49所示。

在【选择】选项组中选择以生成不同类型的基准轴。

（1）[一直线/边线/轴]，选择1条草图直线或边线作为基准轴，或双击选择临时轴作为基准轴，如图1-50所示。

图1-49　【基准轴】属性管理器

图1-50　选择临时轴作为基准轴

（2）[两平面]，选择2个平面，利用2个面的交叉线作为基准轴。

（3）[两点/顶点]，选择2个顶点、点或者中点之间的连线作为基准轴。

（4）[圆柱/圆锥面]，选择1个圆柱或者圆锥面，利用其轴线作为基准轴。

（5）[点和面/基准面]，选择1个平面（或者基准面），然后选择1个顶点（或者点、中点等），由此所生成的轴通过所选择的顶点（或者点、中点等）垂直于所选的平面（或者基准面）。

设置属性完成后，检查 [参考实体] 选择框中列出的项目是否正确。

3. 显示参考基准轴

选择【视图】|【基准轴】菜单命令，可以看到菜单命令左侧的图标下沉，如图1-51所示，表示基准轴可见。再次选择该命令，该图标恢复即为关闭基准轴的显示。

图1-51 选择【基准轴】菜单命令

实例——创建基准轴

结果文件：\01\1-1. SLDPRT

多媒体教学路径：主界面→第1章→1.5.2实例

01 创建基准轴

单击【参考几何体】工具栏中的 ☒ 【基准轴】按钮，弹出【基准轴】属性管理器，如图1-52所示。

① 单击 ▣ 【圆柱/圆锥面】按钮。

② 选择圆柱面。

③ 单击【确定】按钮。

02 选择草绘面

单击【草图】工具栏中的 ☒ 【草图绘制】按钮，单击选择如图1-53所示面进行绘制。

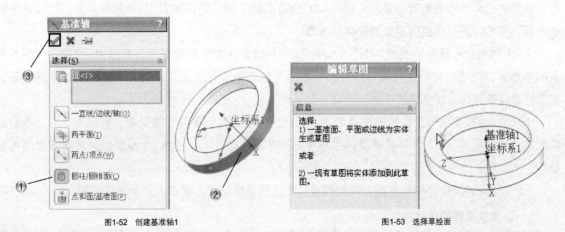

图1-52 创建基准轴1　　　　　　　　　　　　　图1-53 选择草绘面

03 绘制直线

单击【草图】工具栏中的 ☒ 【直线】按钮，绘制水平直线，如图1-54所示。

04 创建基准轴2

单击【参考几何体】工具栏中的 ☒ 【基准轴】按钮，弹出【基准轴】属性管理器，如图1-55所示。

① 单击 ⬜【一直线/边线/轴】按钮。

② 选择直线。

③ 单击【确定】按钮。

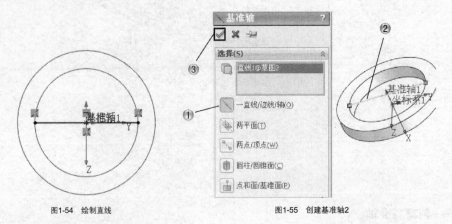

图1-54 绘制直线　　　　　　　　　　图1-55 创建基准轴2

1.5.3 参考基准面

在【特征管理器设计树】中默认提供前视、上视以及右视基准面，除了默认的基准面外，可以生成参考基准面。参考基准面用来绘制草图和为特征生成几何体。

在SolidWorks中，参考基准面的用途很多，主要为以下几项。

（1）作为草图绘制平面。三维特征的生成需要绘制二维特征截面，如果三维物体在空间中无合适的草图绘制平面可供使用，可以生成基准面作为草图绘制平面。

（2）作为视图定向参考。三维零部件的草图绘制正视方向需要定义2个相互垂直的平面才可以确定，基准面可以作为三维实体方向决定的参考平面。

（3）作为装配时零件相互配合的参考面。零件在装配时可能利用许多平面以定义配合、对齐等，这里的配合平面类型可以是SolidWorks初始定义的上视、前视和右视3个基准平面，可以是零件的表面，也可以是用户自行定义的参考基准面。

（4）作为尺寸标注的参考。在SolidWorks中开始零件的三维建模时，系统中已存在3个相互垂直的基准面，生成特征后进行尺寸标注时，如果可以选择零件上的面或者原来生成的任意基准面，则最好选择基准面，以免导致不必要的特征父子关系。

（5）作为模型生成剖面视图的参考面。在装配体或者复杂零件等模型中，有时为了看清模型的内部构造，必须定义1个参考基准面，并利用此基准面剖切壳体，得到1个视图以便观察模型的内部结构。

（6）作为拔摸特征的参考面。在型腔零件生成拔摸特征时，需要定义参考基准面。

1. 参考基准面的属性设置

单击【参考几何体】工具栏中的 ⬛【基准面】按钮（或者选择【插入】|【参考几何体】|【基准面】菜单命令），系统弹出【基准面】属性管理器，如图1-56所示。

在【选择】选项组中，选择需要生成的基准面类型及项目。

（1）⬛【平行】，通过模型的表面生成1个基准面，如图1-57所示。

图1-56 【基准面】属性管理器　　　图1-57 通过平面生成一个基准面

（2）❨【重合】，通过1个点、线和面生成基准面。

（3）❨【两面夹角】，通过1条边线（或者轴线、草图线等）与1个面（或者基准面）成一定夹角生成基准面，如图1-58所示。

（4）❨【偏移距离】，在平行于1个面（或基准面）指定距离处生成等距基准面。首先选择1个平面（或基准面），然后设置【距离】数值，如图1-59所示。

（5）【反转】，启用此复选框，在相反的方向生成基准面。

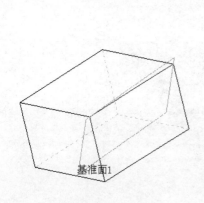

图1-58 两面夹角生成基准面

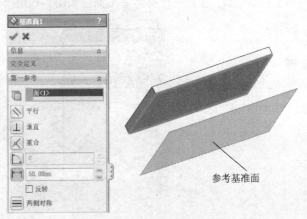

图1-59 生成等距基准面

 教你一招

在SolidWorks中，等距平面有时也被称为偏置平面，以便与AutoCAD等软件里的偏置概念相统一。在混合特征中经常需要等距生成多个平行平面。

（6）❨【垂直】，可生成垂直于1条边线、轴线或者平面的基准面，如图1-60所示。

2. 修改参考基准面

双击基准面，显示等距距离或角度。双击尺寸或角度数值，在弹出的【修改】对话框中输入新的数值，如图1-61所示；也可在【特征管理器设计树】中用鼠标右键单击已生成的基准面的图标，从弹出的菜单中选择【编辑特征】命令，在【基准面】属性管理器中的【选择】选项组中输入新数值以定义基准面，单击 ✔【确定】按钮。

可使用基准面控标和边线来移动、复制基准面或者调整基准面的大小。要显示基准面控标，可在【特征管理器设计树】中单击已生成的基准面的图标或在绘图窗口中单击基准面的名称，也可选择基准面的边线，然后进行调整，如图1-62所示。

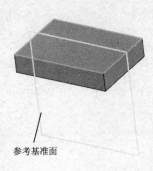

参考基准面

图1-60　垂直于曲线生成基准面

图1-61　在【修改】对话框中修改数值

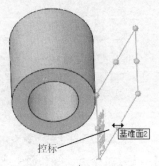

控标

基准面2

图1-62　显示基准面控标

利用基准面控标和边线，可以进行以下操作。

（1）拖动边角或者边线控标以调整基准面的大小。

（2）拖动基准面的边线以移动基准面。

（3）通过在绘图窗口中选择基准面以复制基准面，然后按住键盘上的Ctrl键并使用边线将基准面拖动至新的位置，生成一个等距基准面，如图1-63所示。

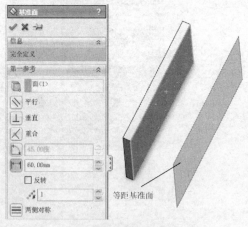

等距基准面

图1-63　生成等距基准面

实例——创建基准面

结果文件：\01\1-1.SLDPRT

多媒体教学路径：主界面→第1章→1.5.3实例

01　创建基准面1

单击【参考几何体】工具栏中的 【基准面】按钮，弹出【基准面】属性管理器，如图1-64所示。

① 单击选择平面。

② 设置【偏移距离】为"20"。

③ 单击【确定】按钮。

02 创建基准面2

单击【参考几何体】工具栏中的 【基准面】按钮，弹出【基准面】属性管理器，如图1-65所示。

① 按住Ctrl键选择基准面1和直线。

② 设置【两面夹角】为"60"。

③ 单击【确定】按钮。

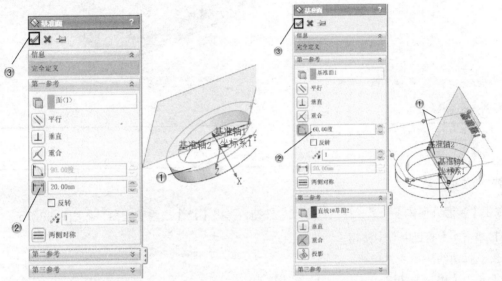

图1-64 创建基准面1   图1-65 创建基准面2

1.5.4 参考点

SolidWorks可生成多种类型的参考点用作构造对象，还可在彼此间已指定距离分割的曲线上生成指定数量的参考点。通过选择【视图】|【点】菜单命令，切换参考点的显示。

单击【参考几何体】工具栏中的 【点】按钮（或者选择【插入】|【参考几何体】|【点】菜单命令），系统弹出【点】属性管理器，如图1-66所示。

在【选择】选项组中，单击 【参考实体】选择框，在绘图窗口中选择用以生成点的实体；选择要生成的点的类型，可单击 【圆弧中心】、 【面中心】、 【交叉点】、 【投影】等按钮。

单击 【沿曲线距离或多个参考点】按钮，可沿边线、曲线或草图线段生成1组参考点，输入距离或百分比数值（如果数值对于生成所指定的参考点数太大，会出现信息提示设置较小的数值）。

（1）【距离】，按照设置的距离生成参考点数。

（2）【百分比】，按照设置的百分比生成参考点数。

（3）【均匀分布】，在实体上均匀分布的参考点数。

（4） 【参考点数】，设置沿所选实体生成的参考点数。

属性设置完成后，单击 【确定】按钮，生成参考点，如图1-67所示。

图1-66 【点】属性管理器

图1-67 生成参考点

实例——创建参考点

 结果文件：\01\1-1. SLDPRT

多媒体教学路径：主界面→第1章→1.5.4实例

01 创建平行基准面

单击【参考几何体】工具栏中的【点】按钮，弹出【点】属性管理器，如图1-68所示。

① 单击【圆弧中心】按钮。

② 选择边线。

③ 单击【确定】按钮。

02 创建重合基准面

单击【参考几何体】工具栏中的【点】按钮，弹出【点】属性管理器，如图1-69所示。

① 选择一条边线。

② 单击【沿曲线距离和多个参考点】按钮，并设置参数。

③ 单击【确定】按钮。

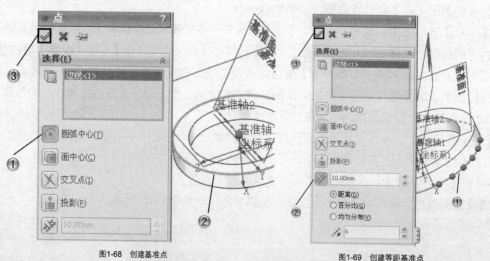

图1-68 创建基准点　　　　　　　　　图1-69 创建等距基准点

1.6 综合演练——文件操作

 范例文件：\01\1-2. SLDPRT

多媒体教学路径：主界面→第1章→1.6综合演练

本章范例需要创建一个模型的各种参考，如图1-70所示，之后使用视图工具变换模型的显示样式。

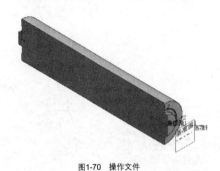

图1-70 操作文件

1.6.1 创建参考

操作步骤

01 打开文件

单击【标准】工具栏上的 【打开】按钮，弹出【打开】对话框，如图1-71所示。

① 选择"1-2"文件。

② 单击【打开】按钮。

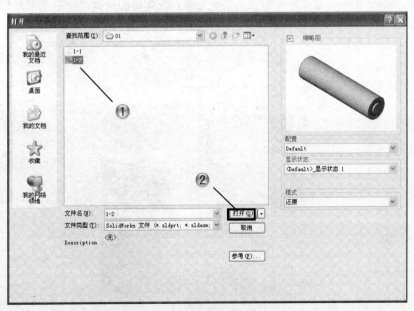

图1-71 打开文件

02 创建点

单击【参考几何体】工具栏中的 【点】按钮，弹出【点】属性管理器，如图1-72所示。

① 单击 ▦【面中心】按钮。

② 选择平面。

③ 单击【确定】按钮。

03 创建坐标系

单击【参考几何体】工具栏中的 ♨【坐标系】按钮，弹出【坐标系】属性管理器，如图1-73所示。

① 选择刚创建的点。

② 单击【确定】按钮。

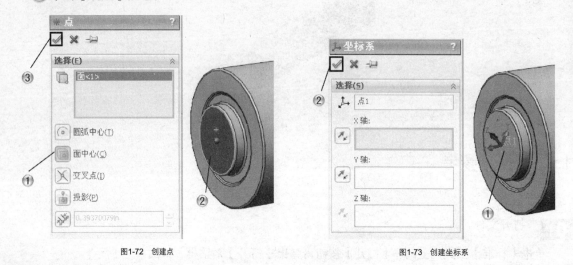

图1-72　创建点　　　　　　　　　　　　　　　　图1-73　创建坐标系

04 编辑坐标系

在特征管理器设计树中，右键单击新创建的坐标系，在弹出的快捷菜单中单击 ▦【编辑特征】按钮，如图1-74所示。

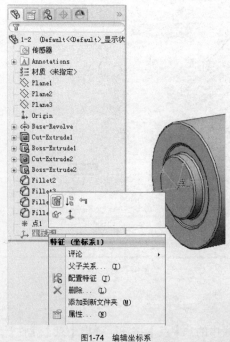

图1-74　编辑坐标系

05 设置坐标系

① 打开【坐标系】属性管理器，单击坐标系的X轴箭头，调整方向，如图1-75所示。

② 单击【确定】按钮。

06 创建基准面

单击【参考几何体】工具栏中的 ◈ 【基准面】按钮，弹出【基准面】属性管理器，如图1-76所示。

① 单击选择平面。

② 设置【偏移距离】为 "0.2"。

③ 单击【确定】按钮。

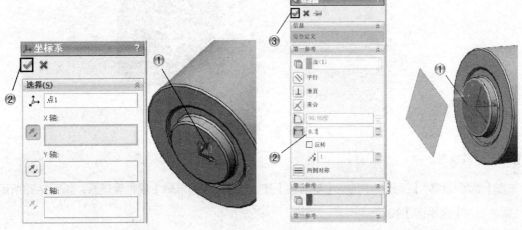

图1-75 设置坐标系　　　　　　　　　　　　　　　　图1-76 创建基准面

07 绘制点

单击【草图】工具栏中的 ⧄ 【草图绘制】按钮，单击选择创建的基准面进行绘制，单击【草图】工具栏中的 ✳ 【点】按钮，弹出【点】属性管理器，如图1-77所示。

① 绘制点。

② 设置点的坐标。

③ 单击【确定】按钮。

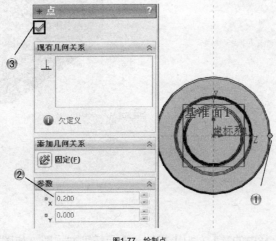

图1-77 绘制点

08 创建基准轴1

单击【参考几何体】工具栏中的 【基准轴】按钮，弹出【基准轴】属性管理器，如图1-78所示。

① 单击 【两点/顶点】按钮。

② 选择两个端点。

③ 单击【确定】按钮。

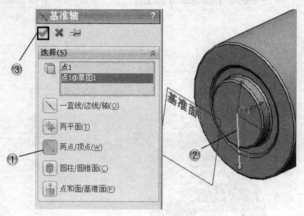

图1-78 创建基准轴1

09 创建基准轴2

单击【参考几何体】工具栏中的 【基准轴】按钮，弹出【基准轴】属性管理器，如图1-79所示。

① 单击 【两平面】按钮。

② 选择2个平面。

③ 单击【确定】按钮。

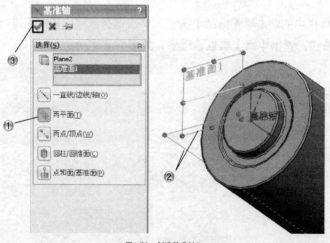

图1-79 创建基准轴2

1.6.2 查看模型

操作步骤

01 左视图

单击【标准视图】工具栏中的 【左视】按钮，显示模型左视图，如图1-80所示。

02 前视图

单击【标准视图】工具栏中的 【前视】按钮，显示模型前视图，如图1-81所示。

图1-80　左视图　　　　　　　　　　　　　图1-81　前视图

03 等轴测视图

单击【标准视图】工具栏中的 【等轴测】按钮，显示模型等轴测视图，如图1-82所示。

04 隐藏线可见

单击【视图】工具栏中的 【隐藏线可见】按钮，显示模型视图，如图1-83所示。

05 线架图

单击【视图】工具栏中的 【线架图】按钮，显示模型视图，如图1-84所示。

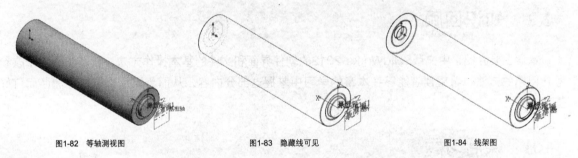

图1-82　等轴测视图　　　　　　　图1-83　隐藏线可见　　　　　　　图1-84　线架图

06 剖面视图

单击【视图】工具栏中的 【剖面视图】按钮，弹出【剖面视图】对话框，单击 【确定】按钮显示模型剖面视图，如图1-85所示。

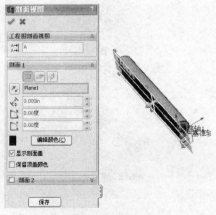

图1-85　剖面视图

07 保存文件

单击【标准】工具栏上的 【另存为】按钮，打开【另存为】对话框，如图1-86所示。

① 设置文件名称和格式。

② 单击【保存】按钮。

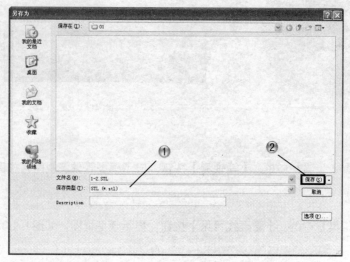

图1-86　保存文件

1.7　知识回顾

本章主要介绍了中文版SolidWorks 2012的软件界面和文件的基本操作方法，以及生成和修改参考几何体的方法，希望读者能够在本章的学习中掌握这部分内容，从而为以后生成实体和曲面打好基础。

1.8　课后习题

1. 使用创建参考几何体命令，创建"1-3.prt"零件（如图1-87所示）的参考。

2. 使用各种视图工具查看模型。

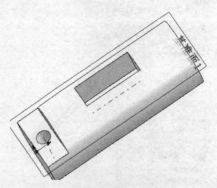

图1-87　练习模型

第**2**章

草图设计

　　使用SolidWorks软件进行设计是由绘制草图开始的，在草图基础上生成特征模型，进而生成零件等。因此，草图绘制对SolidWorks三维零件的模型生成非常重要，是使用该软件的基础。一个完整的草图包括几何形状、几何关系和尺寸标注等的信息，草图绘制是SolidWorks进行三维建模的基础。

　　本章将详细介绍草图绘制的基本概念和方法、草图编辑及3D草图生成的方法。

知识要点

　✕ 基本概念
　✕ 绘制草图
　✕ 编辑草图
　✕ 3D草图

案例解析

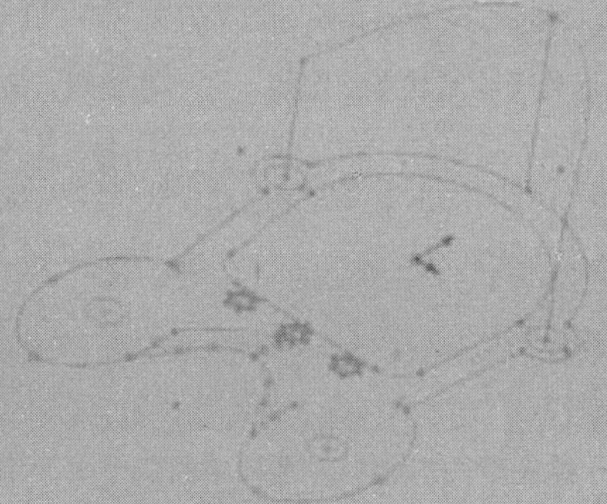

三维草图 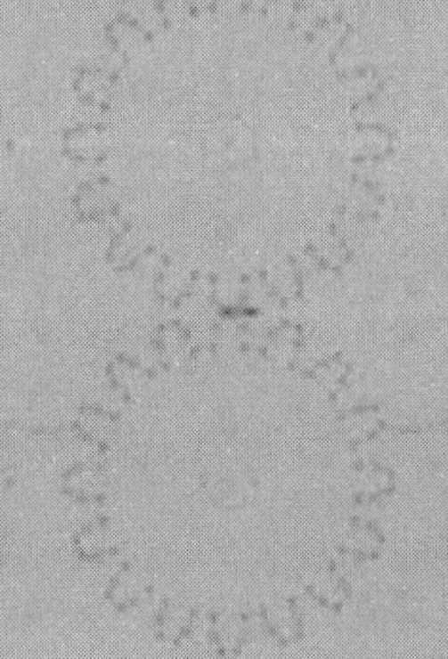   平面草图

2.1 基本概念

在使用草图绘制命令前，首先要了解草图绘制的基本概念，以更好的掌握草图绘制和草图编辑的方法。本节主要介绍草图的基本操作、认识草图绘制工具栏，熟悉绘制草图时光标的显示状态。

2.1.1 绘图窗口

草图必须绘制在平面上，这个平面既可以是基准面，也可以是三维模型上的平面。初始进入草图绘制状态时，系统默认有3个基准面：前视基准面、右视基准面和上视基准面，如图2-1所示。由于没有其他平面，因此零件的初始草图绘制是从系统默认的基准面开始的。

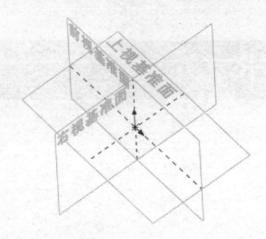

图2-1 系统默认的基准面

1. 【草图】工具栏

【草图】工具栏中的工具按钮作用于绘图窗口中的整个草图，如图2-2所示。

图2-2 【草图】工具栏

2. 状态栏

当草图处于激活状态，绘图窗口底部的状态栏会显示草图的状态，如图2-3所示。

（1）绘制实体时显示鼠标指针位置的坐标。

（2）显示"过定义"、"欠定义"或者"完全定义"等草图状态。

（3）如果工作时草图网格线为关闭状态，提示处于绘制状态，例如，"正在编辑：草图n"（n为草图绘制时的标号）。

（4）当鼠标指针指向菜单命令或者工具按钮时，状态栏左侧会显示此命令或按钮的简要说明。

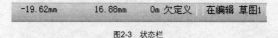

图2-3 状态栏

3. 草图原点

激活的草图其原点为红色，可通过原点了解所绘制草图的坐标。零件中的每个草图都有自己的原点，所以在1个零件中通常有多个草图原点。当草图打开时，不能关闭对其原点的显示。

2.1.2　绘制草图的流程

绘制草图时的流程很重要，必须考虑先从哪里入手来绘制复杂草图，在基准面或平面上绘制草图时如何选择基准面等。下面介绍绘制的流程。

（1）生成新文件。单击【标准】工具栏中的█【新建】按钮或选择【文件】|【新建】菜单命令，打开【新建SolidWorks文件】对话框，单击【零件】图标，然后单击【确定】按钮。

（2）进入草图绘制状态。选择基准面或某一平面，单击【草图】工具栏中的█【草图绘制】按钮或选择【插入】|【草图绘制】菜单命令，也可用鼠标右键单击【特征管理器设计树】中的草图或零件的图标，在弹出的快捷菜单中选择【编辑草图】命令。

（3）选择基准面。进入草图绘制后，此时绘图区域出现如图2-4所示的系统默认基准面，系统要求选择基准面。第一个选择的草图基准面决定零件的方位。默认情况下，新草图在前视基准面中打开。也可在【特征管理器设计树】或绘图窗口选择任意平面作为草图绘制的平面，单击【视图】工具栏的█【视图定向】按钮，在弹出的菜单中选择█【正视于】命令，将视图切换至指定平面的法线方向。

（4）如果操作时出现错误或需要修改，可选择【视图】|【修改】|【视图定向】菜单命令，在弹出的【方向】对话框中单击█【更新标准视图】按钮重新定向，如图2-5所示。

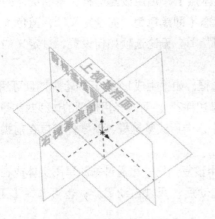

图2-4　系统默认基准面　　　　　　　　图2-5　【方向】对话框

（5）选择切入点。在设计零件基体特征时常会面临这样的选择。在一般情况下，利用1个由复杂轮廓的草图生成拉伸特征，与利用1个由较简单轮廓的草图生成拉伸特征，再添加几个额外的特征，具有相同的结果。

（6）使用各种草图绘制工具绘制草图实体，如直线、矩形、圆、样条曲线等。

（7）在【属性管理器】中对绘制的草图进行属性设置，或单击【草图】工具栏中的█【智能尺寸】按钮和【尺寸/几何关系】工具栏中的█【添加几何关系】按钮，添加尺寸和几何关系。

（8）关闭草图。完成并检查草图绘制后，单击【草图】工具栏中的█【退出草图】按钮，退出草图绘制状态。

2.1.3　草图选项

1. 设置草图的系统选项

选择【工具】|【选项】菜单命令，弹出【系统选项】对话框，选择【草图】选项并进行设置，如图2-6所示，最后单击【确定】按钮。

图2-6 【系统选项】对话框

（1）【使用完全定义草图】，启用该复选框，必须完全定义用来生成特征的草图。

（2）【在零件/装配体草图中显示圆弧中心点】，启用该复选框，草图中显示圆弧中心点。

（3）【在零件/装配体草图中显示实体点】，启用该复选框，草图实体的端点以实心原点的方式显示。该原点的颜色反映草图实体的状态（即黑色为"完全定义"，蓝色为"欠定义"，红色为"过定义"，绿色为"当前所选定的草图"）。无论选项如何设置，过定义的点与悬空的点总是会显示出来。

（4）【提示关闭草图】，启用该复选框，如果生成1个有开环轮廓，且可用模型的边线封闭的草图，系统会弹出提示信息"封闭草图至模型边线？"。可选择用模型的边线封闭草图轮廓及方向。

（5）【打开新零件时直接打开草图】，启用该复选框，新零件窗口在前视基准面中打开，可直接使用草图绘制绘图窗口和草图绘制工具。

（6）【尺寸随拖动/移动修改】，启用该复选框，可通过拖动草图实体或在【移动】、【复制】属性管理器中移动实体以修改尺寸值，拖动后，尺寸自动更新；也可选择【工具】|【草图设定】|【尺寸随拖动/移动修改】菜单命令。

（7）【上色时显示基准面】，启用该复选框，在上色模式下编辑草图时，基准面被着色。

（8）【以3d在虚拟交点之间所测量的直线长度】，从虚拟交点处而不是三维草图中的端点测量直线长度。

（9）【激活样条曲线相切和曲率控标】，为相切和曲率显示样条曲线控标。

（10）【默认显示样条曲线控制多边形】，显示空间中用于操纵对象形状的一系列控制点以操纵样条曲线的形状显示。

（11）【拖动时的幻影图象】（此处为与软件界面统一，使用"图象"，下同）。在拖动草图时显示草图实体原有位置的幻影图像。

（12）【过定义尺寸】选项组，可设置如下选项。

• 【提示设定从动状态】。启用该复选框，当一个过定义尺寸被添加到草图中时，会弹出对话框询问尺寸是否为"从动"。此复选框可以单独使用，也可与【默认为从动】选项配合使用。根据选项，当一个过定义尺寸被添加到草图中时，会出现后面4种情况之一，即弹出对话框并默认为"从动"、弹出对话框并默认为"驱动"、尺寸以"从动"出现、尺寸以"驱动"出现。

• 【默认为从动】：启用该复选框，当一个过定义尺寸被添加到草图中时，尺寸默认为"从动"。

2. 【草图设定】菜单

打开【工具】|【草图设定】菜单，如图2-7所示，在此菜单中可以使用草图的各种设定方法。

图2-7　【草图设定】菜单

（1）【自动添加几何关系】，在添加草图实体时自动建立几何关系。

（2）【自动求解】，在生成零件时自动求解草图几何体。

（3）【激活捕捉】，可激活快速捕捉功能。

（4）【移动时不求解】，可在不解出尺寸或几何关系的情况下，在草图中移动草图实体。

（5）【独立拖动单一草图实体】，可从实体中拖动单一草图实体。

（6）【尺寸随拖动/移动修改】，拖动草图实体或在【移动】、【复制】属性管理器中将其移动以覆盖尺寸。

3. 草图网格线和捕捉

当草图或者工程图处于激活状态时，可选择在当前的草图或工程图上显示网格线。因为SolidWorks是参变量式设计，所以草图网格线和捕捉功能并不像AutoCAD那么重要，在大多数情况下不需要使用该功能。

2.1.4　草图绘制工具

与草图绘制相关的工具有【草图工具】、【草图绘制实体】、【草图设定】3种，可通过下列3种方法使用这些工具。

（1）在【草图】工具栏中单击需要的按钮。

（2）选择【工具】|【草图绘制实体】菜单命令。

（3）在草图绘制状态中使用快捷菜单。单击鼠标右键时，只有适用的草图绘制工具和标注几何关系工具才会显示在快捷菜单中。

2.1.5　光标

在SolidWorks中，绘制草图实体或者编辑草图实体时，光标会根据所选择的命令，在绘图时变为相应的图标。而且SolidWorks软件提供了自动判断绘图位置的功能,在执行命令时,自动寻找端点、中心点、圆心、交点、中点等,这样提高了鼠标定位的准确性和快速性,提高了绘制图形的效率。

执行不同命令时,光标会在不同草图实体及特征实体上显示不同的类型,光标既可以在草图实体上形成,也可以在特征实体上形成。在特征实体上的光标,只能在绘图平面的实体边缘产生。

下面为几种常见的光标类型。

【点】光标➘,执行绘制点命令时光标的显示。

【线】光标➘,执行绘制直线或者中心线命令时光标的显示。

【圆心/起/终点画弧】光标➘,执行绘制圆心/起/终点画弧命令时光标的显示。

【圆】光标➘,执行绘制圆命令时光标的显示。

【椭圆】光标➘,执行绘制椭圆命令时光标的显示。

【抛物线】光标➘,执行绘制抛物线命令时光标的显示。

【样条曲线】光标➘,执行绘制样条曲线命令时光标的显示。

【边角矩形】光标➘,执行绘制边角矩形命令时光标的显示。

【多边形】光标➘,执行绘制多边形命令时光标的显示。

【剪裁实体】光标➘,执行剪裁草图实体命令时光标的显示。

【延伸实体】光标➘,执行延伸草图实体命令时光标的显示。

【标注尺寸】光标➘,执行标注尺寸命令时光标的显示。

【圆周草图阵列】光标➘,执行圆周阵列草图命令时光标的显示。

【线性草图阵列】光标➘,执行线性阵列命令时光标的显示。

2.2 绘制草图

上一节介绍了草图绘制命令按钮及其基本概念,本节将介绍草图绘制命令的使用方法。在SolidWorks建模过程中,大部分特征都需要先建立草图实体,然后再执行特征命令,因此本节的学习非常重要。

2.2.1 直线

1. 绘制直线的方法

(1)单击【草图】工具栏中的➘【直线】按钮或选择【工具】|【草图绘制实体】|【直线】菜单命令,系统弹出【插入线条】属性管理器,如图2-8所示,鼠标指针变为➘形状。

(2)可按照下述方法生成单一线条或直线链。

生成单一线条。在绘图窗口中单击鼠标左键,定义直线起点的位置,将鼠标指针拖动到直线的终点位置后释放鼠标。

生成直线链。将鼠标指针拖动到直线的一个终点位置单击鼠标左键,然后将鼠标指针拖动到直线的第二个终点位置再次单击鼠标左键,最后单击鼠标右键,在弹出的菜单中选择【选择】命令或【结束链】命令后结束绘制。

(3)单击➘【确定】按钮,完成直线绘制。

2. 【插入线条】属性设置

在【插入线条】属性管理器中可编辑直线的以下属性。

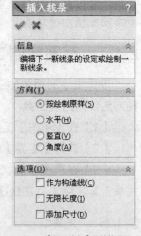

图2-8 【插入线条】属性管理器

（1）【方向】选项组

- 【按绘制原样】，单击鼠标左键并拖动鼠标指针绘制出一条任意方向的直线后释放鼠标；也可在绘制一条任意方向的直线后，继续绘制其他任意方向的直线，然后双击鼠标左键结束绘制。
- 【水平】，绘制水平线，直到释放鼠标。
- 【竖直】，绘制竖直线，直到释放鼠标。
- 【角度】，以一定角度绘制直线，直到释放鼠标（此处的角度是相对于水平线而言）。

（2）【选项】选项组

- 【作为构造线】，可以将实体直线转换为构造几何体的直线。
- 【无限长度】，生成一条可剪裁的无限长度的直线。
- 【添加尺寸】，自动生成线条尺寸。

3.【线条属性】属性设置

在绘图窗口中选择绘制的直线，弹出【线条属性】属性管理器，设置该直线属性，如图2-9所示。

（1）【现有几何关系】选项组。该选项组显示现有几何关系，即草图绘制过程中自动推理或使用【添加几何关系】选项组手动生成的现有几何关系。该选项组还显示所选草图实体的状态信息，如"欠定义"、"完全定义"等。

（2）【添加几何关系】选项组。该选项组可将新的几何关系添加到所选草图实体中，其中只列举了所选直线实体可使用的几何关系，如【水平】、【竖直】和【固定】等。

（3）【选项】选项组。

- 【作为构造线】，可以将实体直线转换为构造几何体的直线。
- 【无限长度】，可以生成一条可剪裁的、无限长度的直线。

（4）【参数】选项组。

- ✎【长度】，设置该直线的长度。
- 📐【角度】，相对于网格线的角度，水平角度为180°，竖直角度为90°，且逆时针为正向。

（5）【额外参数】选项组。

- ↗【开始X坐标】，开始点的x坐标。
- ↗【开始Y坐标】，开始点的y坐标。
- ↗【结束X坐标】，结束点的x坐标。
- ↗【结束Y坐标】，结束点的y坐标。
- ΔX【Delta X】，开始点和结束点x坐标之间的偏移。
- ΔY【Delta Y】，开始点和结束点y坐标之间的偏移。

图2-9　【线条属性】属性管理器

2.2.2　圆

1.绘制圆的方法

（1）单击【草图】工具栏中的⊙【圆】按钮或选择【工具】|【草图绘制实体】|【圆】菜单命令，系统弹出【圆】属性管理器，如图2-10所示，鼠标指针变为🖉形状。

（2）在【圆类型】选项组中，若单击◉【圆】按钮，则在绘图窗口中单击鼠标左键可放置圆心；若单击◎【周边圆】按钮，在绘图窗口中单击鼠标左键便可放置圆弧，如图2-11所示。

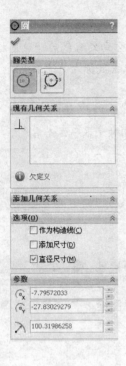

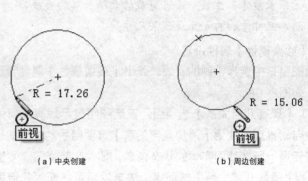

（a）中央创建　　　　　　　　　　　　（b）周边创建

图2-10　【圆】属性管理器　　　　　　　　　　图2-11　选择两种不同的绘制方式

（3）拖动鼠标指针以定义半径。

（4）设置圆的属性，单击 ✅ 【确定】按钮，完成圆的绘制。

2. 【圆】属性设置

在绘图窗口选择绘制的圆，系统弹出【圆】属性管理器，可设置其属性，如图2-12所示。

（1）【现有几何关系】选项组。可显示现有几何关系及所选草图实体的状态信息。

（2）【添加几何关系】选项组。可将新的几何关系添加到所选的草图实体圆中。

（3）【选项】选项组。可启用【作为构造线】复选框，将实体圆转换为构造几何体的圆。

（4）【参数】选项组。用来设置圆心的位置坐标和圆的半径尺寸。

- 🔘【X坐标置中】，设置圆心的x坐标。
- 🔘【Y坐标置中】，设置圆心的y坐标。
- ⟋【半径】，设置圆的半径。

图2-12　【圆】属性管理器

2.2.3　圆弧

圆弧有【圆心/起/终点画弧】、【切线弧】和【3点圆弧】3种类型。

1. 圆心/起/终点画弧

（1）单击【草图】工具栏中的 🔘 【圆心/起/终点画弧】按钮或者选择【工具】|【草图绘制实体】|【圆心/起/终点画弧】菜单命令，鼠标指针变为 ⤳ 形状。

（2）确定圆心，在绘图窗口中单击鼠标左键放置圆弧圆心。

（3）拖动鼠标指针放置起点、终点。

（4）单击鼠标左键，显示圆周参考线。

（5）拖动鼠标指针确定圆弧的长度和方向，然后单击鼠标左键。

（6）设置圆弧属性，单击 ✓【确定】按钮，完成圆弧的绘制。

2. 绘制切线弧

单击【草图】工具栏中的 ⊃【切线弧】按钮，可生成一条与草图实体（如直线、圆弧、椭圆或者样条曲线等）相切的弧线，也可利用自动过渡将绘制直线切换到绘制圆弧，而不必单击 ⊃【切线弧】按钮。

（1）单击【草图】工具栏中的 ⊃【切线弧】按钮或选择【工具】|【草图绘制实体】|【切线弧】菜单命令。

（2）在直线、圆弧、椭圆或者样条曲线的端点处单击鼠标左键，系统弹出【圆弧】属性管理器，鼠标指针变为 ⇗ 形状。

（3）拖动鼠标指针绘制所需的形状，单击鼠标左键。

（4）设置圆弧的属性，单击 ✓【确定】按钮，完成圆弧的绘制。

3. 绘制3点圆弧

（1）单击【草图】工具栏中的 ⌂【3点圆弧】按钮或者选择【工具】|【草图绘制实体】|【三点圆弧】菜单命令，系统弹出【圆弧】属性管理器，鼠标指针变为 ⇗ 形状。

（2）在绘图窗口中单击鼠标左键确定圆弧的起点位置。

（3）将鼠标指针拖动到圆弧结束处，再次单击鼠标左键确定圆弧的终点位置。

（4）拖动圆弧设置圆弧的半径，必要时可更改圆弧的方向，单击鼠标左键。

（5）设置圆弧的属性，单击 ✓【确定】按钮，完成圆弧的绘制。

4. 【圆弧】属性设置

在【圆弧】属性管理器中，可设置所绘制的【圆心/起/终点画弧】、【切线弧】和【3点圆弧】的属性，如图2-13所示。

图2-13　【圆弧】属性管理器

（1）【现有几何关系】选项组。显示现有的几何关系，即在草图绘制过程中自动推理或使用【添加几何关系】选项组手动生成的几何关系（在列表中选择某一几何关系时，绘图窗口中的标注会高亮显示）；显示所选草图实体的状态信息，如"欠定义"、"完全定义"等。

（2）【添加几何关系】选项组。只列举所选实体可使用的几何关系，如【固定】等。

（3）【选项】选项组。启用【作为构造线】复选框，可将实体圆弧转换为构造几何体的圆弧。

（4）【参数】选项组。如果圆弧不受几何关系约束，可指定以下参数中的任何适当组合以定义圆弧。当更改一个或者多个参数时，其他参数会自动更新。

- ⊙【X坐标置中】，设置圆心x坐标。
- ⊙【Y坐标置中】，设置圆心y坐标。
- ⊙【开始X坐标】，设置开始点x坐标。

- ⌒【开始Y坐标】，设置开始点y坐标。
- ⌒【结束X坐标】，设置结束点x坐标。
- ⌒【结束Y坐标】，设置结束点y坐标。
- ⌒【半径】，设置圆弧的半径。
- ⌒【角度】，设置端点到圆心的角度。

2.2.4 椭圆和椭圆弧

使用【椭圆（长短轴）】命令可生成一个完整椭圆；使用【部分椭圆】命令可生成一个椭圆弧。

1. 绘制椭圆

（1）单击【草图】工具栏中的⊘【椭圆】按钮或者选择【工具】|【草图绘制实体】|【椭圆（长短轴）】菜单命令，系统弹出【椭圆】属性管理器，鼠标指针变为➢形状。

（2）在绘图窗口中单击鼠标左键放置椭圆中心。

（3）拖动鼠标指针并单击鼠标左键定义椭圆的长轴（或者短轴）。

（4）拖动鼠标指针并再次单击鼠标左键定义椭圆的短轴（或者长轴）。

（5）设置椭圆的属性，单击✔【确定】按钮，完成椭圆的绘制。

2. 绘制椭圆弧

（1）单击【草图】工具栏中的⊘【部分椭圆】按钮或者选择【工具】|【草图绘制实体】|【部分椭圆】菜单命令，系统弹出【椭圆】属性管理器，鼠标指针变为➢形状。

（2）在绘图窗口中单击鼠标左键放置椭圆的中心位置。

（3）拖动鼠标指针并单击鼠标左键定义椭圆的第一个轴。

（4）拖动鼠标指针并单击鼠标左键定义椭圆的第二个轴，保留圆周引导线。

（5）围绕圆周拖动鼠标指针定义椭圆弧的范围。

（6）设置椭圆弧属性，单击✔【确定】按钮，完成椭圆弧的绘制。

3. 【椭圆】属性设置

在【椭圆】属性管理器中编辑其属性，其中大部分选项组中的属性设置与【圆】属性设置相似，如图2-14所示，在此不作赘述。

【参数】选项组中的数值框，分别定义圆心的x、y坐标和短、长轴的长度。

（1）⊘【X坐标置中】，设置椭圆圆心的x坐标。

（2）⊘【Y坐标置中】，设置椭圆圆心的y坐标。

（3）⊘【半径1】，设置椭圆长轴的半径。

（4）⊘【半径2】，设置椭圆短轴的半径。

（a）（长短轴）参数　　（b）部分椭圆参数

图2-14 【椭圆】属性管理器

实例——创建草图

结果文件：\02\2-1. SLDPRT

多媒体教学路径：主界面→第2章→2.2.4实例

01 选择草绘面

单击【草图】工具栏中的 ✏️【草图绘制】按钮，单击选择前视基准面进行绘制，如图2-15所示。

02 绘制圆弧

单击【草图】工具栏中的 ⌒【三点圆弧】按钮，弹出【圆弧】属性管理器，如图2-16所示。

① 绘制圆弧。

② 设置圆弧的半径。

③ 单击【确定】按钮。

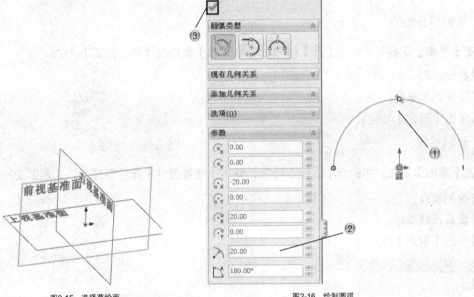

图2-15 选择草绘面　　　　　　　图2-16 绘制圆弧

03 绘制同心圆弧

单击【草图】工具栏中的 ⌒【三点圆弧】按钮，弹出【圆弧】属性管理器，如图2-17所示。

① 绘制圆弧。

② 设置圆弧的半径。

③ 单击【确定】按钮。

04 绘制圆

单击【草图】工具栏中的 ⊙【圆】按钮，弹出【圆】属性管理器，如图2-18所示。

① 绘制圆形。

② 设置圆的半径。

③ 单击【确定】按钮。

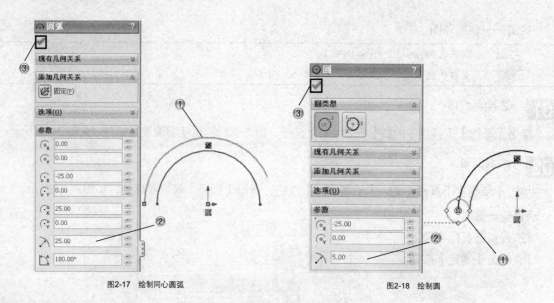

图2-17 绘制同心圆弧　　　　　　　　　　　　图2-18 绘制圆

05 绘制同心圆

单击【草图】工具栏中的⊙【圆】按钮，弹出【圆】属性管理器，如图2-19所示。

① 绘制圆形。

② 设置圆的半径。

③ 单击【确定】按钮。

06 绘制直线

单击【草图】工具栏中的\【直线】按钮，弹出【线条属性】属性管理器，如图2-20所示。

① 绘制直线。

② 设置直线参数。

③ 单击【确定】按钮。

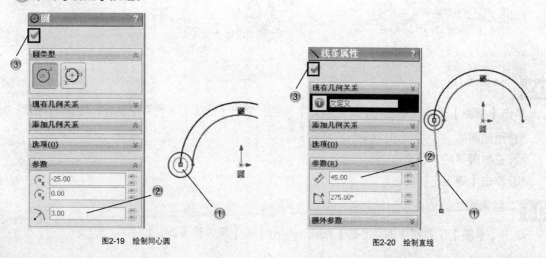

图2-19 绘制同心圆　　　　　　　　　　　　图2-20 绘制直线

07 绘制短直线

单击【草图】工具栏中的\【直线】按钮，弹出【线条属性】属性管理器，如图2-21所示。

① 绘制直线。

② 设置直线参数。

③ 单击【确定】按钮。

08 约束直线

按住Ctrl键，选择2条直线，弹出【属性】对话框，如图2-22所示。

① 单击【平行】按钮。

② 单击【确定】按钮。

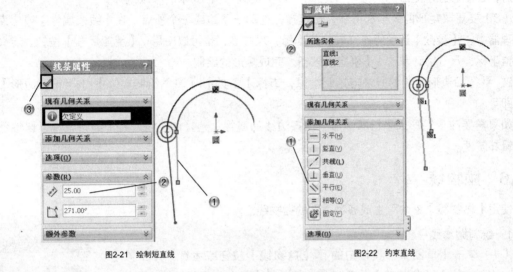

图2-21 绘制短直线　　　　　　　　　　　　图2-22 约束直线

09 绘制水平线

单击【草图】工具栏中的 ＼【直线】按钮，弹出【线条属性】属性管理器，如图2-23所示，绘制水平线。

10 绘制椭圆

单击【草图】工具栏中的 ⊘【椭圆】按钮，弹出【椭圆】属性管理器，如图2-24所示。

① 绘制椭圆。

② 设置椭圆参数。

③ 单击【确定】按钮。

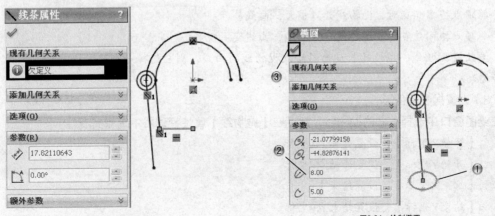

图2-23 绘制水平线　　　　　　　　　图2-24 绘制椭圆

2.2.5　矩形和平行四边形

1. 使用【矩形】命令可生成水平或竖直的矩形；使用【平行四边形】命令可生成任意角度的平行四边形。

（1）单击【草图】工具栏中的□【边角矩形】按钮或选择【工具】|【草图绘制实体】|【矩形】菜单命令，鼠标指针变为👆形状。

（2）在绘图窗口中单击鼠标左键放置矩形的第一个顶点，拖动鼠标指针定义矩形。在拖动鼠标指针时，会动态显示矩形的尺寸，当矩形的大小和形状符合要求时释放鼠标。

（3）要更改矩形的大小和形状，可选择并拖动一条边或一个顶点。在【线条属性】或【点】属性管理器中，【参数】选项组定义其位置坐标、尺寸等，也可以使用 ☑ 【智能尺寸】按钮，定义矩形的位置坐标、尺寸等，单击 ✔ 【确定】按钮，完成矩形的绘制。

2. 平行四边形的绘制方法与矩形类似，选择【工具】|【草图绘制实体】|【平行四边形】菜单命令即可。

如果需要改变矩形或平行四边形中单条边线的属性，选择该边线，在【线条属性】属性管理器中编辑其属性。

2.2.6　抛物线

使用【抛物线】命令可生成各种类型的抛物线。

1.　绘制抛物线

（1）单击【草图】工具栏中的 ∪ 【抛物线】按钮或者选择【工具】|【草图绘制实体】|【抛物线】菜单命令，鼠标指针变为 ∿ 形状。

（2）在绘图窗口中单击鼠标左键放置抛物线的焦点，然后将鼠标指针拖动到起点处，沿抛物线轨迹绘制抛物线，系统弹出【抛物线】属性管理器。

（3）单击鼠标左键并拖动鼠标指针定义抛物线，设置抛物线属性，单击 ✔ 【确定】按钮，完成抛物线的绘制。

2.　【抛物线】属性设置

（1）在绘图窗口中选择绘制的抛物线，当鼠标指针位于抛物线上时会变成 ∿ 形状。系统弹出【抛物线】属性管理器，如图2-25所示。

（2）当选择抛物线顶点时，鼠标指针变成 ↘ 形状，拖动顶点可改变曲线的形状。

- 将顶点拖离焦点时，抛物线开口扩大，曲线展开。
- 将顶点拖向焦点时，抛物线开口缩小，曲线变尖锐。
- 要改变抛物线一条边的长度而不修改抛物线的曲线，则应选择一个端点进行拖动。

（3）设置抛物线的属性。

在绘图窗口中选择绘制的抛物线，然后在【抛物线】属性管理器中编辑其属性。

- ⌒【开始X坐标】，设置开始点x坐标。
- ⌒【开始Y坐标】，设置开始点y坐标。
- ⌒【结束X坐标】，设置结束点x坐标。
- ⌒【结束Y坐标】，设置结束点y坐标。
- ⌒【X坐标置中】，将x坐标置中。

图2-25　【抛物线】属性管理器

- 【Y坐标置中】，将y坐标置中。
- 【极点X坐标】，设置极点x坐标。
- 【极点Y坐标】，设置极点y坐标。

其他属性与【圆】属性设置相似，在此不作赘述。

2.2.7　多边形

使用【多边形】命令可以生成带有任何数量边的等边多边形。用内切圆或者外接圆的直径定义多边形的大小，还可指定旋转角度。

1. 绘制多边形

（1）单击【草图】工具栏中的 【多边形】按钮或选择【工具】|【草图绘制实体】|【多边形】菜单命令，鼠标指针变为 形状，系统弹出【多边形】属性管理器。

（2）在【参数】选项组的 【边数】数值框中设置多变形的边数，或在绘制多边形之后修改其边数，选中【内切圆】或【外接圆】单选按钮，并在 【圆直径】数值框中设置圆直径数值。

（3）在绘图窗口中单击鼠标左键放置多边形的中心，然后拖动鼠标指针定义多边形。

（4）设置多边形的属性，单击 【确定】按钮，完成多边形的绘制。

2. 【多边形】属性设置

完成多边形的绘制后，可通过编辑多边形属性来改变多边形的大小、位置、形状等。

（1）用鼠标右键单击多边形的一条边，在弹出的菜单中选择【编辑多边形】命令。

（2）系统弹出【多边形】属性管理器，如图2-26所示，编辑多边形的属性。

图2-26　【多边形】属性管理器

实例——绘制曲线

　　结果文件：\02\2-1. SLDPRT

　　多媒体教学路径：主界面→第2章→2.2.7实例

01　编辑草图

右键单击【特征管理器设计树】中的"草图1"，在弹出的快键菜单中选择 【编辑草图】按钮，如图2-27所示。

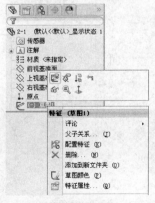

图2-27　编辑草图

02 绘制抛物线

单击【草图】工具栏中的 ∪【抛物线】按钮，弹出【抛物线】属性管理器，如图2-28所示。

① 绘制抛物线。

② 单击【确定】按钮。

03 绘制多边形

单击【草图】工具栏中的◎【多边形】按钮，弹出【多边形】属性管理器，如图2-29所示。

① 绘制多边形。

② 设置多边形的参数。

③ 单击【确定】按钮。

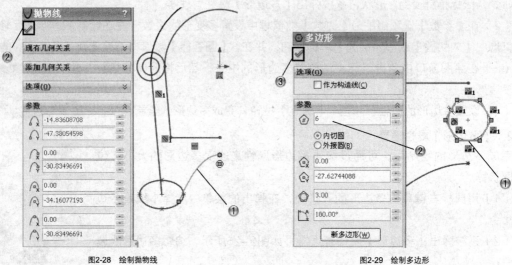

图2-28 绘制抛物线　　　　　　　　　　　　　　　　图2-29 绘制多边形

04 绘制圆形

单击【草图】工具栏中的◎【圆】按钮，弹出【圆】属性管理器，如图2-30所示。

① 绘制圆形。

② 设置圆的半径。

③ 单击【确定】按钮。

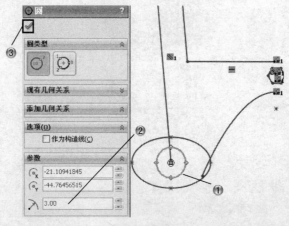

图2-30 绘制圆形

2.2.8　点

使用【点】命令，可将点插入到草图和工程图中。

（1）单击【草图】工具栏中的 ✳【点】按钮或选择【工具】|【草图绘制实体】|【点】菜单命令，鼠标指针变为 形状。

（2）在绘图窗口单击鼠标左键放置点，系统弹出【点】属性管理器，如图2-31所示。【点】命令保持激活，可继续插入点。

若要设置点的属性，则在选择绘制的点后在【点】属性管理器中进行编辑。

2.2.9　中心线

利用【中心线】命令可绘制中心线，作为草图镜像及旋转特征操作的旋转中心轴或构造几何体。

（1）单击【草图】工具栏中的 【中心线】按钮或选择【工具】|【草图绘制实体】|【中心线】菜单命令，鼠标指针变为 形状。

（2）在绘图窗口单击鼠标左键放置中心线的起点，系统弹出【线条属性】属性管理器。

（3）在绘图窗口中拖动鼠标指针并单击鼠标左键放置中心线的终点。

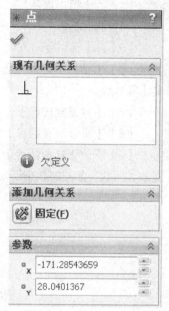

图2-31　【点】属性管理器

要改变中心线属性，可选择绘制的中心线，然后在【线条属性】属性管理器中进行编辑。

2.2.10　样条曲线

定义样条曲线的点至少有3个，中间为型值点（或者通过点），两端为端点。可通过拖动样条曲线的型值点或端点改变其形状，也可在端点处指定相切，还可在3D草图绘制中绘制样条曲线，新绘制的样条曲线默认为"非成比例的"。

1.　绘制样条曲线

（1）单击【草图】工具栏中的 【样条曲线】按钮或选择【工具】|【草图绘制实体】|【样条曲线】菜单命令，鼠标指针变为 形状。

（2）在绘图窗口单击鼠标左键放置第一点，然后拖动鼠标指针以定义曲线的第一段。

（3）在绘图窗口中放置第二点，拖动鼠标指针以定义样条曲线的第二段。

（4）重复以上步骤直到完成样条曲线。完成绘制时，双击最后1个点即可。

2.　样条曲线的属性设置

在【样条曲线】属性管理器中进行设置，如图2-32所示。

若样条曲线不受几何关系约束，则在【参数】选项组中指定以下参数定义样条曲线。

（1）【样条曲线控制点数】，滚动查看样条曲线上的点时，曲线相应点的序数出现在框中。

图2-32　【样条曲线】属性管理器

（2） <sub/>【X坐标】，设置样条曲线端点的*x*坐标。

（3） 【Y坐标】，设置样条曲线端点的*y*坐标。

（4）【相切重量1】、【相切重量2】，相切量，通过修改样条曲线点处的样条曲线曲率度数来控制相切向量。

（5） 【相切径向方向】，通过修改相对于*x*、*y*、*z*轴的样条曲线倾斜角度来控制相切方向。

（6）【相切驱动】，启用该复选框，可以激活【相切重量1】、【相切重量2】和【相切径向方向】等参数。

（7）【重设此控标】，将所选样条曲线控标重返到其初始状态。

（8）【重设所有控标】，将所有样条曲线控标重返到其初始状态。

（9）【驰张样条曲线】，可显示控制样条曲线的多边形，然后拖动控制多边形上的任何节点以更改其形状，如图2-33所示。

图2-33　控制多边形

（10）【成比例】，成比例的样条曲线在拖动端点时会保持形状，整个样条曲线会按比例调整大小，可为成比例样条曲线的内部端点标注尺寸和添加几何关系。

3. 简化样条曲线

使用【简化样条曲线】命令可提高包含复杂样条曲线的模型的性能。除了绘制的样条曲线外，可使用如 【转换实体引用】、 【等距实体】和 【交叉曲线】等命令绘制样条曲线，也可通过单击【平滑】按钮或指定【公差】数值以减少样条曲线上点的数量。

（1）用鼠标右键单击样条曲线，在弹出的快捷菜单中选择【简化样条曲线】命令或选择【工具】|【样条曲线工具】|【简化样条曲线】菜单命令，弹出【简化样条曲线】对话框，如图2-34所示。

（2）在【样条曲线型值点数】选项组的【在原曲线中】和【在简化曲线中】数值框中显示点的数量；在【公差】数值框中显示公差值（公差，即从原始曲线所产生的曲线的计划误差值）。如果要通过公差控制样条曲线点，则可在【公差】数值框中输入数值，然后按下键盘上的Enter键，样条曲线点的数量可在绘图窗口中预览。

（3）单击【平滑】按钮，系统将调整公差并计算点数更少的新曲线。点的数量重新显示在【在原曲线中】和【在简化曲线中】数值框中，公差值显示在【公差】数值框中。原始样条曲线显示在绘图窗口中并显示平滑曲线的预览，如图2-35所示。

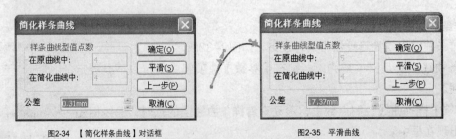

图2-34　【简化样条曲线】对话框　　　　　图2-35　平滑曲线

（4）可继续单击【平滑】按钮，直到只剩2个点为止，最后单击 ✅【确定】按钮，完成操作。

4. 插入样条曲线型值点

与前面的功能相反，【插入样条曲线型值点】命令可为样条曲线增加1个或多个点。用该命令可完成以下操作。

（1）使用样条曲线型值点作为控标，将样条曲线调整为所需的形状。

（2）在样条曲线型值点之间或样条曲线型值点与其他实体之间标注尺寸。

（3）给样条曲线型值点添加几何关系。其步骤如下：

用鼠标右键单击所绘制的样条曲线，在弹出的快捷菜单中选择【插入样条曲线型值点】命令（或选择【工具】|【样条曲线工具】|【插入样条曲线型值点】菜单命令），鼠标指针显示为 形状。在样条曲线上单击鼠标左键定义1个或多个需要插入点的位置。

高手指点

如果要为样条曲线的内部点添加几何关系或尺寸标注，则样条曲线必须为"非成比例的"（"非成比例的"为默认值）。若正在处理的样条曲线是成比例的，则选择样条曲线，在【样条曲线】属性管理器中取消启用【成比例】复选框。

5. 改变样条曲线

（1）改变样条曲线的形状。选择样条曲线，控标出现在型值点和线段端点上，可用以下方法改变样条曲线。

- 拖动控标改变样条曲线的形状。
- 添加或移除样条曲线型值点改变样条曲线的形状。
- 用鼠标右键单击样条曲线，在弹出的快捷菜单中选择【插入样条曲线型值点】命令。
- 在样条曲线上通过控制多边形改变样条曲线的形状。

控制多边形是空间中用于操纵对象形状的一系列控制点（即节点）。它可拖动控制点而不是令修改区域局部化的样条曲线点，使用户可更精确地控制样条曲线的形状。在打开的草图中，用鼠标右键单击样条曲线，在弹出的快捷菜单中选择【显示控制多边形】命令，就可显示出控制多边形。

（2）简化样条曲线。用鼠标右键单击样条曲线，在弹出的快捷菜单中选择【简化样条曲线】命令。

（3）删除样条曲线型值点。选择要删除的点后按下键盘上的Delete键。

（4）改变样条曲线的属性。从绘图窗口中选择样条曲线，在【样条曲线】属性管理器中编辑其属性。

实例——绘制中心线

结果文件：\02\2-1. SLDPRT

多媒体教学路径：主界面→第2章→2.2.10实例

01 绘制中心线1

继续编辑草图1，单击【草图】工具栏中的 【中心线】按钮，绘制中心线，如图2-36所示。

02 绘制中心线2

单击【草图】工具栏中的 【中心线】按钮，绘制中心线，如图2-37所示。

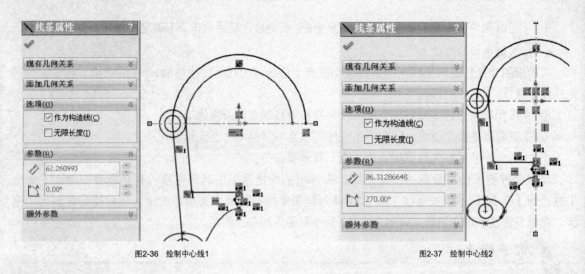

图2-36 绘制中心线1　　　　　　　　　　　　图2-37 绘制中心线2

03 绘制样条线

单击【草图】工具栏中的 【样条曲线】按钮，弹出【样条曲线】属性管理器，如图2-38所示。

① 绘制样条线。

② 单击【确定】按钮。

04 绘制圆角

单击【草图】工具栏中的 【绘制圆角】按钮，弹出【绘制圆角】属性管理器，如图2-39所示。

① 选择要圆角的直线。

② 设置圆角参数。

③ 单击【确定】按钮。

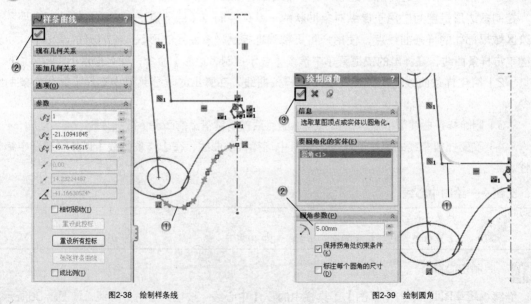

图2-38 绘制样条线　　　　　　　　　　　　图2-39 绘制圆角

2.3 编辑草图

草图绘制完毕后，需要对草图进一步进行编辑以符合设计的需要，本节介绍常用的草图编辑工具，如剪切复制、移动旋转、草图剪裁、草图延伸、分割合并、派生草图、转换实体、等距实体、转换实体引用等。

2.3.1 剪切、复制、粘贴草图

在草图绘制中，可在同一草图中或在不同草图间进行剪切、复制、粘贴1个或多个草图实体的操作，如复制整个草图并将其粘贴到当前零件的1个面或另1个草图、零件、装配体或工程图文件中（目标文件必须是打开的）。

要在同一文件中复制草图或将草图复制到另1个文件，可在【特征管理器设计树】中选择、拖动草图实体，同时按住键盘上的Ctrl键。

要在同一草图内部移动，可在【特征管理器设计树】中选择并拖动草图实体，同时按住键盘上的Shift键，也可按照以下步骤复制、粘贴1个或者多个草图实体。

（1）在【特征管理器设计树】中选择绘制完成的草图。

（2）选择【编辑】|【复制】菜单命令，或按下键盘上的Ctrl+C快捷键。

（3）选择【编辑】|【粘贴】菜单命令，或按下键盘上的Ctrl+V快捷键，单击放置复制的草图。

2.3.2 移动、旋转、缩放、复制草图

如果要移动、旋转、按比例缩放、复制草图，可选择【工具】|【草图工具】菜单命令，然后选择以下命令。

（1）🔧【移动】，移动草图。

（2）🔧【旋转】，旋转草图。

（3）🔧【缩放比例】，按比例缩放草图。

（4）🔧【复制】，复制草图。

下面进行详细的介绍。

1. 移动和复制

使用🔧【移动】命令可将实体移动一定距离，或以实体上某一点为基准，将实体移动至已有的草图点。

选择要移动的草图，然后选择【工具】|【草图工具】|【移动】菜单命令，系统弹出【移动】属性管理器。在【参数】选项组中，选中【从/到】单选按钮，再单击【起点】下的【基准点】选择框，在绘图窗口中选择移动的起点，拖动鼠标指针定义草图实体要移动到的位置，如图2-40所示。

图2-40 移动草图

也可选中【X/Y】单选按钮，然后设置△x【Delta X】和△Y【Delta Y】数值定义草图实体移动的位置。

（1）△x【Delta X】，表示开始点和结束点x坐标之间的偏移。

（2）△y【Delta Y】，表示开始点和结束点y坐标之间的偏移。

（3）如果单击【重复】按钮，将按照相同距离继续修改草图实体位置，单击✓【确定】按钮，草图实体被移动。

【复制】命令的使用方法与【移动】相同，在此不做赘述。

 教你一招

> 【移动】或【复制】操作不生成几何关系。如果需要在移动或者复制过程中保留现有几何关系，则启用【保留几何关系】复选框；当取消启用【保留几何关系】复选框时，只有在所选项目和未被选择的项目之间的几何关系被断开，所选项目之间的几何关系仍被保留。

2. 旋转

使用 【旋转】命令可使实体沿旋转中心旋转一定角度。

（1）选择要旋转的草图。

（2）选择【工具】|【草图工具】|【旋转】菜单命令。

（3）系统弹出【旋转】属性管理器。在【参数】选项组中，单击【旋转中心】下的·【基准点】选择框，然后在绘图窗口中单击鼠标左键放置旋转中心，如图2-41所示。

（4）在 【角度】数值框中设置旋转角度，或将鼠标指针在绘图窗口中任意拖动，单击✓【确定】按钮，草图实体被旋转。

教你一招

> 拖动鼠标指针时，角度捕捉增量根据鼠标指针离基准点的距离而变化，在 【角度】数值框中会显示精确的角度值。

3. 按比例缩放

使用 【按比例缩放】命令可将实体放大或者缩小一定的倍数，或生成一系列尺寸成等比例的实体。

选择要按比例缩放的草图，选择【工具】|【草图工具】|【缩放比例】菜单命令，系统弹出【比例】属性管理器，如图2-42所示。

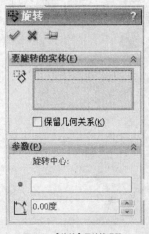

图2-41 【旋转】属性管理器

图2-42 【比例】属性管理器

（1）【比例缩放点】，单击·【基准点】选择框，在绘图窗口中单击草图的某个点作为比例缩放的基准点。

（2）$\circ$【比例因子】，比例因子按算术方法递增（不按几何体方法）。

（3）【复制】，启用此复选框，可以设置 $\nearrow$【份数】数值，可将草图按比例缩放并复制。

实例——编辑草图

结果文件：\02\2-1. SLDPRT

多媒体教学路径：主界面→第2章→2.3.2实例

01 镜向草图

编辑"草图1"，单击【草图】工具栏中的 $\triangle$【镜向实体】按钮，弹出【镜向】属性管理器，如图2-43所示。

① 选择镜向草图和镜向点。

② 单击【确定】按钮。

02 复制圆

选择2个圆，再分别选择【编辑】|【复制】和【编辑】|【粘贴】菜单命令，弹出【复制】属性管理器，如图2-44所示。

① 分别单击原点和移动到的点。

② 单击【确定】按钮。

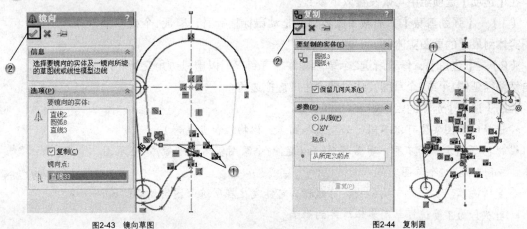

图2-43 镜向草图   图2-44 复制圆

03 放大椭圆

选择【工具】|【草图工具】|【缩放比例】菜单命令，弹出【比例】属性管理器，如图2-45所示。

① 选择椭圆。

② 设置缩放参数。

③ 单击【确定】按钮。

04 旋转椭圆

选择【工具】|【草图工具】|【旋转】菜单命令，弹出【旋转】属性管理器，如图2-46所示。

① 选择椭圆和旋转中心。

② 设置旋转角度。

③ 单击【确定】按钮。

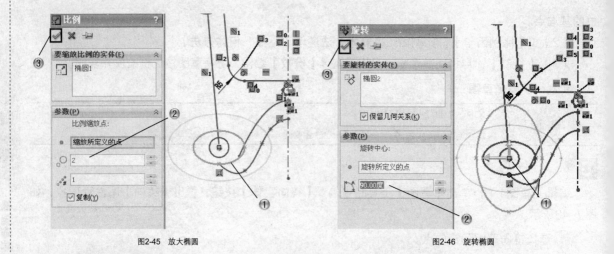

图2-45 放大椭圆　　　　　　　　　　　　　图2-46 旋转椭圆

2.3.3　剪裁草图

使用剪裁命令可用来裁剪或延伸某一草图实体，使之与另一个草图实体重合，或删除某一草图实体。

单击【草图】工具栏中的 【剪裁实体】按钮或选择【工具】|【草图工具】|【剪裁】菜单命令，系统弹出【剪裁】属性管理器，如图2-47所示。

在【选项】选项组中可以设置以下参数。

（1）【强劲剪裁】，剪裁草图实体。拖动鼠标指针时，剪裁1个或多个草图实体到最近的草图实体处。

（2）【边角】，修改所选2个草图实体，直到它们以虚拟边角交叉。沿其自然路径延伸1个或2个草图实体时就会生成虚拟边角。

控制【边角】选项的因素如下。

- 选择的草图实体可以不同（如直线和圆弧、抛物线和直线等）。
- 根据草图实体的不同，剪裁操作可以延伸1个草图实体而缩短另1个草图实体，或同时延伸2个草图实体。
- 受所选草图实体的末端影响，剪裁操作可能发生在所选草图实体两端的任一端。
- 剪裁行为不受选择草图实体顺序的影响。
- 如果所选的2个草图实体之间不可能有几何上的自然交叉，则剪裁操作无效。

（3）【在内剪除】，剪裁位于2个所选边界之间的草图实体，例如，椭圆等闭环草图实体将会生成一个边界区域，方式与选择2个开环实体作为边界相同。

控制此选项的因素如下。

- 作为2个边界实体的草图实体可以不同。
- 选择要剪裁的草图实体必须与每个边界实体交叉一次，或与2个边界实体完全不交叉。
- 剪裁操作将会删除所选边界内部全部的有效草图实体。
- 要剪裁的有效草图实体包括开环草图实体，不包括闭环草图实体（如圆等）。

（4）【在外剪除】，剪裁位于两个所选边界之外的开环草图实体。

控制此选项的因素如下。

- 作为2个边界实体的草图实体可以不同。
- 边界不受所选草图实体端点的限制，将边界定义为草图实体的无限延续。

图2-47 【剪裁】属性管理器

- 剪除操作将会删除所选边界外全部的有效草图实体。
- 要剪裁的有效草图实体包括开环草图实体，但不包括闭环草图实体（如圆等）。

（5）【剪裁到最近端】，删除草图实体到与另一草图实体，如直线、圆弧、圆、椭圆、样条曲线、中心线等或模型边线的交点。

控制此选项的因素如下。

- 删除所选草图实体，直到与其他草图实体的最近交点。
- 延伸所选草图实体。实体延伸的方向取决于拖动鼠标指针的方向。

在草图上移动鼠标指针，一直到希望剪裁（或者删除）的草图实体以红色高亮显示，然后单击该实体。如果草图实体没有和其他草图实体相交，则整个草图实体被删除。草图剪裁也可以删除草图实体余下的部分。

2.3.4　延伸草图

使用【延伸实体】命令可以延伸草图实体以增加其长度，如直线、圆弧或中心线等。常用于将一个草图实体延伸到另一个草图实体。

（1）单击【草图】工具栏中的 【延伸实体】按钮或者选择【工具】|【草图工具】|【延伸】菜单命令。

（2）将鼠标指针拖动到要延伸的草图实体上，如直线、圆弧或者中心线等，所选草图实体显示为红色，绿色的直线或圆弧表示草图实体延伸的方向。

（3）单击该草图实体，草图实体延伸到与下一草图实体相交。

教你一招

如果预览显示延伸方向出错，将鼠标指针拖动到直线或者圆弧的另一半上并再一次预览。

2.3.5　分割、合并草图

【分割实体】命令是通过添加分割点将一个草图实体分割成两个草图实体。

（1）打开包含需要分割实体的草图。

（2）选择【工具】|【草图工具】|【分割实体】菜单命令，或在绘图窗口中用鼠标右键单击草图实体，在弹出的快捷菜单中选择【分割实体】命令。当鼠标指针位于被分割的草图实体上时，会变成 形状。

（3）单击草图实体上的分割位置，该草图实体被分割成2个草图实体，这2个草图实体间会添加1个分割点，如图2-48所示。

图2-48　分割点

实例——剪裁草图

　结果文件：\02\2-1. SLDPRT

　　多媒体教学路径：主界面→第2章→2.3.5实例

01　删除椭圆

编辑"草图1"，右键单击小椭圆，在快键菜单中选择【删除】命令，删除草图，如图2-49所示。

02 剪裁草图1

单击【草图】工具栏中的【剪裁实体】按钮，弹出【剪裁】属性管理器，剪裁草图如图2-50所示。

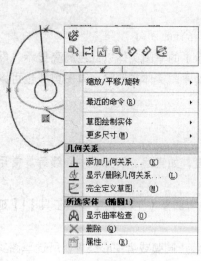

图2-49 删除椭圆

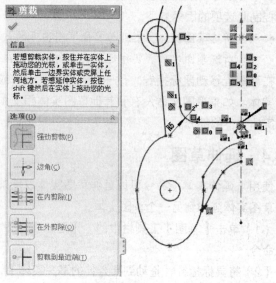

图2-50 剪裁草图1

03 镜向草图

编辑"草图1"，单击【草图】工具栏中的【镜向实体】按钮，弹出【镜向】属性管理器，如图2-51所示。

① 选择镜向草图和镜向点。

② 单击【确定】按钮。

04 剪裁草图2

单击【草图】工具栏中的【剪裁实体】按钮，弹出【剪裁】属性管理器，剪裁草图，如图2-52所示。

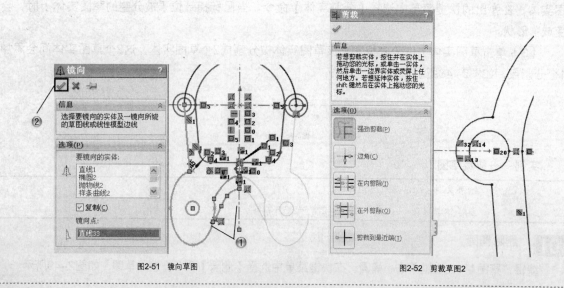

图2-51 镜向草图   图2-52 剪裁草图2

05 剪裁草图3

单击【草图】工具栏中的 ▦【剪裁实体】按钮，弹出【剪裁】属性管理器，剪裁草图，如图2-53所示。

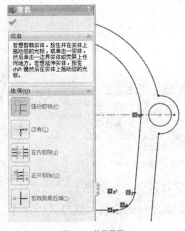

图2-53　剪裁草图3

2.3.6　派生草图

可从属于同一零件的另一草图派生草图，或从同一装配体中的另一草图派生草图。

从现有草图派生草图时，这2个草图将保持相同特性。对原始草图所做的更改将反映到派生草图中。通过拖动派生草图和标注尺寸，将草图定位在所选面上。派生的草图是固定链接的，它将作为单一实体被拖动。

不能在派生的草图中添加或者删除几何体，派生草图的形状总是与原始草图相同。但可用尺寸或者几何关系重新定义该草图。

更改原始草图时，派生的草图会自动更新。

如果要解除派生的草图与原始草图之间的链接，则在【特征管理器设计树】中用鼠标右键单击派生草图或零件的名称，然后在弹出的快捷菜单中选择【解除派生】命令。链接解除后，即使对原始草图进行修改，派生的草图也不会再自动更新。

从同一零件中的草图派生草图的步骤如下。

选择需要派生新草图的草图，按住键盘上的Ctrl键并单击将放置新草图的面，选择【插入】|【派生草图】菜单命令，草图在所选面的基准面上出现。

从同一装配体中的草图派生草图的步骤如下。

用鼠标右键单击需要放置派生草图的零件，在弹出的快捷菜单中选择【编辑零件】命令，在同一装配体中选择需要派生的草图，按住键盘上的Ctrl键并单击鼠标左键放置新草图的面，选择【插入】|【派生草图】菜单命令，草图在选择面的基准面上出现，并可以进行编辑。

2.3.7　转换实体引用

使用【转换实体引用】命令可将其他特征上的边线投影到某草图平面上，此边线可以是作为等距的模型边线（包括1个或多个模型的边线、1个模型的面和该面所指定环的边线），也可是作为等距的外部草图实体（包括1个或多个相连接的草图实体，或1个具有闭环轮廓线的草图实体等）。

（1）单击【标准】工具栏中的 ▦【选择】按钮，在绘图窗口中选择模型面或边线、环、曲线、外部草图轮廓线、1组边线、1组曲线等。

（2）单击【草图】工具栏中的 【草图绘制】按钮，进入草图绘制状态。

（3）单击【草图】工具栏中的 【转换实体引用】按钮（如图2-54所示）或选择【工具】|【草图工具】|【转换实体引用】菜单命令，将模型面转换为草图实体，如图2-55所示。

图2-54 在【草图】工具栏中单击【转换实体引用】按钮

图2-55 将模型面转换为草图实体

【转换实体引用】命令将自动建立以下几何关系。

（1）在新的草图曲线和草图实体之间的边线上建立几何关系，如果草图实体更改，曲线也会随之更新。

（2）在草图实体的端点上生成内部固定几何关系，使草图实体保持"完全定义"状态。

当使用【显示/删除几何关系】命令时，不会显示此内部几何关系，拖动草图实体端点可移除几何关系。

2.3.8 等距实体

使用【等距实体】命令可将其他特征的边线以一定的距离和方向偏移，偏移的特征可以是1个或多个草图实体、1个模型面、1条模型边线或外部草图曲线。

选择1个草图实体或者多个草图实体、1个模型面、1条模型边线或外部草图曲线之后，单击【草图】工具栏中的 【等距实体】按钮或选择【工具】|【草图工具】|【等距实体】菜单命令，系统弹出【等距实体】属性管理器，如图2-56所示。

在【参数】选项组中设置以下参数。

（1） 【等距距离】，设置等距数值，或在绘图窗口中移动鼠标指针以定义等距距离。

（2）【添加尺寸】，在草图中添加等距距离，不会影响到原有草图实体中的任何尺寸。

图2-56 【等距实体】属性管理器

（3）【反向】，更改单向等距的方向。

（4）【选择链】，生成所有连续草图实体的等距实体。

（5）【双向】，在绘图窗口的2个方向生成等距实体。

（6）【制作基本结构】，将原有草图实体转换为构造性直线。

（7）【顶端加盖】，通过启用【双向】复选框并添加顶盖以延伸原有非相交草图实体，可以选中【圆弧】或【直线】单选按钮作为延伸顶盖的类型。

实例——阵列草图

结果文件：\02\2-1. SLDPRT

多媒体教学路径：主界面→第2章→2.3.8实例

01 等距实体

编辑"草图1"，单击【草图】工具栏中的 **⊐**【等距实体】按钮，弹出【等距实体】属性管理器，如图2-57所示。

①选择要偏移的线条。

②设置等距参数。

③单击【确定】按钮。

02 阵列草图1

单击【草图】工具栏中的 **▦**【线性草图阵列】按钮，系统弹出【线性阵列】属性管理器，如图2-58所示。

①选择阵列对象。

②设置阵列参数。

③单击【确定】按钮。

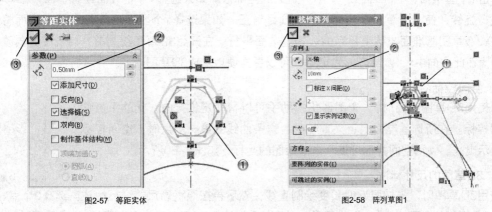

图2-57 等距实体　　　　　　　　　　　　图2-58 阵列草图1

03 阵列草图2

单击【草图】工具栏中的 **▦**【线性草图阵列】按钮，系统弹出【线性阵列】属性管理器，如图2-59所示。

①选择阵列对象。

②设置阵列参数。

③单击【确定】按钮。

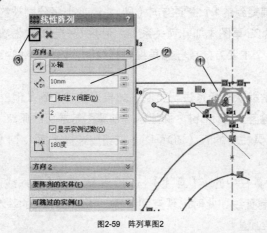

图2-59 阵列草图2

2.4　3D草图

3D草图由系列直线、圆弧以及样条曲线构成。3D草图可以作为扫描路径，也可以用作放样或者扫描的引导线、放样的中心线等。

2.4.1　简介

单击【草图】工具栏中的 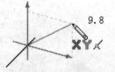 【3D草图】按钮或选择【插入】|【3D草图】菜单命令，开始绘制3D草图。

1. 3D草图坐标系

生成3D草图时，在默认情况下，通常是相对于模型中默认的坐标系进行绘制。如果要切换到另外2个默认基准面中的1个，则单击所需的草图绘制工具，然后按键盘上的Tab键，当前的草图基准面的原点显示出来。如果要改变3D草图的坐标系，则单击所需的草图绘制工具，按住键盘上的Ctrl键，然后单击1个基准面、1个平面或1个用户定义的坐标系。如果选择1个基准面或者平面，3D草图基准面将进行旋转，使x、y草图基准面与所选项目对正。如果选择1个坐标系，3D草图基准面将进行旋转，使x、y草图基准面与该坐标系的x、y基准面平行。在开始3D草图绘制前，将视图方向改为等轴测，因为在此方向中x、y、z方向均可见，可以更方便地生成3D草图。

2. 空间控标

当使用3D草图绘图时，1个图形化的助手可以帮助定位方向，此助手被称为空间控标。在所选基准面上定义直线或者样条曲线的第一个点时，空间控标就会显示出来。使用空间控标可提示当前绘图的坐标，如图2-60所示。

图2-60　空间控标

3. 3D草图的尺寸标注

使用3D草图时，先按照近似长度绘制直线，然后再按照精确尺寸进行标注。选择2个点、1条直线或者2条平行线，可以添加1个长度尺寸。选择3个点或者2条直线，可以添加1个角度尺寸。

4. 直线捕捉

在3D草图中绘制直线时，可用直线捕捉零件中现有的几何体，如模型表面或顶点及草图点。如果沿1个主要坐标方向绘制直线，则不会激活捕捉功能；如果在1个平面上绘制直线，且系统推理出捕捉到1个空间点，则会显示1个暂时的3D图形框以指示不在平面上的捕捉。

2.4.2　3D直线

当绘制直线时，直线捕捉到的1个主要方向（即x、y、z）将分别被约束为水平、竖直或沿z轴方向（相对于当前的坐标系为3D草图添加几何关系），但并不一定要求沿着这3个主要方向之一绘制直线，可在当前基准面中与1个主要方向成任意角度进行绘制。如果直线端点捕捉到现有的几何模型，可在基准面之外进行绘制。

一般是相对于模型中的默认坐标系进行绘制。如果需要转换到其他2个默认基准面，则选择【草图绘制】工具，然后按下键盘上的Tab键，即显示当前草图基准面的原点。

（1）单击【草图】工具栏中的 【3D草图】按钮或选择【插入】|【3D草图】菜单命令，进入3D草图绘制状态。

（2）单击【草图】工具栏中的 【直线】按钮，系统弹出【插入线条】属性管理器。在绘图窗口中单击鼠标左键开始绘制直线，此时出现空间控标，帮助在不同的基准面上绘制草图（如果想改变基准面，按下键盘上的Tab键）。

（3）拖动鼠标指针至直线段的终点处。

（4）如果要继续绘制直线，可选择线段的终点，然后按键盘上的Tab键转换到另1个基准面。

（5）拖动鼠标指针直至出现第2段直线，然后释放鼠标，如图2-61所示。

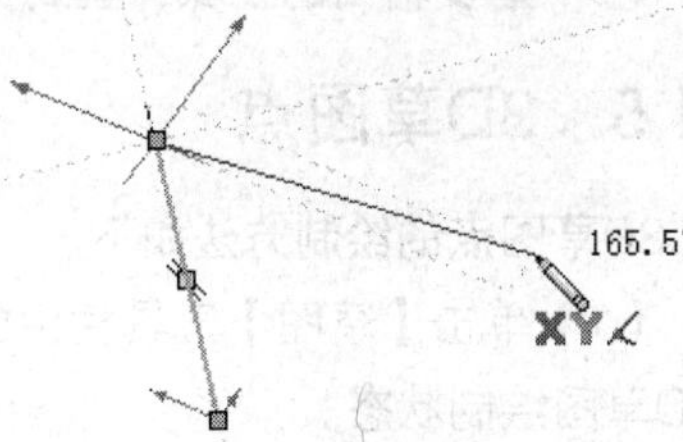

图2-61　绘制3D直线

2.4.3　3D圆角

3D圆角的绘制方法如下。

（1）单击【草图】工具栏中的 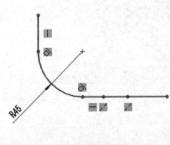【3D草图】按钮或选择【插入】|【3D草图】菜单命令，进入3D草图绘制状态。

（2）单击【草图】工具栏中的【绘制圆角】按钮或选择【工具】|【草图工具】|【圆角】菜单命令，系统弹出【绘制圆角】属性管理器。在【圆角参数】选项组中，设置【圆角半径】数值，如图2-62所示。

（3）选择2条相交的线段或选择其交叉点，即可绘制出圆角，如图2-63所示。

图2-62　【绘制圆角】属性管理器

图2-63　绘制圆角

2.4.4　3D样条曲线

3D样条曲线的绘制方法如下。

（1）单击【草图】工具栏中的【3D草图】按钮或选择【插入】|【3D草图】菜单命令，进入3D草图绘制状态。

（2）单击【草图】工具栏中的【样条曲线】按钮或选择【工具】|【草图绘制实体】|【样条曲线】菜单命令。

（3）在绘图窗口中单击鼠标左键放置第一个点，拖动鼠标指针定义曲线的第一段，系统弹出【样条曲线】属性管理器，如图2-64所示，它比二维的【样条曲线】属性管理器多了【Z坐标】参数。

（4）每次单击鼠标左键时，都会出现空间控标来帮助在不同的基准面上绘制草图。（如果想改变基准面，按键盘上的Tab键）

（5）重复前面的步骤，直到完成3D样条曲线的绘制。

2.4.5　3D草图点

3D草图点的绘制方法如下。

（1）单击【草图】工具栏中的 【3D草图】按钮或者选择【插入】|【3D草图】菜单命令，进入3D草图绘制状态。

（2）单击【草图】工具栏中的 【点】按钮或者选择【工具】|【草图绘制实体】|【点】菜单命令。

（3）在绘图窗口中单击鼠标左键放置点，系统弹出【点】属性管理器，如图2-65所示，它比二维【点】的属性设置多了 【Z坐标】参数。

图2-64　【样条曲线】属性管理器　　　　图2-65　【点】属性管理器

（4）【点】命令保持激活，可继续插入点。

如果需要改变【点】属性，可在3D草图中选择1个点，然后在【点】属性管理器中编辑其属性。

2.4.6　面部曲线

当使用从其他软件导入的文件时，可从1个面或曲面上提取ISO参数（UV）曲线，然后使用面部曲线命令进行局部清理。

由此生成的每条曲线都将成为单独的3D草图。然而如果使用面部曲线命令时正在编辑3D草图，那么所有提取的曲线都将被添加到激活的3D草图中。

打开1个零件，提取ISO参数曲线的步骤如下。

（1）选择【工具】|【草图工具】|【面部曲线】菜单命令，然后选择1个面或曲面。

（2）系统弹出【面部曲线】属性管理器，曲线的预览显示在面上，不同的颜色表示曲线的不同方向，与【面部曲线】属性设置中的颜色相对应。该面的名称显示在【选择】选项组的 📄【面】选择框中，如图2-66所示。

（a）【面部曲线】的属性管理器　　　　　　　（b）生成面部曲线

图2-66　面部曲线的属性管理器及生成

（3）在【选择】选项组中，可选中【网格】或【位置】2个单选按钮之一。

• 【网格】，均匀放置的曲线，可为【方向1曲线数】和【方向2曲线数】指定数值。

• 【位置】，2个直交曲线的相交处，在绘图窗口中拖动鼠标指针以定义位置。

选中不同的单选按钮，其属性设置如图2-67所示。

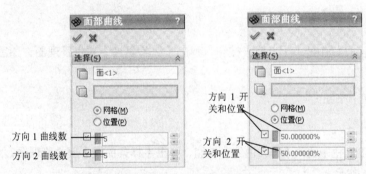

图2-67　选中不同的单选按钮后的属性设置

如果不需要曲线，可以取消启用【方向1开/关】或【方向2开/关】复选框。

（4）在【选项】选项组中，可选择以下2个选项。

• 【约束于模型】，启用该复选框时，曲线随模型的改变而更新。

• 【忽视孔】，用于带内部缝隙或环的输入曲面。当启用该复选框时，曲线通过孔而生成；当取消启用该复选框时，曲线停留在孔的边线。

（5）单击 ✓【确定】按钮，生成面部曲线。

实例——创建3D草图

　结果文件：\02\2-1. SLDPRT

多媒体教学路径：主界面→第2章→2.4实例

01 　绘制直线

单击【草图】工具栏中的 🖉【3D草图】按钮，然后单击【草图】工具栏中的 ◥【直线】按钮，弹出【线条属性】属性管理器，如图2-68所示。

① 绘制垂直线。

② 单击【确定】按钮。

02 创建空间直线1

单击【草图】工具栏中的 ＼【直线】按钮，弹出【线条属性】属性管理器，如图2-69所示。

① 绘制垂直线。

② 单击【确定】按钮。

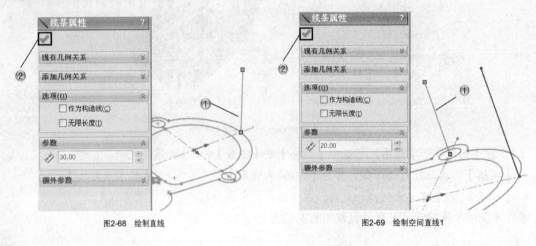

图2-68 绘制直线   图2-69 绘制空间直线1

03 绘制空间直线2

单击【草图】工具栏中的 ＼【直线】按钮，弹出【线条属性】属性管理器，如图2-70所示。

① 绘制垂直线。

② 单击【确定】按钮。

04 绘制空间曲线

单击【草图】工具栏中的 ⌒【样条曲线】按钮，弹出【样条曲线】属性管理器，如图2-71所示。

① 依次单击直线顶点。

② 单击【确定】按钮。

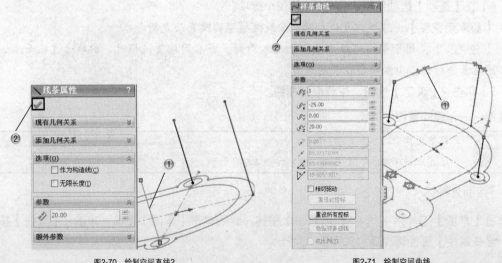

图2-70 绘制空间直线2   图2-71 绘制空间曲线

2.5 综合演练——平面草图设计

 范例文件：\02\2-2.SLDPRT

多媒体教学路径：主界面→第2章→2.5综合演练

本章范例创建1个二维平面草图，如图2-72所示，重点练习使用镜向和剪裁命令。

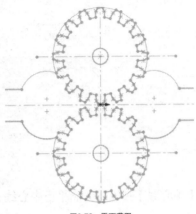

图2-72 平面草图

2.5.1 创建草图

操作步骤

01 新建文件

单击【标准】工具栏上的 【新建】按钮，打开【新建SolidWorks文件】对话框，如图2-73所示。

① 选择【零件】按钮。
② 单击【确定】按钮。

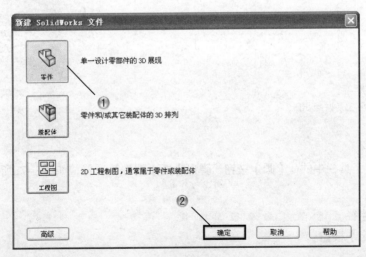

图2-73 新建文件

02 选择草绘面

单击【草图】工具栏中的 【草图绘制】按钮，单击选择上视基准面进行绘制，如图2-74所示。

03 绘制交叉中心线

单击【草图】工具栏中的 【中心线】按钮，绘制交叉中心线，如图2-75所示。

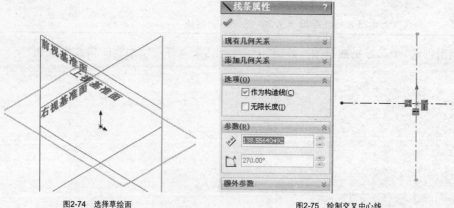

图2-74　选择草绘面　　　　　　　　　　　　　　　　图2-75　绘制交叉中心线

04 绘制平行中心线

单击【草图】工具栏中的 【中心线】按钮，绘制平行中心线，如图2-76所示。

05 标注尺寸

单击【草图】工具栏中的 【智能尺寸】按钮，标注中心线尺寸，如图2-77所示。

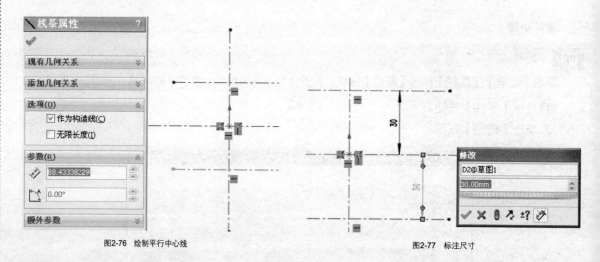

图2-76　绘制平行中心线　　　　　　　　　　　　　　图2-77　标注尺寸

06 绘制圆形

单击【草图】工具栏中的 【圆】按钮，弹出【圆】属性管理器，如图2-78所示。

① 绘制圆形。

② 设置圆的半径。

③ 单击【确定】按钮。

07 绘制同心圆

单击【草图】工具栏中的 【圆】按钮，弹出【圆】属性管理器，如图2-79所示。

① 绘制圆形。

② 设置圆的半径。

③ 单击【确定】按钮。

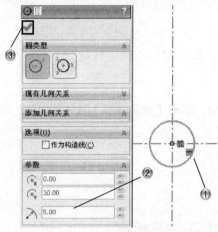

图2-78 绘制圆形

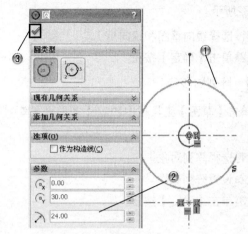

图2-79 绘制同心圆

08 绘制直线1

单击【草图】工具栏中的 ＼【直线】按钮，弹出【线条属性】属性管理器，如图2-80所示。

① 绘制直线。

② 设置直线参数。

③ 单击【确定】按钮。

09 绘制样条线

单击【草图】工具栏中的 ～【样条曲线】按钮，弹出【样条曲线】属性管理器，如图2-81所示。

① 绘制样条线。

② 单击【确定】按钮。

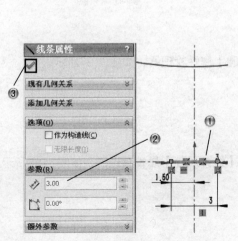

图2-80 绘制直线1

图2-81 绘制样条线

10 镜向曲线

编辑"草图1",单击【草图】工具栏中的⚠【镜向实体】按钮,弹出【镜向】属性管理器,如图2-82所示。

① 选择镜向草图和镜向点。

② 单击【确定】按钮。

11 阵列图形

单击【草图】工具栏中的✿【圆周草图阵列】按钮,弹出【圆周阵列】属性管理器,如图2-83所示。

① 选择阵列对象。

② 设置阵列参数。

③ 单击【确定】按钮。

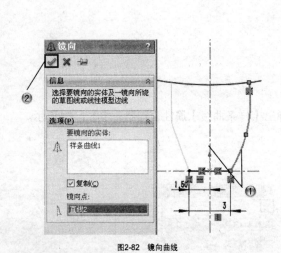

图2-82 镜向曲线

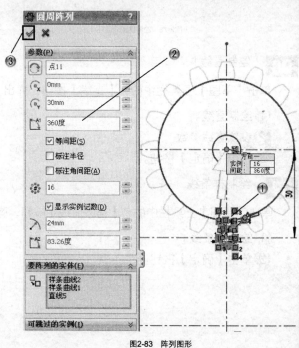

图2-83 阵列图形

12 绘制大圆

单击【草图】工具栏中的⊚【圆】按钮,弹出【圆】属性管理器,如图2-84所示。

① 绘制圆形。

② 单击【确定】按钮。

13 绘制直线2

单击【草图】工具栏中的◥【直线】按钮,弹出【线条属性】属性管理器,如图2-85所示。

① 绘制直线。

② 设置直线参数。

③ 单击【确定】按钮。

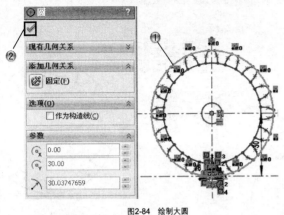

图2-84 绘制大圆

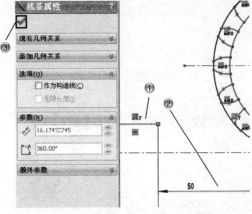

图2-85 绘制直线2

14 绘制圆弧

单击【草图】工具栏中的 【三点圆弧】按钮，弹出【圆弧】属性管理器，如图2-86所示。

① 绘制圆弧。

② 单击【确定】按钮。

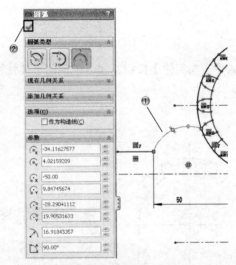

图2-86 绘制圆弧

2.5.2 编辑草图

操作步骤

01 镜向草图1

单击【草图】工具栏中的 【镜向实体】按钮，弹出【镜向】属性管理器，如图2-87所示。

① 选择镜向草图和镜向点。

② 单击【确定】按钮。

02 剪裁内圆

单击【草图】工具栏中的 【剪裁实体】按钮，弹出【剪裁】属性管理器，剪裁草图如图2-88所示。

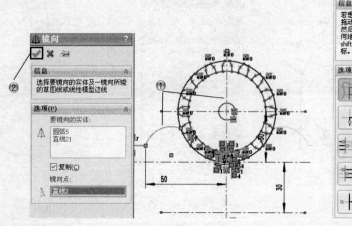

图2-87 镜向草图1

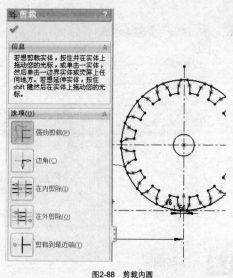

图2-88 剪裁内圆

03 剪裁外圆

单击【草图】工具栏中的 【剪裁实体】按钮，弹出【剪裁】属性管理器，剪裁草图，如图2-89所示。

04 镜向草图2

单击【草图】工具栏中的 【镜向实体】按钮，弹出【镜向】属性管理器，如图2-90所示。

① 选择镜向草图和镜向点。

② 单击【确定】按钮。

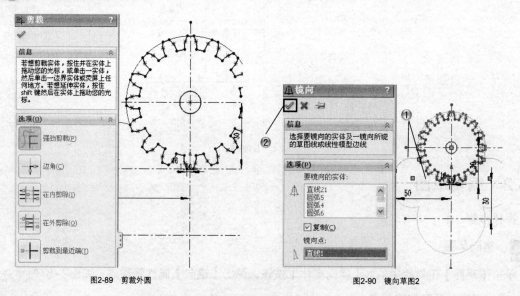

图2-89 剪裁外圆　　　　　　　　　　　　　　图2-90 镜向草图2

05 镜向齿轮

单击【草图】工具栏中的 【镜向实体】按钮，弹出【镜向】属性管理器，如图2-91所示。

① 选择镜向草图和镜向点。

② 单击【确定】按钮。

06 保存文件

单击【标准】工具栏中的 【保存】按钮，弹出【另存为】对话框，如图2-92所示。

① 设置文件名。

② 单击【保存】按钮。

图2-91　镜向齿轮

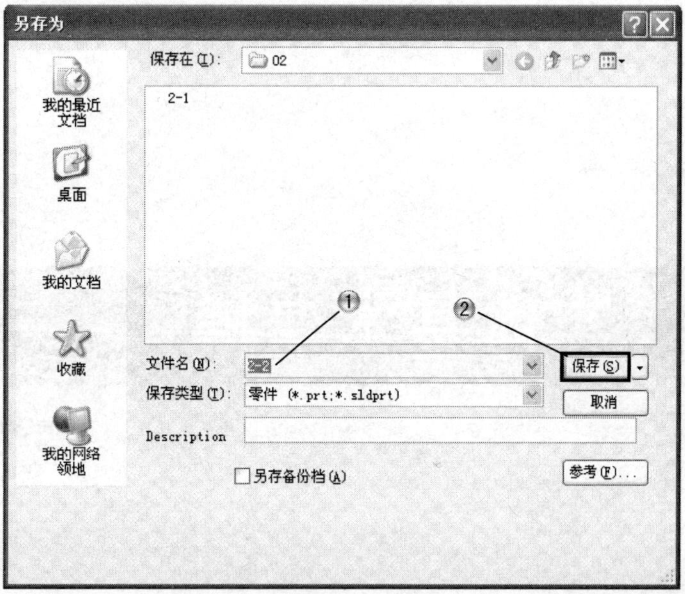

图2-92　保存文件

2.6　知识回顾

本章主要介绍了SolidWorks的草图设计，包括草图设计的基本概念，绘制草图的各种命令，以及编辑草图的各种方法。之后介绍的3D草图方便创建空间曲线，为以后的曲面曲线和空间特征的创建打下基础。

2.7　课后习题

使用草图设计命令，创建如图2-93所示的草图。

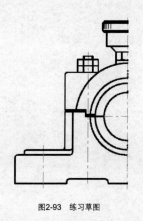

图2-93　练习草图

第**3**章

实体基本建模

　　拉伸凸台/基体是由草图生成的实体零件的第一个特征，基体是实体的基础，在此基础上可以通过增加和减少材料实现各种复杂的实体零件，本章重点讲解增加材料的拉伸凸台特征和减少材料的拉伸切除特征。

　　旋转特征通过绕中心线旋转一个或多个轮廓来添加或移除材料，可以生成凸台/基体、旋转切除或旋转曲面，旋转特征可以是实体、薄壁特征或曲面。

　　扫描特征是通过沿着一条路径移动轮廓（截面）来生成基体、凸台、切除或曲面的方法，使用该方法可以生成复杂的模型零件。

　　放样特征通过在轮廓之间进行过渡以生成特征。

　　本章主要介绍各种实体特征设计的命令和步骤，主要有拉伸、旋转、扫描和放样这些实体特征。

知识要点

　　✖ 拉伸特征
　　✖ 旋转特征
　　✖ 扫描特征
　　✖ 放样特征

案例解析

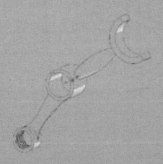

实体建模

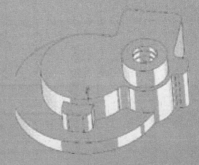

顶盖零件

3.1 拉伸特征

拉伸特征包括拉伸凸台/基体特征和拉伸切除特征，下面将着重介绍这2种特征。

3.1.1 拉伸凸台/基体特征

单击【特征】工具栏中的  【拉伸凸台／基体】按钮或选择【插入】|【凸台／基体】|【拉伸】菜单命令，系统弹出【凸台−拉伸】的属性管理器，如图3-1所示。

1. 【从】选项组

该选项组用来设置特征拉伸的开始条件，其选项包括【草图基准面】、【曲面/面/基准面】、【顶点】和【等距】，如图3-2所示。

图3-1 【凸台-拉伸】属性管理器   图3-2 开始条件选项

（1）【草图基准面】，以草图所在的基准面作为基础开始拉伸。

（2）【曲面/面/基准面】，以这些实体作为基础开始拉伸。操作时必须为【曲面/面/基准面】选择有效的实体，实体可以是平面或者非平面，平面实体不必与草图基准面平行，但草图必须完全在非平面曲面或者平面的边界内。

（3）【顶点】，从选择的顶点处开始拉伸。

（4）【等距】，从与当前草图基准面等距的基准面上开始拉伸，等距距离可以手动输入。

2. 【方向1】选项组

（1）【终止条件】，设置特征拉伸的终止条件，其选项如图3-3所示。单击  【反向】按钮，可沿预览中所示的相反方向拉伸特征。

- 【给定深度】，设置给定的 【深度】数值以终止拉伸。
- 【成形到一顶点】，拉伸到在图形区域中选择的顶点。
- 【成形到一面】，拉伸到在图形区域中选择的1个面或基准面。
- 【到离指定面指定的距离】，拉伸到在图形区域中选择的1个面或基准

图3-3 终止条件选项

面，然后设置 _✎【等距距离】数值。

- 【成形到实体】，拉伸到在图形区域中所选择的实体或者曲面实体。在装配体中拉伸时，可用此选项延伸草图到所选的实体，如果拉伸的草图在所选实体或者曲面实体之外，此选项可执行面的自动延伸以终止拉伸。

- 【两侧对称】，设置 _✎【深度】数值，从平面两侧的对称位置处生成拉伸特征。

（2）✐【拉伸方向】，在图形区域中选择方向向量，并从垂直于草图轮廓的方向拉伸草图。

（3）◙【拔模开/关】，设置【拔模角度】数值，如果有必要，启用【向外拔模】复选框。

3. 【方向2】选项组

该选项组中的参数用来设置同时从草图基准面，向2个方向拉伸的相关参数，用法和【方向1】选项组基本相同。

4. 【薄壁特征】选项组

该选项组中的参数可控制拉伸的 _✎【厚度】（不是 _✎【深度】）数值。薄壁特征基体是钣金零件的基础。

（1）【类型】

设置【薄壁特征】拉伸的类型，如图3-4所示。

- 【单向】，以同一 _✎【厚度】数值，沿一个方向拉伸草图。
- 【两侧对称】，以同一 _✎【厚度】数值，沿相反方向拉伸草图。
- 【双向】，以不同 _✎【方向1厚度】、_✎【方向2厚度】数值，沿相反方向拉伸草图。

（2）【顶端加盖】（如图3-5所示）。

为薄壁特征拉伸的顶端加盖，生成一个中空的零件（仅限于闭环的轮廓草图）。

_✎【加盖厚度】（在启用【顶端加盖】复选框时可用），设置薄壁特征从拉伸端到草图基准面的加盖厚度，只可用于模型中第一个生成的拉伸特征。

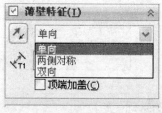 

图3-4 【类型】选项　　　　　　图3-5 启用【顶端加盖】复选框

5. 【所选轮廓】选项组

◇【所选轮廓】，允许使用部分草图生成拉伸特征，可以在图形区域中选择草图轮廓和模型边线。

3.1.2 拉伸切除特征

单击【特征】工具栏中的◙【拉伸切除】按钮或选择【插入】|【切除】|【拉伸】菜单命令，弹出【切除-拉伸】属性管理器，如图3-6所示。

该属性设置与【拉伸】的属性设置方法基本一致。不同之处是，在【方向1】选项组中多了【反侧切除】复选框。

【反侧切除】（仅限于拉伸的切除），移除轮廓外的所有部分，如图3-7所示。在默认情况下，从轮廓内部移除，如图3-8所示。

图3-6 【切除-拉伸】属性管理器

图3-7 反侧切除

图3-8 默认切除

实例——创建拉伸特征

结果文件：\03\3-1. SLDPRT

多媒体教学路径：主界面→第3章→3.1实例

01 新建文件

单击【标准】工具栏上的 【新建】按钮，打开【新建SolidWorks文件】对话框，如图3-9所示。

① 选择【零件】按钮。

② 单击【确定】按钮。

02 选择草绘面1

单击【草图】工具栏中的 【草图绘制】按钮，单击选择上视基准面进行绘制，如图3-10所示。

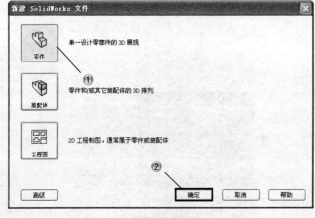

图3-9 新建文件

图3-10 选择草绘面1

03 绘制圆1

单击【草图】工具栏中的 【圆】按钮，弹出【圆】属性管理器，如图3-11所示。

① 绘制圆形。

② 设置圆的半径。

③ 单击【确定】按钮。最后单击【草图】工具栏中的<img>【退出草图】按钮。

04 创建拉伸特征

单击【特征】工具栏中的<img>【拉伸凸台／基体】按钮，弹出【凸台–拉伸】的属性管理器，如图3–12所示。

① 设置拉伸参数。

② 单击【确定】按钮。

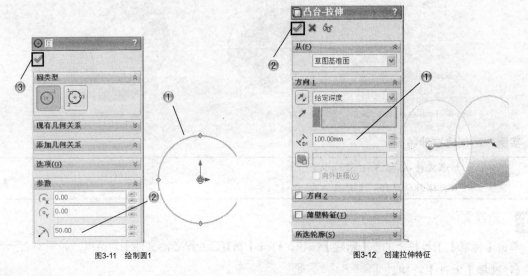

图3-11 绘制圆1　　　　　　　　　　　　　　　图3-12 创建拉伸特征

05 选择草绘面2

单击【草图】工具栏中的<img>【草图绘制】按钮，单击选择上视基准面进行绘制，如图3–13所示。

06 绘制圆2

单击【草图】工具栏中的<img>【圆】按钮，弹出【圆】属性管理器，如图3–14所示。

① 绘制圆形。

② 设置圆的半径。

③ 单击【确定】按钮。

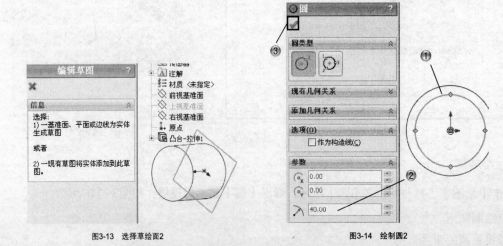

图3-13 选择草绘面2　　　　　　　　　　　　　图3-14 绘制圆2

07　绘制矩形

单击【草图】工具栏中的 ▭【边角矩形】按钮，绘制矩形，如图3-15所示。

08　剪裁草图

单击【草图】工具栏中的 ⊬【剪裁实体】按钮，弹出【剪裁】属性管理器，剪裁草图，如图3-16所示。最后单击【草图】工具栏中的 ⊡【退出草图】按钮。

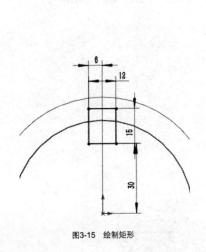

图3-15　绘制矩形

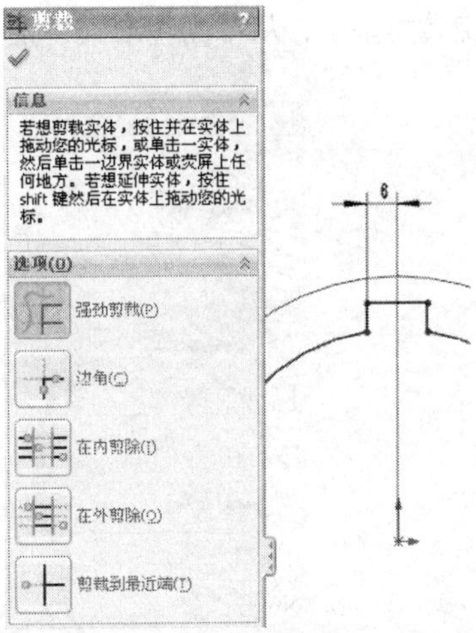

图3-16　剪裁草图

09　拉伸切除

单击【特征】工具栏中的 圖【拉伸切除】按钮，弹出【切除-拉伸】属性管理器，如图3-17所示。

① 设置拉伸参数。

② 单击【确定】按钮。

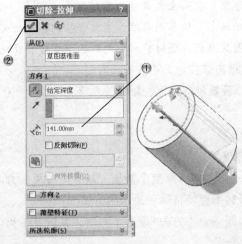

图3-17　拉伸切除

3.2　旋转特征

下面讲解旋转特征的属性设置和创建旋转特征的操作步骤。

3.2.1 旋转凸台/基体特征的属性设置

单击【特征】工具栏中的 【旋转凸台/基体】按钮或者选择【插入】|【凸台/基体】|【旋转】菜单命令，系统打开【旋转】属性管理器，如图3-18所示。

1.【旋转轴】和【方向】选项组

（1）＼【旋转轴】，选择旋转所围绕的轴，根据生成旋转特征的类型来看，此轴可以为中心线、直线或者边线。

（2）【旋转类型】，从草图基准面中定义旋转方向，其选项如图3-19所示。

图3-18 【旋转】属性管理器

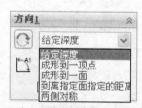

图3-19 【旋转类型】选项

- 【给定深度】，从草图以单一方向生成旋转。
- 【成形到一顶点】，从草图基准面生成旋转到指定顶点。
- 【成形到一面】，从草图基准面生成旋转到指定曲面。
- 【到离指定面指定的距离】，从草图基准面生成旋转到指定曲面的指定等距。
- 【两侧对称】，从草图基准面以顺时针和逆时针方向生成旋转相同角度。

（3）⊙【反向】按钮，单击该按钮，更改旋转方向。

（4）⊡【方向1角度】，设置旋转角度，默认的角度为360°，沿顺时针方向从所选草图开始测量角度。

2.【薄壁特征】选项组

【类型】用于设置旋转厚度的方向。

（1）【单向】，以同一 ⋏【方向1厚度】数值，从草图以单一方向添加薄壁特征体积。如果有必要，单击 ⊼【反向】按钮反转薄壁特征体积添加的方向。

（2）【两侧对称】，以同一 ⋏【方向1厚度】数值，并以草图为中心，在草图两侧使用均等厚度的体积添加薄壁特征。

（3）【双向】，在草图两侧添加不同厚度的薄壁特征的体积。设置 ⋏【方向1厚度】数值，从草图向外添加薄壁特征的体积；设置 ⋏【方向2厚度】数值，从草图向内添加薄壁特征的体积。

3.【所选轮廓】选项组

在使用多轮廓生成旋转特征时使用此选项。

单击◇【所选轮廓】选择框，拖动鼠标指针，在图形区域中选择适当轮廓，此时显示出旋转特征的预览，可以选择任何轮廓以生成单一或者多实体零件，单击✓【确定】按钮，生成旋转特征。

3.2.2 旋转凸台/基体特征的操作方法

生成旋转凸台/基体特征的操作方法如下。

（1）绘制草图，以1个或多个轮廓以及1条中心线、直线或边线作为特征旋转所围绕的轴，如图3-20所示。

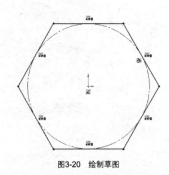

图3-20 绘制草图

（2）单击【特征】工具栏中的 【旋转凸台/基体】按钮或选择【插入】|【凸台/基体】|【旋转】菜单命令，系统打开【旋转】属性管理器，如图3-21所示，根据需要设置参数，单击✓【确定】按钮，如图3-22所示。

图3-21 【旋转】属性管理器

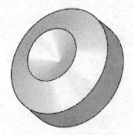

图3-22 生成旋转特征

实例——创建旋转特征

结果文件：\03\3-1. SLDPRT

多媒体教学路径：主界面→第3章→3.2实例

01 创建基准面

单击【参考几何体】工具栏中的 【基准面】按钮，弹出【基准面】属性管理器，如图3-23所示。

① 选择上视基准面。

② 设置偏移参数。

③ 单击【确定】按钮。

02 绘制中心线1

在基准面1上绘制草图。单击【草图】工具栏中的 【中心线】按钮，绘制中心线，如图3-24所示。

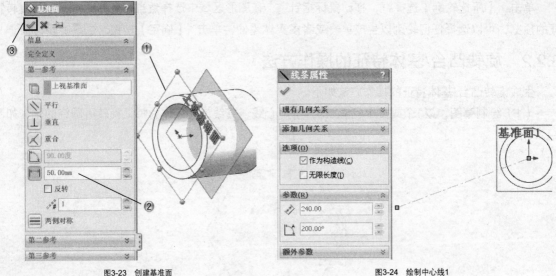

图3-23 创建基准面   图3-24 绘制中心线1

03 绘制同心圆

单击【草图】工具栏中的 ◎【圆】按钮,弹出【圆】属性管理器,如图3-25所示。

① 绘制同心圆。

② 单击【确定】按钮。最后单击【草图】工具栏中的 ⓒ【退出草图】按钮。

04 拉伸草图

单击【特征】工具栏中的 ⓐ【拉伸凸台／基体】按钮,弹出【凸台-拉伸】的属性管理器,如图3-26所示。

① 设置拉伸参数。

② 单击【确定】按钮。

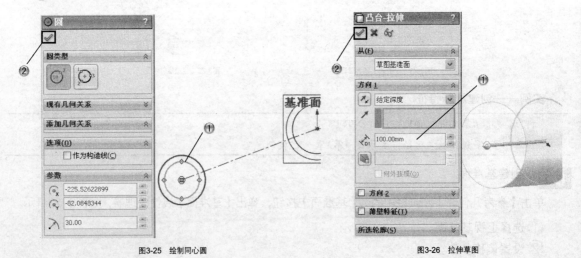

图3-25 绘制同心圆   图3-26 拉伸草图

05 绘制中心线2

在基准面1上绘制草图。单击【草图】工具栏中的 ┊【中心线】按钮,绘制中心线,如图3-27所示。

06　绘制样条线

单击【草图】工具栏中的 ⌇【样条曲线】按钮，弹出【样条曲线】属性管理器，如图3-28所示。

① 绘制样条线。

② 单击【确定】按钮。

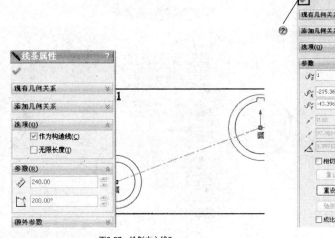

图3-27　绘制中心线2

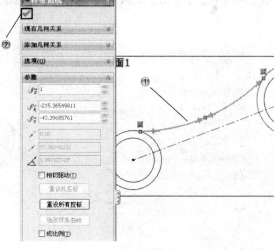

图3-28　绘制样条线

07　设置约束

依次选择样条曲线和圆形，弹出【属性】属性管理器，单击【相切】按钮，如图3-29所示。

08　镜向曲线

单击【草图】工具栏中的 ⚠【镜向实体】按钮，弹出【镜向】属性管理器，如图3-30所示。

① 选择镜向草图和镜向点。

② 单击【确定】按钮。

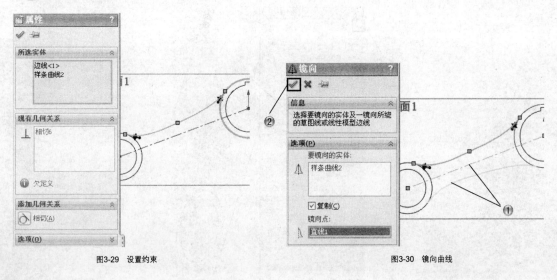

图3-29　设置约束　　　　　　　　　　　图3-30　镜向曲线

09　绘制2个圆

单击【草图】工具栏中的 ⊙【圆】按钮，弹出【圆】属性管理器，如图3-31所示。

① 绘制2个圆。

② 单击【确定】按钮。

10 剪裁草图

单击【草图】工具栏中的 【剪裁实体】按钮，弹出【剪裁】属性管理器，剪裁草图如图3-32所示。最后单击【草图】工具栏中的 【退出草图】按钮。

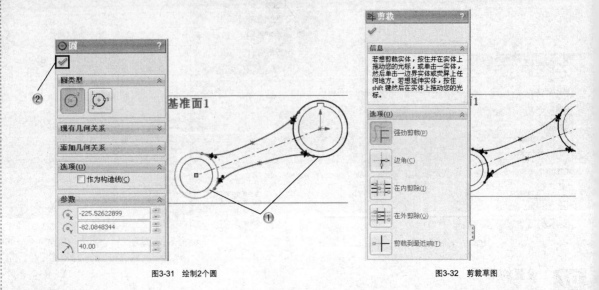

图3-31 绘制2个圆　　　　　　　　　　　　　　图3-32 剪裁草图

11 拉伸草图

单击【特征】工具栏中的 【拉伸凸台／基体】按钮，弹出【凸台-拉伸】的属性管理器，如图3-33所示。

① 设置拉伸参数。

② 单击【确定】按钮。

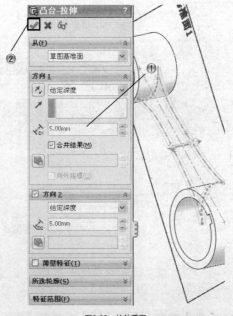

图3-33 拉伸草图

12 绘制矩形草图

在基准面1上绘制草图。单击【草图】工具栏中的 ＼【直线】按钮，弹出【线条属性】属性管理器，如图3-34所示。

① 绘制矩形。

② 标注尺寸。

③ 单击【确定】按钮。最后单击【草图】工具栏中的 ⑫【退出草图】按钮。

13 旋转草图

单击【特征】工具栏中的 ⊕【旋转凸台/基体】按钮，打开【旋转】属性管理器，如图3-35所示。

① 设置旋转参数。

② 单击【确定】按钮。

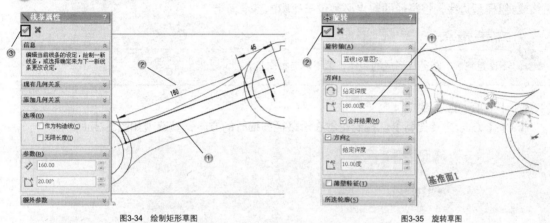

图3-34 绘制矩形草图　　　　　　　图3-35 旋转草图

3.3 扫描特征

扫描特征是沿着一条路径移动轮廓，生成基体、凸台、切除或者曲面的一种方法。

3.3.1 扫描特征使用的规则

扫描特征使用的规则如下。

（1）基体或凸台扫描特征的轮廓必须是闭环的；曲面扫描特征的轮廓可以是闭环的，也可以是开环的。

（2）路径可以是开环或者闭环。

（3）路径可以是1个草图、1条曲线或1组模型边线中包含的1组草图曲线。

（4）路径的起点必须位于轮廓的基准面上。

（5）不论是截面、路径或所形成的实体，都不能出现自相交叉的情况。

扫描特征时可利用引导线生成多轮廓特征及薄壁特征。

3.3.2 扫描特征的使用方法

扫描特征的使用方法如下。

（1）单击【特征】工具栏中的 ⑥【扫描】按钮或选择【插入】|【凸台/基体】|【扫描】菜单命令。

（2）选择【插入】|【切除】|【扫描】菜单命令。

（3）单击【曲面】工具栏中的 【扫描曲面】按钮或选择【插入】|【曲面】|【扫描曲面】菜单命令。

3.3.3 扫描特征的属性设置

单击【特征】工具栏中的 【扫描】按钮或者选择【插入】|【凸台/基体】|【扫描】菜单命令，打开【扫描】属性管理器，如图3-36所示。

1. 【轮廓和路径】选项组

（1） 【轮廓】，设置用来生成扫描的草图轮廓。在图形区域中或【特征管理器设计树】中选择草图轮廓。基体或凸台的扫描特征轮廓应为闭环，曲面扫描特征的轮廓可为开环或闭环。

（2） 【路径】，设置轮廓扫描的路径。路径可以是开环或者闭环，是草图中的1组曲线、1条曲线或1组模型边线，但路径的起点必须位于轮廓的基准面上。

高手指点

不论是轮廓、路径或形成的实体，都不能自相交叉。

2. 【选项】选项组

（1）【方向/扭转控制】。控制轮廓在沿路径扫描时的方向，其选项如图3-37所示。

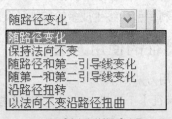

图3-36 【扫描】属性管理器   图3-37 【方向/扭转控制】选项

- 【随路径变化】，轮廓相对于路径时刻保持处于同一角度。
- 【保持法向不变】，使轮廓总是与起始轮廓保持平行。
- 【随路径和第一引导线变化】，中间轮廓的扭转由路径到第一条引导线的向量决定，在所有中间轮廓的草图基准面中，该向量与水平方向之间的角度保持不变。
- 【随第一和第二引导线变化】，中间轮廓的扭转由第一条引导线到第二条引导线的向量决定。
- 【沿路径扭转】，沿路径扭转轮廓。可以按照度数、弧度或旋转圈数定义扭转。

【以法向不变沿路径扭曲】，在沿路径扭曲时，保持与开始轮廓平行，沿路径扭转轮廓。

（2）【定义方式】（在设置【方向/扭转控制】为【沿路径扭转】或【以法向不变沿路径扭曲】时可用），定义扭转的形式，可以选择【度数】、【弧度】、【旋转】选项，也可单击 【反向】按钮，其选项如图3-38所示。

【扭转角度】，在扭转中设置度数、弧度或旋转圈数的数值。

（3）【路径对齐类型】（在设置【方向/扭转控制】为【随路径变化】时可用），当路径上出现少许波动或不均匀波动，使轮廓不能对齐时，可将轮廓稳定下来，其选项如图3-39所示。

图3-38 【定义方式】选项

图3-39 【路径对齐类型】选项

- 【无】，垂直于轮廓而对齐轮廓，不进行纠正，如图3-40所示。

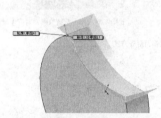

图3-40 设置【路径对齐类型】为【无】

- 【最小扭转】（只对于3D路径），阻止轮廓在随路径变化时自我相交。
- 【方向向量】，按照所选择的向量方向对齐轮廓，选择设定方向向量的实体，如图3-41所示。

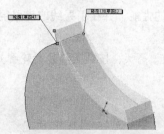
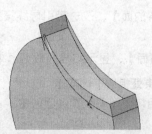

图3-41 设置【路径对齐类型】为【方向向量】

【方向向量】（在设置【路径对齐类型】为【方向向量】时可用），选择基准面、平面、直线、边线、圆柱、轴、特征上的顶点组等以设置方向向量。

- 【所有面】，当路径包括相邻面时，使扫描轮廓在几何关系可能的情况下与相邻面相切，如图3-42所示。

图3-42　设置【路径对齐类型】为【所有面】

（4）【合并切面】，如果扫描轮廓具有相切线段，可使产生的扫描中的相应曲面相切，保持相切的面可以是基准面、圆柱面或锥面。

（5）【显示预览】，显示扫描的上色预览；取消选择此项，则只显示轮廓和路径。

（6）【合并结果】，将多个实体合并成一个实体。

（7）【与结束端面对齐】，将扫描轮廓延伸到路径所遇到的最后一个面。扫描的面被延伸或缩短以与扫描端点处的面相匹配，而不要求额外几何体。此选项常用于螺旋线，如图3-43所示。

 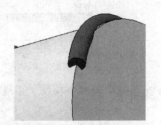

（a）启用【与结束端面对齐】复选框　　　　（b）取消启用【与结束端面对齐】复选框

图3-43　螺旋线端面对齐方式

3.【引导线】选项组

（1）【引导线】，在轮廓沿路径扫描时加以引导以生成特征。

 高手指点

引导线必须与轮廓或轮廓草图中的点重合。

（2）【上移】、【下移】，调整引导线的顺序。选择一条引导线并拖动鼠标指针以调整轮廓顺序。

（3）【合并平滑的面】，改进带引导线扫描的性能，并在引导线或者路径不是曲率连续的所有点处分割扫描。

（4）【显示截面】，显示扫描的截面。单击箭头，按截面数查看轮廓并进行删减。

4.【起始处/结束处相切】选项组

（1）【起始处相切类型】，其选项如图3-44所示。

- 【无】，不应用相切。
- 【路径相切】，垂直于起始点路径而生成扫描。

（2）【结束处相切类型】，与【起始处相切类型】的选项相同，如图3-45所示，在此不作赘述。

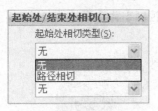 

图3-44 【起始处相切类型】选项　　　图3-45 【结束处相切类型】选项

5.【薄壁特征】选项组

生成的薄壁特征扫描，如图3-46所示。

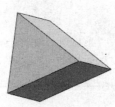

（a）使用实体特征的扫描　　　（b）使用薄壁特征的扫描

图3-46 生成薄壁特征扫描

【类型】用于设置【薄壁特征】扫描的类型，其选项如图3-47所示。

（1）【单向】，设置同一 【厚度】数值，以单一方向从轮廓生成薄壁特征。

（2）【两侧对称】，设置同一 【方向1厚度】数值，以两个方向从轮廓生成薄壁特征。

图3-47 【类型】选项

（3）【双向】，设置不同 【方向1厚度】、 【方向2厚度】数值，以相反的两个方向从轮廓生成薄壁特征。

3.3.4　扫描特征的操作方法

生成扫描特征的操作方法如下。

（1）选择【插入】|【凸台/基体】|【扫描】菜单命令，系统打开【扫描】属性管理器。在【轮廓和路径】选项组中，单击 【轮廓】选择框，在图形区域中选择草图1，单击 【路径】选择框，在图形区域中选择草图2，如图3-48所示。

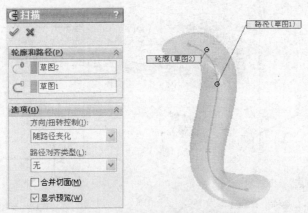

图3-48 【扫描】属性管理器中的参数设置

（2）在【选项】选项组中，设置【方向/扭转控制】为【随路径变化】，【路径对齐类型】为【无】，创建的扫描特征如图3-49所示。

（3）在【选项】选项组中，设置【方向/扭转控制】为【保持法向不变】，单击 ✔【确定】按钮，创建的扫描特征如图3-50所示。

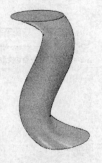

图3-49　【随路径变化】扫描图　　　　图3-50　【保持法向不变】扫描图

实例——创建扫描特征

 结果文件：\03\3-1. SLDPRT

多媒体教学路径：主界面→第3章→3.3实例

01　创建基准面

单击【参考几何体】工具栏中的 ⬚【基准面】按钮，弹出【基准面】属性管理器，如图3-51所示。

① 选择前视基准面。

② 设置偏移参数。

③ 单击【确定】按钮。

02　绘制小圆

选择基准面2为草绘面。单击【草图】工具栏中的 ◎【圆】按钮，绘制直径为4的圆，如图3-52所示。单击【草图】工具栏中的 ❐【退出草图】按钮。

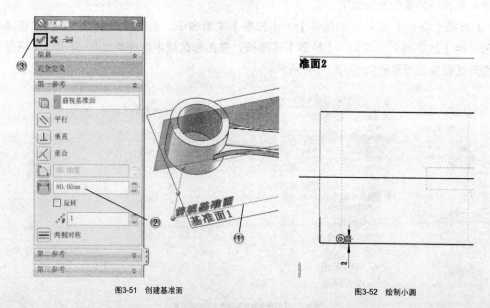

图3-51　创建基准面　　　　　　　　　图3-52　绘制小圆

03　选择基准面

单击【特征】工具栏中的 ⧉【螺旋形/涡状线】按钮，选择草绘平面，如图3-53所示。

04 绘制圆

单击【草图】工具栏中的⊙【圆】按钮,弹出【圆】属性管理器,如图3-54所示。

① 绘制圆形。

② 设置圆的半径。

③ 单击【确定】按钮。

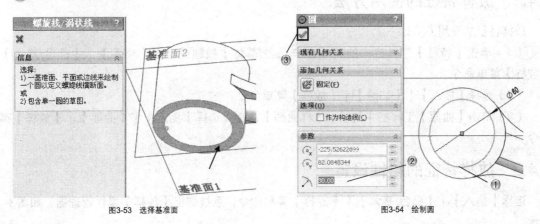

图3-53 选择基准面　　　　　　　　　　　　　　　图3-54 绘制圆

05 创建螺旋线

单击【草图】工具栏中的⊖【退出草图】按钮,弹出【螺旋形/涡状线】属性管理器,如图3-55所示。

① 设置螺旋线参数。

② 单击【确定】按钮。

06 扫描切除

单击【特征】工具栏中的⊜【扫描切除】按钮,打开【切除-扫描】属性管理器,如图3-56所示。

① 选择扫描路径和轮廓。

② 单击【确定】按钮。

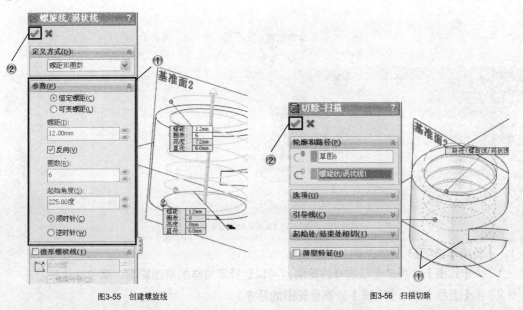

图3-55 创建螺旋线　　　　　　　　　　　　　　　图3-56 扫描切除

3.4 放样特征

放样特征通过在轮廓之间进行过渡以生成特征，放样的对象可以是基体、凸台、切除或者曲面，可用2个或多个轮廓生成放样，但仅第一个或最后一个对象的轮廓可以是点。

3.4.1 放样特征的使用方法

放样特征的使用方法如下。

（1）单击【特征】工具栏中的 ⚙【放样凸台/基体】按钮或选择【插入】|【凸台/基体】|【放样】菜单命令。

（2）选择【插入】|【切除】|【放样】菜单命令。

（3）单击【曲面】工具栏中的 ⚙【放样曲面】按钮或选择【插入】|【曲面】|【放样】菜单命令。

3.4.2 放样特征的属性设置

选择【插入】|【凸台/基体】|【放样】菜单命令，系统弹出【放样】属性管理器，如图3-57所示。

图3-57 【放样】属性管理器

1．【轮廓】选项组。

（1）⚙【轮廓】，用来生成放样的轮廓，可以选择要放样的草图轮廓、面或者边线。

（2）⬆【上移】、⬇【下移】，调整轮廓的顺序。

教你一招

如果放样预览显示放样不理想，重新选择或将草图重新组序以在轮廓上连接不同的点。

2.【起始/结束约束】选项组

（1）【开始约束】、【结束约束】，应用约束以控制开始和结束轮廓的相切，其选项如图3-58所示。

图3-58 【开始约束】、【结束约束】选项

- 【无】，不应用相切约束（即曲率为零）。
- 【方向向量】，根据所选的方向向量应用相切约束。
- 【垂直于轮廓】，应用在垂直于开始或者结束轮廓处的相切约束。

（2）↗【方向向量】（在设置【开始/结束约束】为【方向向量】时可用），按照所选择的方向向量应用相切约束，放样与所选线性边线或轴相切，或与所选面或基准面的法线相切，如图3-59所示。

（3）【拔模角度】（在设置【开始/结束约束】为【方向向量】或【垂直于轮廓】时可用），为起始或结束轮廓应用拔模角度，如图3-60所示。

（4）【起始/结束处相切长度】（在设置【开始/结束约束】为【无】时不可用），控制对放样的影响量，如图3-61所示。

图3-59 设置【开始约束】为【方向向量】时的参数　　图3-60 【拔模角度】参数　　图3-61 【起始/结束处相切长度】参数

（5）【应用到所有】，显示1个为整个轮廓控制所有约束的控标；取消启用此复选框，显示可允许单个线段控制约束的多个控标。

在选择不同【开始/结束约束】选项时的效果如图3-62所示。

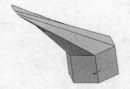　　　　　　　　　　

（a）设置【开始约束】为【无】，设置【结束约束】为【无】　　　　（b）设置【开始约束】为【无】，设置【结束约束】为【垂直于轮廓】

图3-62 选择不同【开始/结束约束】选项时的效果

（c）设置【开始约束】为【垂直于轮廓】，设置【结束约束】为【无】　　　（d）设置【开始约束】为【垂直于轮廓】，设置【结束约束】为【垂直于轮廓】

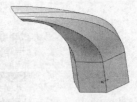

（e）设置【开始约束】为【方向向量】，设置【结束约束】为【无】　　　（f）设置【开始约束】为【方向向量】，设置【结束约束】为【垂直于轮廓】

图3-62　选择不同【开始/结束约束】选项时的效果（续）

3. 【引导线】选项组

（1）【引导线感应类型】，控制引导线对放样的影响力，其选项如图3-63所示。

- 【到下一引线】，只将引导线延伸到下一引导线。
- 【到下一尖角】，只将引导线延伸到下一尖角。
- 【到下一边线】，只将引导线延伸到下一边线。
- 【整体】，将引导线影响力延伸到整个放样。

选择不同【引导线感应类型】选项时的效果如图3-64所示。

图3-63　【引导线感应类型】选项

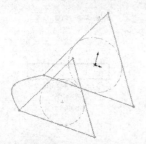

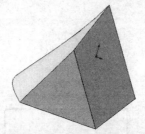

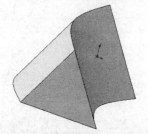

（a）两个轮廓和一条引导线　　　（b）设置【引导线感应类型】为【到下一尖角】　　　（c）设置【引导线感应类型】为【整体】

图3-64　选择不同【引导线感应类型】选项时的效果

（2）【引导线】，选择引导线来控制放样。

（3）【上移】、【下移】，调整引导线的顺序。

（4）【边线<n>-相切】，控制放样与引导线相交处的相切关系（n为所选引导线标号）。其选项如图3-65所示。

- 【无】，不应用相切约束。
- 【方向向量】，根据所选的方向向量应用相切约束。
- 【与面相切】（在引导线位于现有几何体的边线上时可用），在位于

引导线路径上的相邻面之间添加边侧相切，从而在相邻面之间生成更平滑的过渡。

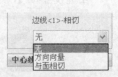

图3-65　【边线<n>-相切】选项

教你一招

为获得最佳结果，轮廓在其与引导线相交处还应与相切面相切。理想的公差是2°或者小于2°，可以使用连接点离相切面小于30°的轮廓（角度大于30°，放样就会失败）。

（5）／【方向向量】（在设置【边线<n>-相切】为【方向向量】时可用），根据所选的方向向量应用相切约束，放样与所选线性边线或者轴相切，也可以与所选面或者基准面的法线相切。

（6）【拔模角度】，在设置【边线<n>-相切】为【方向向量】或者在设置【草图<n>-相切】为【方向向量】或【垂直于轮廓】时可用）。只要几何关系成立，将拔模角度沿引导线应用到放样。

4．【中心线参数】选项组

（1）※【中心线】，使用中心线引导放样形状。

（2）【截面数】，在轮廓之间并围绕中心线添加截面。

（3）【显示截面】，显示放样截面。单击截面箭头显示截面，也可输入截面数，然后单击【显示截面】按钮跳转到该截面。

5．【草图工具】选项组

使用【Selection Manager（选择管理器）】帮助选择草图实体。

（1）【拖动草图】按钮，激活拖动模式，当编辑放样特征时，可从任何已经为放样定义了轮廓线的3D草图中拖动3D草图线段、点或基准面，3D草图在拖动时自动更新。如果需要退出草图拖动状态，再次单击【拖动草图】按钮即可。

（2）【撤销草图拖动】按钮，撤销先前的草图拖动并将预览返回到其先前状态。

6．【选项】选项组（如图3-66所示）

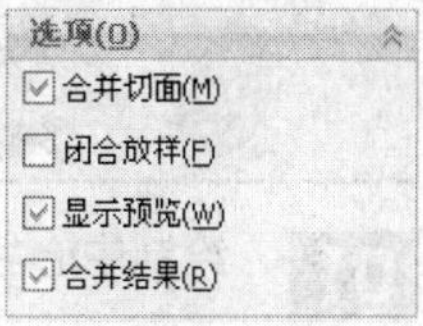

（1）【合并切面】，如果对应的线段相切，则保持放样中的曲面相切。

（2）【闭合放样】，沿放样方向生成闭合实体，选择此选项会自动连接最后一个和第一个草图实体。

图3-66 【选项】选项组

（3）【显示预览】，显示放样的上色预览；取消选择此选项，则只能查看路径和引导线。

（4）【合并结果】，合并所有放样要素。

7．【薄壁特征】选项组

【类型】用于设置【薄壁特征】放样的类型，如图3-67所示。

（1）【单向】，设置同一【厚度】数值，以单一方向从轮廓生成薄壁特征。

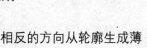

（2）【两侧对称】，设置同一【厚度】数值，以2个方向从轮廓生成薄壁特征。

图3-67 类型选项

（3）【双向】，设置不同【厚度】、【方向2厚度】数值，以2个相反的方向从轮廓生成薄壁特征。

3.4.3 放样特征的操作方法

生成放样特征的操作方法如下。

（1）打开需要放样的草图。选择【插入】|【凸台/基体】|【放样】菜单命令，系统打开【放样】属性管理器。在【轮廓】选项组中，单击【轮廓】选择框，在图形区域中分别选择矩形草图的1个顶点和六边形草图的1个顶点，如图3-68所示，单击【确定】按钮，结果如图3-69所示。

图3-68　设置【轮廓】选项组

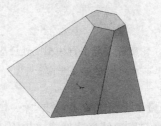

图3-69　生成放样特征1

（2）在【轮廓】选项组中，单击 【轮廓】选择框，在图形区域中分别选择矩形草图的1个顶点和六边形草图的另1个顶点，单击 ✅【确定】按钮，结果如图3-70所示。

（3）在【起始/结束约束】选项组中，设置【开始约束】为【垂直于轮廓】，如图3-71所示，单击 ✅【确定】按钮，结果如图3-72所示。

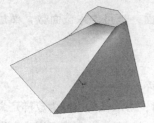

图3-70　生成放样特征2

图3-71　【起始/结束约束】选项组

图3-72　生成放样特征3

实例——创建放样特征

结果文件：\03\3-1. SLDPRT

多媒体教学路径：主界面→第3章→3.4实例

01　绘制中心线

选择基准面1为草绘面。单击【草图】工具栏中的 ┊【中心线】按钮，绘制中心线，如图3-73所示。

图3-73　绘制中心线

02　创建圆弧

单击【草图】工具栏中的 ⌒【三点圆弧】按钮，弹出【圆弧】属性管理器，如图3-74所示。

①绘制圆弧。

②设置圆弧的半径。

③单击【确定】按钮。

03 绘制同心圆弧

单击【草图】工具栏中的 ⓐ【三点圆弧】按钮,弹出【圆弧】属性管理器,如图3-75所示。

①绘制圆弧。

②设置圆弧的半径。

③单击【确定】按钮。

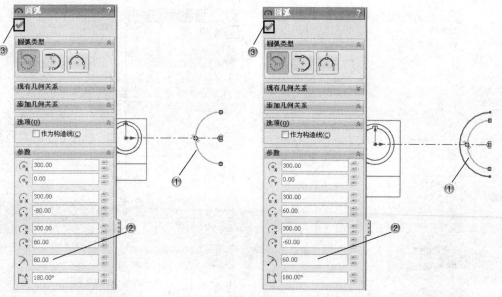

图3-74 创建圆弧   图3-75 绘制同心圆弧

04 绘制直线

单击【草图】工具栏中的 ◯【直线】按钮,弹出【线条属性】属性管理器,绘制2条封闭直线,如图3-76所示。最后单击【草图】工具栏中的 ◪【退出草图】按钮。

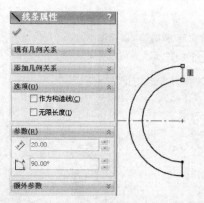

图3-76 绘制直线

05 拉伸草图

单击【特征】工具栏中的 ◲【拉伸凸台／基体】按钮,弹出【凸台–拉伸】的属性管理器,如图3-77所示。

① 设置拉伸参数。

② 单击【确定】按钮。

06 创建基准面3

单击【参考几何体】工具栏中的 【基准面】按钮,弹出【基准面】属性管理器,如图3-78所示。

① 选择右视基准面。

② 设置偏移参数。

③ 单击【确定】按钮。

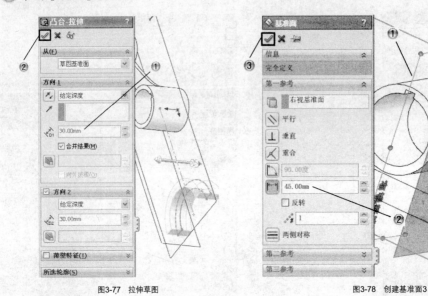

图3-77 拉伸草图   图3-78 创建基准面3

07 创建基准面4

单击【参考几何体】工具栏中的 【基准面】按钮,弹出【基准面】属性管理器,如图3-79所示。

① 选择右视基准面。

② 设置偏移参数。

③ 单击【确定】按钮。

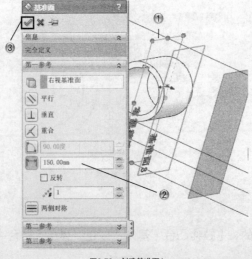

图3-79 创建基准面4

08 创建基准面5

单击【参考几何体】工具栏中的 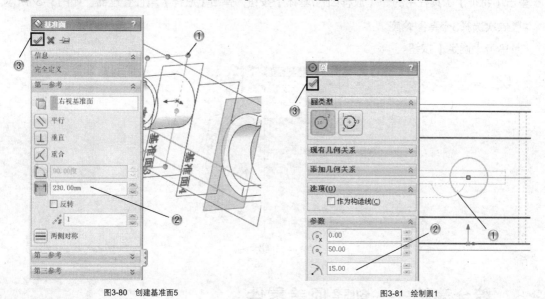 【基准面】按钮，弹出【基准面】属性管理器，如图3-80所示。

①选择右视基准面。

②设置偏移参数。

③单击【确定】按钮。

09 绘制圆1

选择基准面3进行草绘。单击【草图】工具栏中的 ⊙【圆】按钮，弹出【圆】属性管理器，如图3-81所示。

①绘制圆形。

②设置圆的半径。

③单击【确定】按钮。最后单击【草图】工具栏中的 【退出草图】按钮。

图3-80 创建基准面5　　　　　　　　图3-81 绘制圆1

10 绘制椭圆

选择基准面4进行草绘。单击【草图】工具栏中的 ⬭【椭圆】按钮，弹出【椭圆】属性管理器，如图3-82所示。

①绘制椭圆。

②设置椭圆的半径。

③单击【确定】按钮。最后单击【草图】工具栏中的 【退出草图】按钮。

11 绘制圆2

选择基准面5进行草绘。单击【草图】工具栏中的 ⊙【圆】按钮，弹出【圆】属性管理器，如图3-83所示。

①绘制圆形。

②设置圆的半径。

③单击【确定】按钮。最后单击【草图】工具栏中的 【退出草图】按钮。

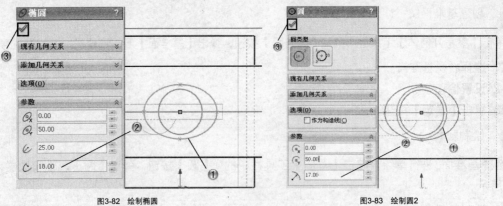

图3-82 绘制椭圆　　　　　　　　　　图3-83 绘制圆2

12 创建放样特征

单击【特征】工具栏中的 【放样凸台/基体】按钮，弹出【放样】属性管理器，如图3-84所示。

① 依次选择3个草图轮廓。

② 单击【确定】按钮。

图3-84 创建放样特征

3.5 综合演练——创建顶盖零件

范例文件：\03\3-2. SLDPRT

多媒体教学路径：主界面→第3章→3.5综合演练

本章范例使用实体建模命令创建如图3-85所示的顶盖零件，首先使用拉伸和拉伸切除命令创建基体，之后使用扫描和放样命令创建细节特征。

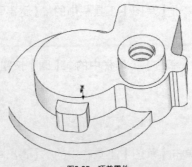

图3-85 顶盖零件

3.5.1 创建基体

操作步骤

01 新建文件

单击【标准】工具栏上的 【新建】按钮，打开【新建SolidWorks文件】对话框，如图3-86所示。

① 选择【零件】按钮。

② 单击【确定】按钮。

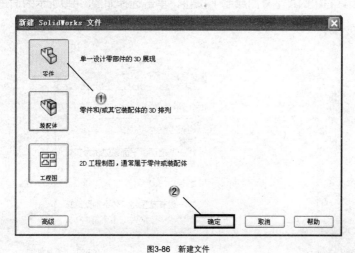

图3-86 新建文件

02 选择草绘面1

单击【草图】工具栏中的 【草图绘制】按钮，单击选择上视基准面进行绘制，如图3-87所示。

03 绘制圆1

单击【草图】工具栏中的 【圆】按钮，弹出【圆】属性管理器，如图3-88所示。

① 绘制圆形。

② 设置圆的半径。

③ 单击【确定】按钮。最后单击【草图】工具栏中的 【退出草图】按钮。

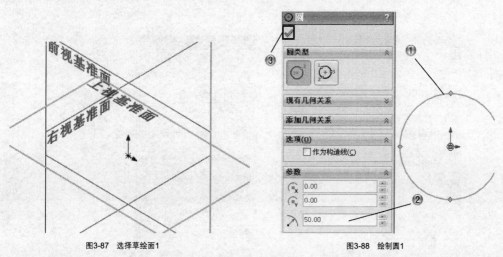

图3-87 选择草绘面1

图3-88 绘制圆1

04 拉伸凸台

单击【特征】工具栏中的 【拉伸凸台／基体】按钮，弹出【凸台-拉伸】属性管理器，如图3-89所示。

①设置拉伸参数。

②单击【确定】按钮。

05 选择草绘面2

单击【草图】工具栏中的 【草图绘制】按钮，单击选择如图3-90所示的面进行绘制。

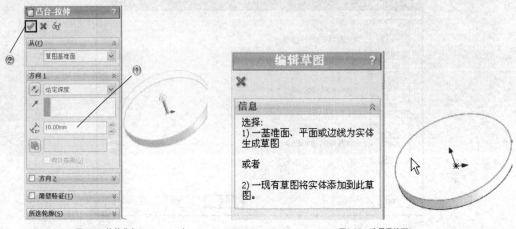

图3-89　拉伸凸台　　　　　　　　　　　　　　图3-90　选择草绘面2

06 绘制同心圆

单击【草图】工具栏中的 【圆】按钮，弹出【圆】属性管理器，如图3-91所示。

①绘制圆形。

②设置圆的半径。

③单击【确定】按钮。

07 绘制矩形

单击【草图】工具栏中的 【边角矩形】按钮，弹出【矩形】属性管理器，绘制如图3-92所示矩形。

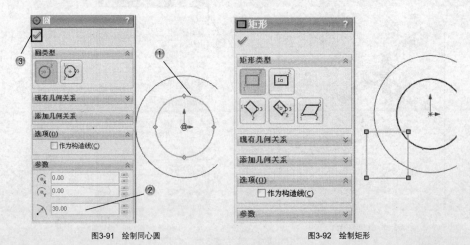

图3-91　绘制同心圆　　　　　　　　　　　　　图3-92　绘制矩形

08 标注矩形尺寸

单击【草图】工具栏中的 ◢【智能尺寸】按钮，标注矩形尺寸，如图3-93所示。

09 绘制圆2

单击【草图】工具栏中的 ◎【圆】按钮，弹出【圆】属性管理器，如图3-94所示。

① 绘制圆形。

② 设置圆的半径。

③ 单击【确定】按钮。

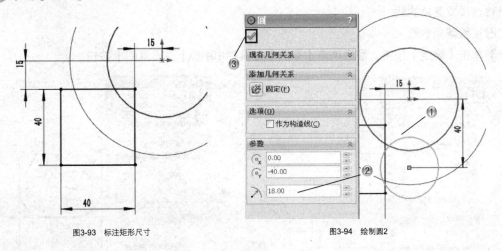

图3-93 标注矩形尺寸　　　　　　　　　　图3-94 绘制圆2

10 绘制直线图形

单击【草图】工具栏中的 ◣【直线】按钮，弹出【线条属性】属性管理器，绘制如图3-95所示的草图。

11 剪裁图形

单击【草图】工具栏中的 ▒【剪裁实体】按钮，弹出【剪裁】属性管理器，剪裁草图，如图3-96所示。

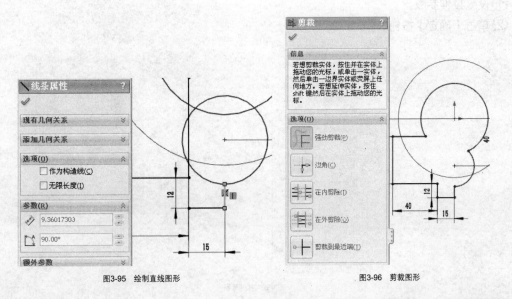

图3-95 绘制直线图形　　　　　　　　　　图3-96 剪裁图形

12 创建圆角1

单击【草图】工具栏中的 【绘制圆角】按钮，弹出【绘制圆角】属性管理器，如图3-97所示。

① 选择要圆角的线。

② 设置圆角参数。

③ 单击【确定】按钮。

13 创建圆角2

单击【草图】工具栏中的 【绘制圆角】按钮，弹出【绘制圆角】属性管理器，如图3-98所示。

① 选择要圆角的线。

② 设置圆角参数。

③ 单击【确定】按钮。最后单击【草图】工具栏中的 【退出草图】按钮。

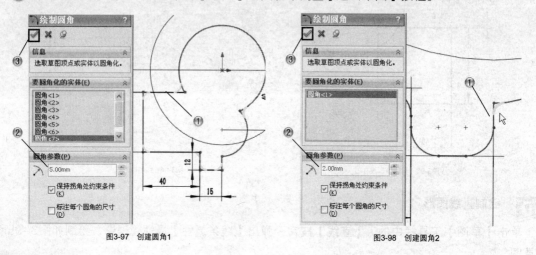

图3-97　创建圆角1　　　　　　　　　图3-98　创建圆角2

14 拉伸草图

单击【特征】工具栏中的 【拉伸凸台／基体】按钮，弹出【凸台–拉伸】的属性管理器，如图3-99所示。

① 设置拉伸参数。

② 单击【确定】按钮。

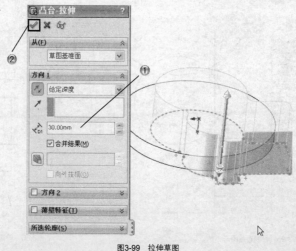

图3-99　拉伸草图

3.5.2 创建细节特征

操作步骤

01 选择草绘面1

单击【草图】工具栏中的 【草图绘制】按钮，单击选择如图3-100所示的面进行绘制。

02 绘制圆形1

单击【草图】工具栏中的 【圆】按钮，弹出【圆】属性管理器，如图3-101所示。

①绘制圆形。

②设置圆的半径。

③单击【确定】按钮。

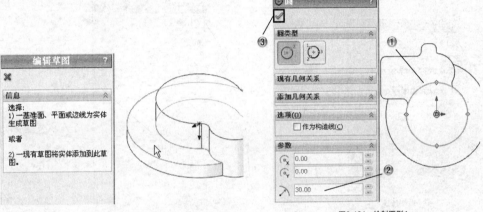

图3-100 选择草绘面1　　　　　　　　　　　　　　图3-101 绘制圆形1

03 绘制矩形

单击【草图】工具栏中的 【边角矩形】按钮，绘制矩形，如图3-102所示。

04 剪裁矩形

单击【草图】工具栏中的 【剪裁实体】按钮，弹出【剪裁】属性管理器，剪裁草图，如图3-103所示。

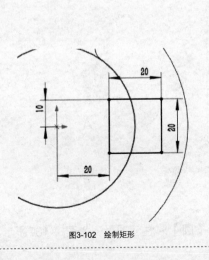

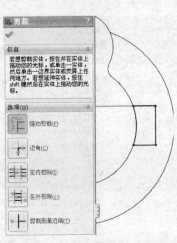

图3-102 绘制矩形　　　　　　　　　　　　图3-103 剪裁矩形

05 绘制圆角

单击【草图】工具栏中的 🕒【绘制圆角】按钮，弹出【绘制圆角】属性管理器，如图3-104所示。

①选择要圆角的线。

②设置圆角参数。

③单击【确定】按钮。最后单击【草图】工具栏中的 💾【退出草图】按钮。

06 拉伸草图

单击【特征】工具栏中的 💾【拉伸凸台／基体】按钮，弹出【凸台-拉伸】的属性管理器，如图3-105所示。

①设置拉伸参数。

②单击【确定】按钮。

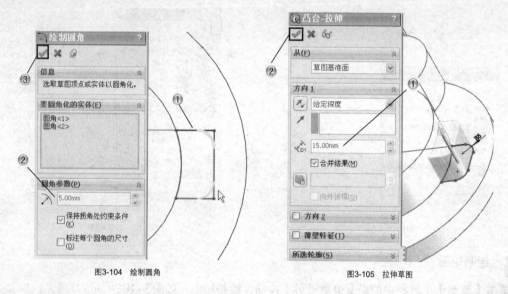

图3-104 绘制圆角   图3-105 拉伸草图

07 选择草绘面2

单击【草图】工具栏中的 💾【草图绘制】按钮，单击选择如图3-106所示的面进行绘制。

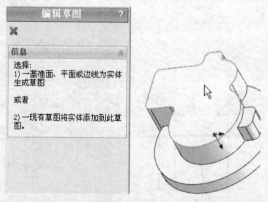

图3-106 选择草绘面2

08 绘制圆形2

单击【草图】工具栏中的 ⊙【圆】按钮，弹出【圆】属性管理器，如图3-107所示。

① 绘制圆形。

② 设置圆的半径。

③ 单击【确定】按钮。最后单击【草图】工具栏中的 【退出草图】按钮。

09 拉伸圆形

单击【特征】工具栏中的 【拉伸凸台/基体】按钮，弹出【凸台–拉伸】的属性管理器，如图 3–108所示。

① 设置拉伸参数。

② 单击【确定】按钮。

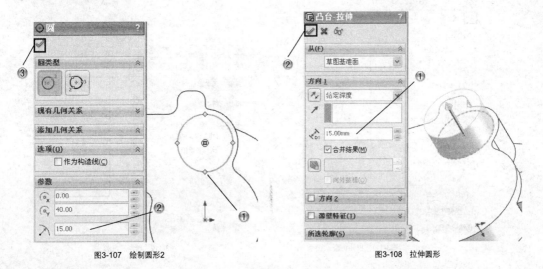

图3-107　绘制圆形2　　　　　　　　　　　　　图3-108　拉伸圆形

10 选择草绘面3

单击【草图】工具栏中的 【草图绘制】按钮，单击选择如图3-109所示的面进行绘制。

11 绘制小圆

单击【草图】工具栏中的 【圆】按钮，弹出【圆】属性管理器，如图3-110所示。

① 绘制圆形。

② 设置圆的半径。

③ 单击【确定】按钮。最后单击【草图】工具栏中的 【退出草图】按钮。

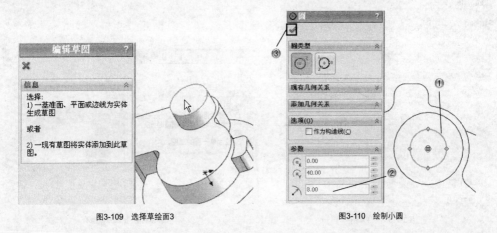

图3-109　选择草绘面3　　　　　　　　　　　　图3-110　绘制小圆

12 拉伸切除

单击【特征】工具栏中的 📖【拉伸切除】按钮，弹出【切除–拉伸】属性管理器，如图3-111所示。

① 设置拉伸参数。

② 单击【确定】按钮。

13 绘制三角形

选择右视基准面进行草绘。单击【草图】工具栏中的 ＼【直线】按钮，弹出【线条属性】属性管理器，绘制草图，如图3-112所示。

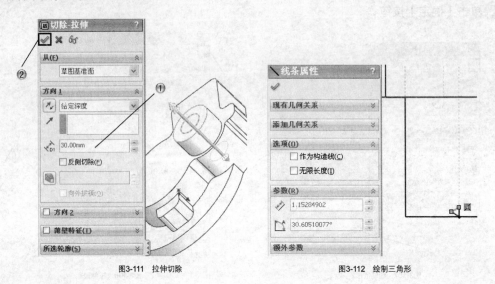

图3-111　拉伸切除　　　　　　　　　　　　　　　　　图3-112　绘制三角形

14 标注草图

单击【草图】工具栏中的 ◇【智能尺寸】按钮，标注草图尺寸，如图3-113所示。最后单击【草图】工具栏中的 ◢【退出草图】按钮。

15 选择草绘面4

单击【特征】工具栏中的 ⊗【螺旋形/涡状线】按钮，选择草绘平面，如图3-114所示。

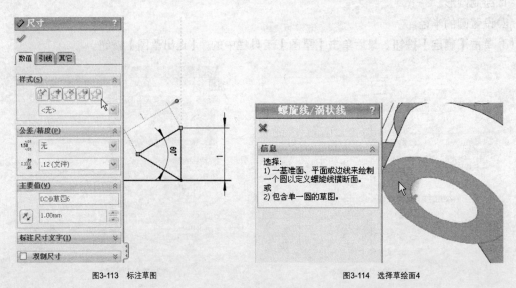

图3-113　标注草图　　　　　　　　　　　　　　　　　图3-114　选择草绘面4

16 绘制圆形3

单击【草图】工具栏中的◎【圆】按钮，弹出【圆】属性管理器，如图3-115所示。

① 绘制圆形。

② 设置圆的半径。

③ 单击【确定】按钮。

17 创建螺旋线

单击【草图】工具栏中的 【退出草图】按钮，弹出【螺旋形/涡状线】属性管理器，如图3-116所示。

① 设置螺旋线参数。

② 单击【确定】按钮。

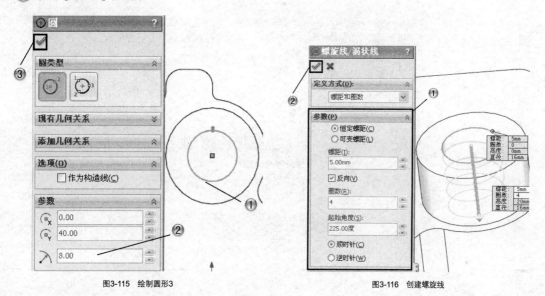

图3-115　绘制圆形3　　　　　　　　　　　　图3-116　创建螺旋线

18 扫描切除

单击【特征】工具栏中的 【扫描切除】按钮，打开【切除–扫描】属性管理器，如图3-117所示。

① 选择扫描路径和轮廓。

② 单击【确定】按钮。

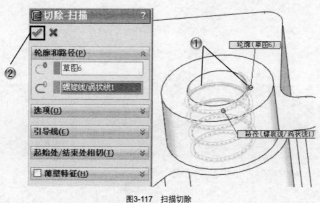

图3-117　扫描切除

3.6　知识回顾

　　本章主要介绍了实体特征的各种创建方法，其中包括了拉伸、旋转、扫描和放样这4类命令，相关的命令还对应相应的切除命令，如拉伸切除和旋转切除命令，读者可以结合范例进行学习。

3.7　课后习题

　　1.　使用实体建模命令，在3-2.SLDPRT上创建如图3-118所示的凹槽特征。

　　2.　使用放样命令，创建如图3-118所示的放样特征。

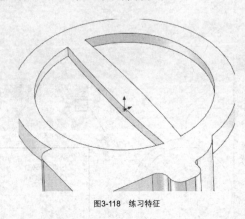

图3-118　练习特征

第**4**章

实体附加特征

　　实体附加特征是针对已经完成的实体模型，进行辅助性编辑的特征。在实体上添加各种附加特征，有多种命令可以实现。

　　本章主要介绍包括圆角特征、倒角特征、筋特征、孔特征、抽壳特征和扣合特征。筋特征用于在指定的位置生成加强筋；孔特征用于在给定位置生成直孔或异型孔；圆角特征一般用于给铸造类零件的边线添加圆角；倒角特征是在零件的边缘产生倒角；抽壳特征用于掏空零件，使选择的面散开，在剩余的面上生成薄壁特征。扣合特征是生成弹簧扣和通风孔等特征的操作。

知识要点

- ✖ 圆角特征
- ✖ 倒角特征
- ✖ 筋特征
- ✖ 孔特征
- ✖ 抽壳特征
- ✖ 扣合特征

案例解析

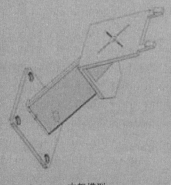

支架模型

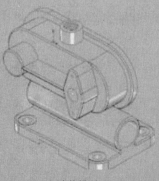

壳体模型

4.1 圆角特征

圆角特征是在零件上生成内圆角面或者外圆角面的1种特征，可在1个面的所有边线、所选的多组面、所选的边线或边线环上生成圆角。

4.1.1 圆角特征的生成规则

一般而言，在生成圆角时应遵循以下规则。

（1）在添加小圆角之前添加较大圆角。当有多个圆角汇聚于1个顶点时，先生成较大的圆角。

（2）在生成圆角前先添加拔模特征。如果要生成具有多个圆角边线及拔模面的铸模零件，在大多数情况下，应在添加圆角之前添加拔模特征。

（3）最后添加装饰用的圆角。在大多数其他几何体定位后尝试添加装饰圆角，添加的时间越早，系统重建零件需要花费的时间越长。

（4）如果要加快零件重建的速度，使用1次生成多个圆角的方法处理，需要相同半径圆角的多条边线。

4.1.2 圆角特征的属性设置

选择【插入】|【特征】|【圆角】菜单命令或者单击【特征】工具栏中的⬡【圆角】按钮，系统弹出【圆角】属性管理器。在【FilletXpert】模式中，【FilletXpert】属性管理器如图4-1所示。

1．等半径

在整个边线上生成具有相同半径的圆角。选中【等半径】单选按钮，【手工】模式下的【圆角】属性管理器如图4-2所示。

（1）【圆角项目】选项组。

• ⟋【半径】，设置圆角的半径。

• ▤【边线、面、特征和环】，在图形区域中选择要进行圆角处理的实体。

• 【多半径圆角】，以不同边线的半径生成圆角，可以使用不同半径的3条边线生成圆角，但不能为具有共同边线的面或环指定多个半径。

• 【切线延伸】，将圆角延伸到所有与所选面相切的面。

• 【完整预览】，显示所有边线的圆角预览。

• 【部分预览】，只显示1条边线的圆角预览。

• 【无预览】，可以缩短复杂模型的重建时间。

图4-1 【FilletXpert】模式　　图4-2 选中【等半径】单选按钮后的属性设置

（2）【逆转参数】选项组，在混合曲面之间沿着模型边线生成圆角并形成平滑的过渡。

- ⚲【距离】，在顶点处设置圆角逆转距离。
- ▣【逆转顶点】，在图形区域中选择1个或者多个顶点。
- Ɏ【逆转距离】，以相应的⚲【距离】数值列举边线数。
- 【设定未指定的】，应用当前的⚲【距离】数值到Ɏ【逆转距离】下没有指定距离的所有项目。
- 【设定所有】，应用当前的⚲【距离】数值到Ɏ【逆转距离】下的所有项目。

（3）【圆角选项】选项组。

- 【通过面选择】，应用通过隐藏边线的面选择边线。
- 【保持特征】，如果应用1个大到可以覆盖特征的圆角半径，则保持切除或者凸台特征使其可见。
- 【圆形角】，生成含圆形角的等半径圆角。必须选择至少2个相邻边线使其圆角化，圆形角在边线之间有平滑过渡，可以消除边线汇合处的尖锐接合点。

（4）【扩展方式】选项组，控制在单一闭合边线（如圆、样条曲线、椭圆等）上圆角与边线汇合时的方式。

- 【默认】，由应用程序选中【保持边线】或【保持曲面】单选按钮。
- 【保持边线】，模型边线保持不变，而圆角则进行调整。
- 【保持曲面】，圆角边线调整为连续和平滑，而模型边线更改以与圆角边线匹配。

2. 变半径

生成含可变半径值的圆角，使用控制点帮助定义圆角。选中【变半径】单选按钮，属性设置如图4-3所示。

（1）【圆角项目】选项组。

- ▣【边线、面、特征和环】，在图形区域中选择需要圆角处理的实体。

（2）【变半径参数】选项组。

- ⟋【半径】，设置圆角半径。
- ⟐【附加的半径】，列举在【圆角项目】选项组的▣【边线、面、特征和环】选择框中的边线顶点，并列举在图形区域中选择的控制点。
- 【设定未指定的】，应用当前的⟋【半径】到⟐【附加的半径】下所有未指定半径的项目。
- 【设定所有】，应用当前的⟋【半径】到⟐【附加的半径】下的所有项目。
- ⚲【实例数】，设置边线上的控制点数。
- 【平滑过渡】，生成圆角，当1条圆角边线接合于1个邻近面时，圆角半径从某一半径平滑地转换为另一半径。
- 【直线过渡】，生成圆角，圆角半径从某一半径线性转换为另一半径，但是不将切边与邻近圆角相匹配。

（3）【逆转参数】选项组，与【等半径】的【逆转参数】选项组属性设置相同。

（4）【圆角选项】选项组，与【等半径】的【圆角选项】选项组属性设置相同。

图4-3　选中【变半径】单选按钮后的属性设置

3. 面圆角

用于混合非相邻、非连续的面。选中【面圆角】单选按钮，属性设置如图4-4所示。

（1）【圆角项目】选项组。

• ⅄【半径】，设置圆角半径。

• ▣【面组1】，在图形区域中选择要混合的第一个面或第一组面。

• ▣【面组2】，在图形区域中选择要与【面组1】混合的面。

（2）【圆角选项】选项组。

• 【通过面选择】，应用通过隐藏边线的面选择边线。

• 【包络控制线】，选择模型上的边线或者面上的投影分割线，作为决定圆角形状的边界，圆角的半径由控制线和要圆角化的边线之间的距离来控制。

• 【曲率连续】复选框，解决不连续问题并在相邻曲面之间生成更平滑的曲率。如果需要核实曲率连续性的效果，可显示斑马条纹，也可使用曲率工具分析曲率。曲率连续圆角不同于标准圆角，它们有1个样条曲线横断面，而不是圆形横断面，曲率连续圆角比标准圆角更平滑，因为边界处在曲率中无跳跃。

• 【等宽】复选框，生成等宽的圆角。

• 【辅助点】，在可能不清楚在何处发生面混合时解决模糊选择的问题。单击【辅助点顶点】选择框，然后单击要插入面圆角的边线上的一个顶点，圆角在靠近辅助点的位置处生成。

4．完整圆角

完整圆角是生成相切于3个相邻面组（1个或者多个面相切）的圆角。选中【完整圆角】单选按钮，属性设置如图4-5所示。

• ▣【面组1】，选择第一个边侧面。

• ▣【中央面组】，选择中央面。

• ▣【面组2】，选择与▣【面组1】相反的面组。

5．【FilletXpert】模式

在【FilletXpert】模式中，可以帮助管理、组织和重新排序圆角。使用【添加】选项卡可以生成新的圆角，使用【更改】选项卡可以修改现有圆角。切换到【添加】选项卡，如图4-6所示。

图4-4 选中【面圆角】单选按钮后的属性设置

图4-5 选中【完整圆角】单选按钮后的属性设置

图4-6 【添加】选项卡

（1）【圆角项目】选项组。

- ▣【边线、面、特征和环】，在图形区域中选择要用圆角处理的实体。
- ↗【半径】，设置圆角半径。

（2）【选项】选项组。

- 【通过面选择】，在上色或者 HLR 显示模式中应用隐藏边线的选择。
- 【切线延伸】，将圆角延伸到所有与所选边线相切的边线。
- 【完整预览】，显示所有边线的圆角预览。
- 【部分预览】，只显示1条边线的圆角预览。
- 【无预览】，可以缩短复杂圆角的显示时间。

单击【更改】标签，切换到【更改】选项卡，如图4-7所示。

（3）【要更改的圆角】选项组。

- ▣【边线、面、特征和环】，选择要调整大小或者删除的圆角，可以在图形区域中选择个别边线，从包含多条圆角边线的圆角特征中删除个别边线或调整其大小，或以图形方式编辑圆角，而不必知道边线在圆角特征中的组织方式。
- ↗【半径】，设置新的圆角半径。
- 【调整大小】按钮，将所选圆角修改为设置的半径值。
- 【移除】按钮，从模型中删除所选的圆角。

（4）【现有圆角】选项组

- 【按大小分类】，按照大小过滤所有圆角。从其选择框中选择圆角大小以选择模型中包含该值的所有圆角，同时将它们显示在▣【边线、面、特征和环】选择框中。

单击【边角】标签，切换到【边角】选项卡，如图4-8所示。选择相应的边角面和复制目标即可。

图4-7　【更改】选项卡

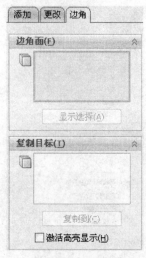

图4-8　【边角】选项卡

4.1.3　圆角特征的操作步骤

生成圆角特征的操作步骤如下。

（1）选择【插入】|【特征】|【圆角】菜单命令，系统打开【圆角】属性管理器。在【圆角类型】选项组中，选中【等半径】单选按钮，如图4-9所示；在【圆角项目】选项组中，单击▣【边线、面、特征和环】选择框，选择模型上面的4条边线，设置↗【半径】为10mm，单击✔【确定】

按钮，生成等半径圆角特征，如图4-10所示。

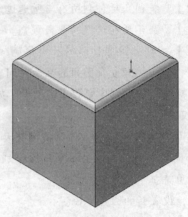

图4-9 选中【等半径】单选按钮　　　　　　　　图4-10 生成等半径圆角特征

（2）在【圆角类型】选项组中，选中【变半径】单选按钮。在【圆角项目】选项组中，单击 【边线、面、特征和环】选择框，在图形区域中选择模型正面的1条边线；在【变半径参数】选项组中，单击 【附加的半径】中的【V1】，设置 【半径】为10mm，单击 【附加的半径】中的【V2】，设置 【半径】为20mm，再设置 【实例数】为4，如图4-11所示，单击 【确定】按钮，生成变半径圆角特征，如图4-12所示。

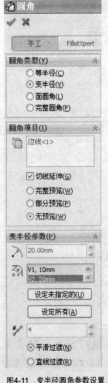

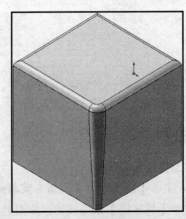

图4-11 变半径圆角参数设置　　　　　　　　　图4-12 生成变半径圆角特征

实例——创建圆角特征

 结果文件：\04\4-1.SLDPRT

多媒体教学路径：主界面→第4章→4.1实例

01 新建文件

单击【标准】工具栏上的 □【新建】按钮，打开【新建SolidWorks文件】对话框，如图4-13所示。

① 选择【零件】按钮。

② 单击【确定】按钮。

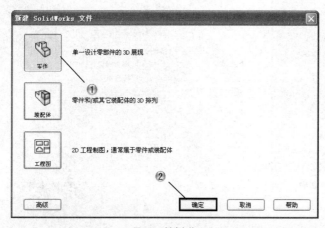

图4-13　新建文件

02 选择草绘面

单击【草图】工具栏中的 ☑【草图绘制】按钮，单击选择前视基准面进行绘制，如图4-14所示。

03 绘制矩形

单击【草图】工具栏中的 □【边角矩形】按钮，绘制矩形，如图4-15所示。最后单击【草图】工具栏中的 ☑【退出草图】按钮。

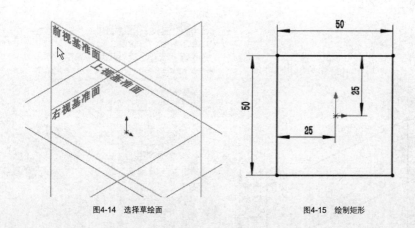

图4-14　选择草绘面　　　　　　　图4-15　绘制矩形

04 拉伸凸台

单击【特征】工具栏中的 ▣【拉伸凸台／基体】按钮，弹出【凸台-拉伸】的属性管理器，如图4-16所示。

① 设置拉伸参数。

② 单击【确定】按钮。

05 绘制四边形

选择右视基准面进行草绘。单击【草图】工具栏中的 ◯【直线】按钮，弹出【线条属性】属性管理器，绘制如图4-17所示的草图。

图4-16 拉伸凸台

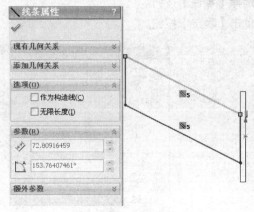

图4-17 绘制四边形

06 标注尺寸

单击【草图】工具栏中的 ◉【智能尺寸】按钮，标注草图尺寸，如图4-18所示。最后单击【草图】工具栏中的 ◈【退出草图】按钮。

07 拉伸草图

单击【特征】工具栏中的 ◈【拉伸凸台／基体】按钮，弹出【凸台−拉伸】的属性管理器，如图4-19所示。

① 设置拉伸参数。

② 单击【确定】按钮。

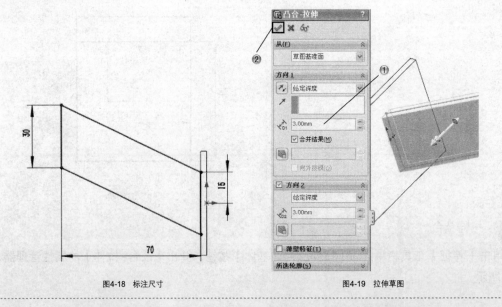

图4-18 标注尺寸

图4-19 拉伸草图

08 创建圆角1

单击【特征】工具栏中的 ◎【圆角】按钮，系统弹出【圆角】属性管理器，如图4-20所示。

① 选择要圆角的边线。

② 设置圆角半径。

③ 单击【确定】按钮。

09 创建圆角2

单击【特征】工具栏中的 ◎【圆角】按钮，系统弹出【圆角】属性管理器，如图4-21所示。

① 选择要圆角的边线。

② 设置圆角半径。

③ 单击【确定】按钮。

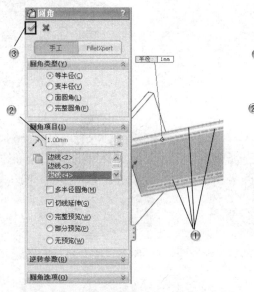

图4-20 创建圆角1

图4-21 创建圆角2

4.2 倒角特征

倒角特征是在所选边线、面或者顶点上生成倾斜的特征。

4.2.1 倒角特征的属性设置

单击【特征】工具栏中的 ◎【倒角】按钮或者选择【插入】|【特征】|【倒角】菜单命令，系统弹出【倒角】属性管理器，如图4-22所示。下面进行简要介绍。

（1）◎【边线和面或顶点】，在图形区域中选择需要倒角的实体。

（2）【角度距离】，以角度和距离方式确定倒角。

（3）【距离-距离】，以距离和距离方式确定倒角。

（4）【顶点】，选择顶点，确定倒角。

（5）【通过面选择】，通过隐藏边线的面选择边线。

（6）【保持特征】，保留如切除或拉伸之类的特征，这些特征在生成倒角

图4-22 【倒角】属性管理器

时通常被移除。

4.2.2　倒角特征的操作步骤

生成倒角特征的操作步骤如下。

（1）选择【插入】|【特征】|【倒角】菜单命令，系统打开【倒角】属性管理器。在【倒角参数】选项组中，单击 【边线和面或顶点】选择框，在图形区域中选择模型的左侧边线，选中【角度距离】单选按钮，设置 【距离】为60mm， 【角度】为45°，取消启用【保持特征】复选框，如图4-23所示，单击 ✔【确定】按钮，生成不保持特征的倒角特征，如图4-24所示。

（2）在【倒角参数】选项组中，启用【保持特征】复选框，单击 ✔【确定】按钮，生成保持特征的倒角特征，如图4-25所示。

图4-23　【倒角】的属性管理器

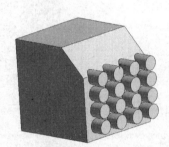
图4-24　生成不保持特征的倒角特征

图4-25　生成保持特征的倒角特征

实例——创建倒角特征

结果文件：\04\4-1. SLDPRT

多媒体教学路径：主界面→第4章→4.2实例

01　绘制矩形

选择右视基准面进行草绘。单击【草图】工具栏中的 ▢【边角矩形】按钮，绘制矩形，如图4-26所示。

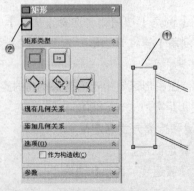
图4-26　绘制矩形

02 标注尺寸

单击【草图】工具栏中的 ⬦【智能尺寸】按钮，标注矩形尺寸，如图4-27所示。最后单击【草图】工具栏中的 ⬚【退出草图】按钮。

03 拉伸凸台

单击【特征】工具栏中的 ▣【拉伸凸台／基体】按钮，弹出【凸台–拉伸】属性管理器，如图4-28所示。

① 设置拉伸参数。

② 单击【确定】按钮。

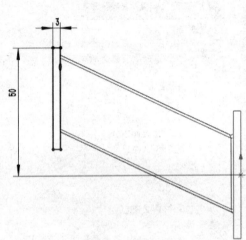

图4-27 标注尺寸 　　　　　　　　　　　图4-28 拉伸凸台

04 创建倒角

单击【特征】工具栏中的 ▣【倒角】按钮，弹出【倒角】属性管理器，如图4-29所示。

① 选择要倒角的边线。

② 设置倒角参数。

③ 单击【确定】按钮。

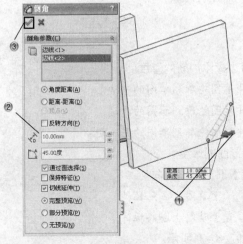

图4-29 创建倒角

4.3　筋特征

　　筋是从开环或闭环绘制的轮廓所生成的特殊类型的拉伸特征。它在轮廓与现有零件之间添加指定方向和厚度的材料，可使用单一或多个草图生成筋，也可以用拔模生成筋特征，或者选择一个要拔模的参考轮廓。

4.3.1　筋特征的属性设置

　　单击【特征】工具栏中的 【筋】按钮或选择【插入】|【特征】|【筋】菜单命令，系统弹出【筋】属性管理器，如图4-30所示。

（a）　　　　　　　　　　（b）

图4-30　【筋】属性管理器

1. 【参数】选项组
（1）【厚度】，在草图边缘添加筋的厚度。

- 【第一边】，只延伸草图轮廓到草图的一边。
- 【两侧】，均匀延伸草图轮廓到草图的两边。
- 【第二边】，只延伸草图轮廓到草图的另一边。

（2）【筋厚度】，设置筋的厚度。
（3）【拉伸方向】，设置筋的拉伸方向。

- 【平行于草图】，平行于草图生成筋拉伸。
- 【垂直于草图】，垂直于草图生成筋拉伸。

选择不同选项时的效果如图4-31所示。

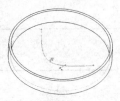

（a）选择面上单一开环草图生成筋特征（箭头指示筋特征的方向）

（b）单击【平行于草图】按钮，生成筋特征

（c）选择平行基准面上的草图生成筋特征，与使用【拉伸

凸台/基体】具有相同的功能（箭头指示筋特征的方向）

（d）单击【垂直于草图】按钮，生成筋特征

图4-31　选择不同筋拉伸方向的效果

（4）【反转材料方向】，更改拉伸的方向。

（5）【拔模开/关】，添加拔模特征到筋，可以设置【拔模角度】。

【向外拔模】（在【拔模开/关】被选择时可用），生成向外拔模角度；取消启用此复选框，将生成向内拔模角度。

（6）【下一参考】按钮（在【拉伸方向】中单击【平行于草图】按钮且【拔模开/关】被选择时可用，如图4-30（a）所示）。切换草图轮廓，可以选择拔模所用的参考轮廓。

（7）【类型】（在【拉伸方向】中单击【垂直于草图】按钮时可用），如图4-30（b）所示。

· 【线性】，生成与草图方向相垂直的筋。

· 【自然】，生成沿草图轮廓延伸方向的筋。例如，如果草图为圆或者圆弧，则自然使用圆形延伸筋，直到与边界汇合。

2. 【所选轮廓】选项组

【所选轮廓】参数用来列举生成筋特征的草图轮廓。

4.3.2　筋特征的操作步骤

生成筋特征的操作步骤如下。

（1）选择1个草图。

（2）选择【插入】|【特征】|【筋】菜单命令，系统弹出【筋】的设置。在【参数】选项组中，单击【两侧】按钮，设置【筋厚度】为30mm，在【拉伸方向】中单击【平行于草图】按钮，取消启用【反转材料方向】复选框，如图4-32所示。

（3）单击【确定】按钮，结果如图4-33所示。

图4-32　【参数】选项组的参数设置

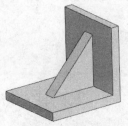

图4-33　生成筋特征

实例——创建筋特征

结果文件：\04\4-1.SLDPRT

多媒体教学路径：主界面→第4章→4.3实例

01 选择草绘面

单击【草图】工具栏中的 【草图绘制】按钮，单击选择平面进行绘制，如图4-34所示。

02 绘制矩形

单击【草图】工具栏中的 【边角矩形】按钮，弹出【矩形】属性管理器，如图4-35所示。

① 绘制矩形。

② 单击【确定】按钮。

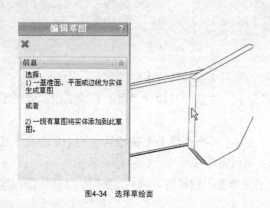

图4-34 选择草绘面

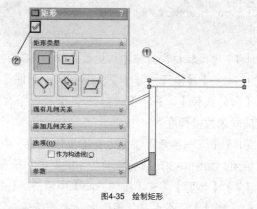

图4-35 绘制矩形

03 标注矩形

单击【草图】工具栏中的 【智能尺寸】按钮，标注矩形尺寸，如图4-36所示。最后单击【草图】工具栏中的 【退出草图】按钮。

04 拉伸凸台

单击【特征】工具栏中的 【拉伸凸台／基体】按钮，弹出【凸台-拉伸】的属性管理器，如图4-37所示。

① 设置拉伸参数。

② 单击【确定】按钮。

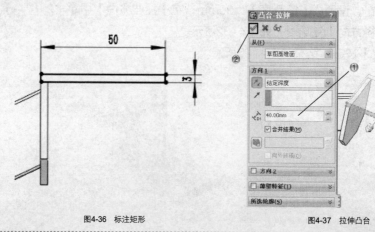

图4-36 标注矩形　　　　　　　图4-37 拉伸凸台

05 创建基准面1

单击【参考几何体】工具栏中的 🔲【基准面】按钮，弹出【基准面】属性管理器，如图4-38所示。

① 选择右视基准面。

② 设置偏移参数。

③ 单击【确定】按钮。

06 绘制直线1

在基准面1上绘制草图。单击【草图】工具栏中的 ↘【直线】按钮，绘制直线，如图4-39所示。最后单击【草图】工具栏中的 📄【退出草图】按钮。

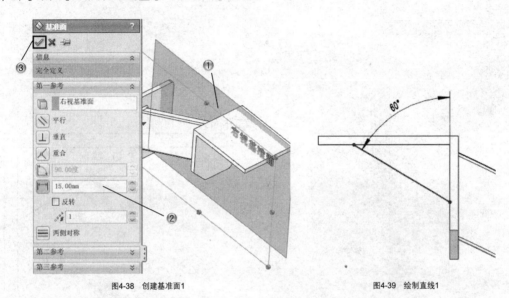

图4-38 创建基准面1   图4-39 绘制直线1

07 创建筋特征1

单击【特征】工具栏中的 🔲【筋】按钮，系统弹出【筋】属性管理器，如图4-40所示。

① 选择筋的草图。

② 设置筋的宽度。

③ 单击【确定】按钮。

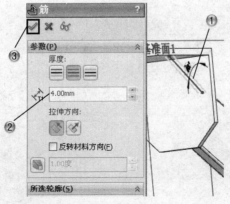

图4-40 创建筋特征1

08 创建基准面2

单击【参考几何体】工具栏中的◎【基准面】按钮，弹出【基准面】属性管理器，如图4-41所示。

① 选择右视基准面。

② 设置偏移参数。

③ 单击【确定】按钮。

09 绘制直线2

在基准面2上绘制草图。单击【草图】工具栏中的﹨【直线】按钮，绘制直线，如图4-42所示。最后单击【草图】工具栏中的◎【退出草图】按钮。

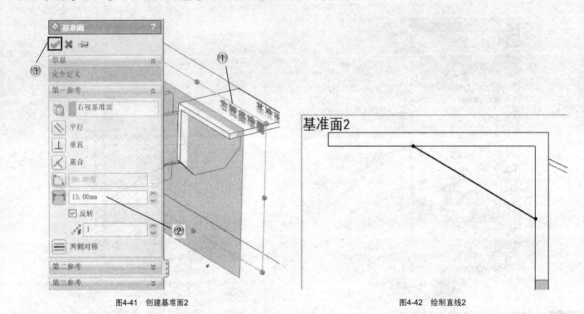

图4-41　创建基准面2　　　　　　　　　　　　　　　图4-42　绘制直线2

10 创建筋特征2

单击【特征】工具栏中的◎【筋】按钮，弹出【筋】属性管理器，如图4-43所示。

① 选择筋的草图。

② 设置筋的宽度。

③ 单击【确定】按钮。

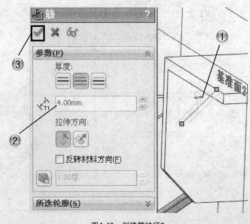

图4-43　创建筋特征2

4.4 孔特征

孔特征是在模型上生成各种类型的孔。在平面上放置孔并设置深度，可以通过标注尺寸的方法定义它的位置。

作为设计者，一般是在设计阶段临近结束时生成孔，这样可以避免因为疏忽而将材料添加到先前生成的孔内。如果准备生成不需要其他参数的孔，可以选择【简单直孔】命令；如果准备生成具有复杂轮廓的异型孔（如锥孔等），则一般会选择【异型孔向导】命令。两者相比较，【简单直孔】命令在生成不需要其他参数的孔时，可以提供比【异型孔向导】命令更优越的性能。

4.4.1 孔特征的属性设置

1. 简单直孔

选择【插入】|【特征】|【孔】|【简单直孔】菜单命令，系统弹出【孔】属性管理器，如图4-44所示。

（1）【从】选项组（如图4-45所示）。

图4-44 【孔】属性管理器

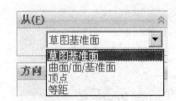

图4-45 【从】选项组选项

- 【草图基准面】，从草图所在的同一基准面开始生成简单直孔。
- 【曲面/面/基准面】，从这些实体之一开始生成简单直孔。
- 【顶点】，从所选择的顶点位置处开始生成简单直孔。
- 【等距】，从与当前草图基准面等距的基准面上生成简单直孔。

（2）【方向1】选项组。

- 【终止条件】，其选项如图4-46所示。
- 【给定深度】，从草图的基准面以指定的距离延伸特征。
- 【完全贯穿】，从草图的基准面延伸特征直到贯穿所有现有的几何体。

图4-46 【终止条件】选项

- 【成形到下一面】，从草图的基准面延伸特征到下一面（隔断整个轮廓）以生成特征。
- 【成形到一顶点】，从草图基准面延伸特征到某一平面，这个平面平行于草图基准面且穿越指定的顶点。
- 【成形到一面】，从草图的基准面延伸特征到所选的曲面以生成特征。

- 【到离指定面指定的距离】，从草图的基准面到某面的特定距离处生成特征。
- ↗【拉伸方向】，用于在除了垂直于草图轮廓以外的其他方向拉伸孔。
- ⌀【深度】或者【等距距离】，在设置【终止条件】为【给定深度】或者【到离指定面指定的距离】时可用（在选择【给定深度】选项时，此选项为【深度】；在选择【到离指定面指定的距离】选项时，此选项为【等距距离】）。
- ⌀【孔直径】，设置孔的直径。
- 🕮【拔模开/关】，添加拔模到孔，可以设置【拔模角度】。启用【向外拔模】复选框，则生成向外拔模。

设置【终止条件】为【到离指定面指定的距离】时，各参数如图4-47所示。

2. 异型孔

单击【特征】工具栏中的🔲【异型孔向导】按钮或者选择【插入】|【特征】|【孔】|【向导】菜单命令，系统打开【孔规格】属性管理器，如图4-48所示。

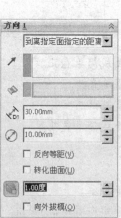

图4-47　设置【终止条件】为【到离指定面指定的距离】时的各参数

图4-48　【孔规格】属性管理器

（1）【孔规格】属性管理器包括两个选项卡。

- 【类型】选项卡，设置孔类型参数。
- 【位置】选项卡，在平面或者非平面上找出异型孔向导孔，使用尺寸和其他草图绘制工具定位孔中心。

可以在这些选项卡之间进行转换。例如，切换到【位置】选项卡定义孔的位置，切换到【类型】选项卡定义孔的类型，然后再次切换到【位置】选项卡添加更多孔。

高手指点

如果需要添加不同的孔类型，可以将其添加为单独的异型孔向导特征。

（2）【孔类型】选项组。【孔类型】选项组会根据孔类型而有所不同，孔类型包括　【柱形沉头孔】、　【锥形沉头孔】、　【孔】、　【直螺纹孔】、　【锥形螺纹孔】、　【旧制孔】。

• 【标准】，选择孔的标准，如【Ansi Metric】或者【JIS】等。

• 【类型】，选择孔的类型，以【Ansi Inch】标准为例，其选项如图4-49所示（　【旧制孔】是在SolidWorks 2000版本之前可以生成的孔，在此不做赘述）。

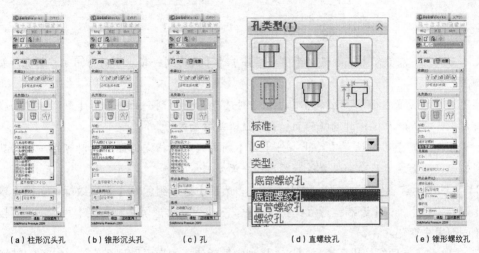

（a）柱形沉头孔　（b）锥形沉头孔　（c）孔　（d）直螺纹孔　（e）锥形螺纹孔

图4-49　【类型】选项

（3）【孔规格】选项组。

• 【大小】，为螺纹件选择尺寸大小。

• 【配合】（在单击【柱形沉头孔】和【锥形沉头孔】按钮时可用），为扣件选择配合形式，其选项如图4-50所示。

（4）【截面尺寸】选项组（在单击【旧制孔】按钮时可用），双击任一数值可以进行编辑。

（5）【终止条件】选项组（如图4-51所示），【终止条件】选项组中的参数根据孔类型的变化而有所不同。

图4-50　【配合】选项

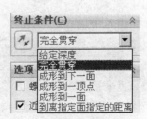

图4-51　【终止条件】选项组类型选项

- 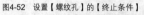【盲孔深度】（在设置【终止条件】为【给定深度】时可用），设定孔的深度。对于【螺纹孔】类型，可以设置螺纹线的【螺纹线类型】和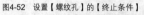【螺纹线深度】，如图4-52所示；对于【直管螺纹孔】类型，可以设置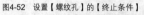【螺纹线深度】，如图4-53所示。

图4-52　设置【螺纹孔】的【终止条件】
为【给定深度】

图4-53　设置【管螺纹孔】的【终止条件】
为【给定深度】

- 【面/曲面/基准面】（在设置【终止条件】为【成形到一顶点】时可用），将孔特征延伸到选择的顶点处。
- 【面/曲面/基准面】（在设置【终止条件】为【成形到一面】或者【到离指定面指定的距离】时可用），将孔特征延伸到选择的面、曲面或者基准面处。
- 【等距距离】（在设置【终止条件】为【到离指定面指定的距离】时可用），将孔特征延伸到从所选面、曲面或者基准面设置等距距离的平面处。

（6）【选项】选项组（如图4-54所示），【选项】选项组包括【带螺纹标注】、【螺纹线等级】、【近端锥孔】、【近端锥形沉头孔直径】、【近端锥形沉头孔角度】等选项，可以根据孔类型的不同而发生变化。

（7）【收藏】选项组，用于管理可以在模型中重新使用的常用异型孔清单，如图4-55所示。

图4-54　【选项】选项组

图4-55　【收藏】选项组

- 【应用默认/无收藏】，重设到【没有选择最常用的】及默认设置。
- 【添加或更新收藏】，将所选异型孔向导孔添加到常用类型清单中。如果需要添加常用类型，单击【添加或更新收藏】按钮，打开【添加或更新收藏】对话框，输入名称，如图4-56所示，单击【确定】按钮。

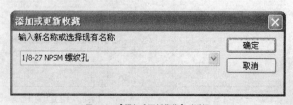

图4-56　【添加或更新收藏】对话框

如果需要更新常用类型，单击【添加或更新收藏】按钮，打开【添加或更新收藏】对话框，输入新的或者现有名称。

- 【删除收藏】，删除所选的收藏。
- 【保存收藏】，保存所选的收藏。
- 【装入收藏】，载入收藏。

（8）【自定义大小】选项组（如图4-57所示）。【自定义大小】选项组会根据孔类型的不同而发生变化。

图4-57　【自定义大小】选项组

4.4.2　生成孔特征的操作步骤

生成孔特征的操作步骤如下。

（1）选择【插入】|【特征】|【孔】|【简单直孔】菜单命令，系统弹出【孔】属性管理器。在【从】选项组中，选择【草图基准面】选项，如图4-58所示；在【方向1】选项组中，设置【终止条件】为【给定深度】，【深度】为30mm，【孔直径】为30mm，【拔模角度】为26°，单击✔【确定】按钮，生成的简单直孔如图4-59所示。

（2）选择【插入】|【特征】|【孔】|【向导】菜单命令，系统打开【孔规格】属性管理器。切换到【类型】选项卡，在【孔类型】选项组中，单击【锥形沉头孔】按钮，设置【标准】为【GB】，【类型】为【内六角花形半沉头螺钉】，【大小】为【M10】，【配合】为【正常】；在【终止条件】选项组中，设置【终止条件】为【完全贯穿】，如图4-60所示；切换到【位置】选项卡，在图形区域中定义点的位置，单击✔【确定】按钮，创建的异型孔如图4-61所示。

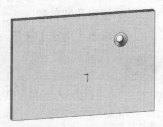

图4-58　简单直孔的参数设置　　　　图4-59　生成简单直孔特征　　　　图4-60　异型孔的参数设置　　　　图4-61　生成异型孔特征

实例——创建孔特征

 结果文件：\04\4-1.SLDPRT

多媒体教学路径：主界面→第4章→4.4实例

01 创建圆角

单击【特征】工具栏中的 【圆角】按钮，弹出【圆角】属性管理器，如图4-62所示。

①选择要圆角的边线。

②设置圆角半径。

③单击【确定】按钮。

02 创建孔

选择【插入】|【特征】|【孔】|【向导】菜单命令，系统弹出【孔规格】属性管理器。

①单击【位置】标签，切换到【孔位置】属性管理器，如图4-63所示。

②放置孔并约束孔的位置。

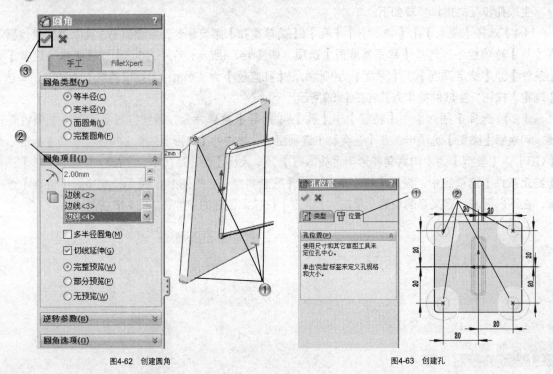

图4-62 创建圆角　　　　　　　　　　　图4-63 创建孔

03 设置孔的参数

单击【类型】标签，切换到【孔规格】属性管理器，如图4-64所示。

①设置孔的参数

②单击【确定】按钮。

04 绘制点

单击【草图】工具栏中的 【草图绘制】按钮，单击【草图】工具栏中的 【点】按钮，绘制点，如图4-65所示。

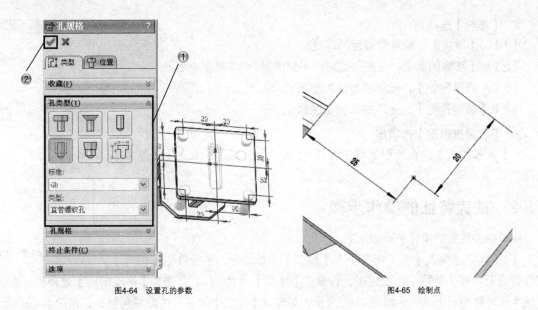

图4-64 设置孔的参数　　　　　　　　　　　　图4-65 绘制点

05　创建简单孔

选择【插入】|【特征】|【孔】|【简单直孔】菜单命令，弹出【孔】属性管理器，如图4-66所示。

① 单击草图点。

② 设置孔的参数。

③ 单击【确定】按钮。

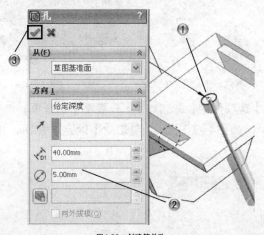

图4-66 创建简单孔

4.5 抽壳特征

抽壳特征可以掏空零件，使所选择的面敞开，在其他面上生成薄壁特征。如果没有选择模型上的任何面，则掏空实体零件，生成闭合的抽壳特征，也可以使用多个厚度以生成抽壳模型。

4.5.1 抽壳特征的属性设置

选择【插入】|【特征】|【抽壳】菜单命令或者单击【特征】工具栏中的 【抽壳】按钮，系统弹出【抽壳】属性管理器，如图4-67所示。

1. 【参数】选项组

（1）【厚度】，设置保留面的厚度。

（2）【移除的面】，在图形区域中可以选择1个或者多个面。

（3）【壳厚朝外】，增加模型的外部尺寸。

（4）【显示预览】，显示抽壳特征的预览。

2. 【多厚度设定】选项组

【多厚度面】，在图形区域中选择1个面，为所选面设置【多厚度】数值。

图4-67 【抽壳】属性管理器

4.5.2 抽壳特征的操作步骤

生成抽壳特征的操作步骤如下。

（1）选择【插入】|【特征】|【抽壳】菜单命令，系统弹出【抽壳】属性管理器。在【参数】选项组中，设置【厚度】为10mm，单击【移除的面】选择框，在图形区域中选择模型的上表面，如图4-68所示，单击【确定】按钮，生成抽壳特征，如图4-69所示。

图4-68 【抽壳】的属性管理器　　　图4-69 生成抽壳特征

（2）在【多厚度设定】选项组中，单击【多厚度面】选择框，选择模型的下表面和左侧面，设置【多厚度】为30mm，如图4-70所示，单击【确定】按钮，生成多厚度抽壳特征，如图4-71所示。

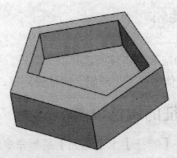

图4-70 【多厚度设定】选项组的参数设置　　　图4-71 生成多厚度抽壳特征

实例——创建抽壳特征

结果文件：\04\4-1. SLDPRT

多媒体教学路径：主界面→第4章→4.5实例

01 选择草绘面

单击【草图】工具栏中的 ╱【草图绘制】按钮，单击选择平面进行绘制，如图4-72所示。

02 绘制直线草图

单击【草图】工具栏中的 ╲【直线】按钮，弹出【线条属性】属性管理器，如图4-73所示。

① 绘制直线。

② 单击【确定】按钮。

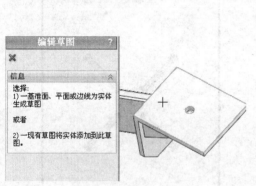

图4-72 选择草绘面

图4-73 绘制直线草图

03 绘制槽

单击【草图】工具栏中的 ⊙【直槽口】按钮，弹出【槽口】属性管理器，如图4-74所示。

① 绘制槽口。

② 设置槽口参数。

③ 单击【确定】按钮。

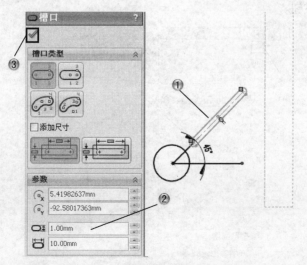

图4-74 绘制槽

04 圆周阵列

单击【草图】工具栏中的 【圆周草图阵列】按钮，弹出【圆周阵列】属性管理器，如图4-75所示。

① 选择阵列对象。

② 设置阵列参数。

③ 单击【确定】按钮。

05 删除直线

选择要删除的直线，进行删除，如图4-76所示。最后单击【草图】工具栏中的 【退出草图】按钮。

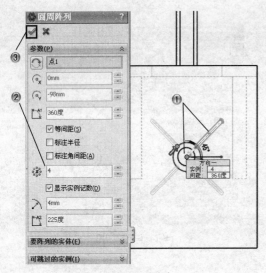

图4-75　圆周阵列

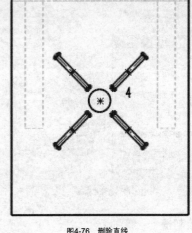

图4-76　删除直线

06 拉伸切除

单击【特征】工具栏中的 【拉伸切除】按钮，弹出【切除-拉伸】属性管理器，如图4-77所示。

① 设置拉伸参数。

② 单击【确定】按钮。

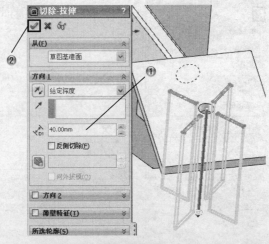

图4-77　拉伸切除

07 创建抽壳特征

单击【特征】工具栏中的【抽壳】按钮，弹出【抽壳】属性管理器，如图4-78所示。

① 选择要去除的面。

② 设置壳体厚度。

③ 单击【确定】按钮。

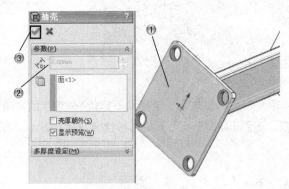

图4-78　创建抽壳特征

4.6　扣合特征

扣合特征简化了为塑料和钣金零件生成共同特征的过程。可以生成下列5种扣合特征：装配凸台、弹簧扣、弹簧扣凹槽、通风口、唇缘和凹槽。

4.6.1　装配凸台特征

选择【插入】|【扣合特征】|【装配凸台】菜单命令或者单击【扣合特征】工具栏中的【装配凸台】按钮，系统弹出【装配凸台】属性管理器，如图4-79所示。

1．【定位】选项组

（1）【选择一个面或3D点】，选择用于放置装配凸台的平面或空间或1个3D点。

（2）【选择圆形边线将装配凸台定位】，选择圆形边线以定位装配凸台的中心轴。

2．【凸台】选项组

【凸台】选项组如图4-80所示。

（1）【输入凸台高度】，定义凸台的高度，如图4-80所示。

（2）【选择配合面】，选中该单选按钮，可激活【选择配合面】选择框，以定义配合面。

（3）【选择配合面】，选择与凸台顶部相配合的面。如果更改配合面的高度，凸台高度也会发生变化。没有选择配合面时装配凸台如图4-81所示；选择配合面时装配凸台如图4-82所示。

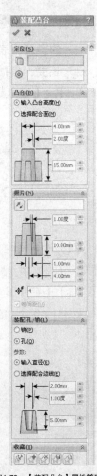

图4-79　【装配凸台】属性管理器

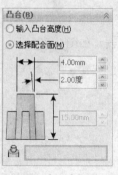

图4-80 【凸台】选项组

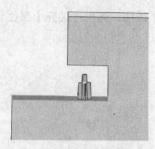

图4-81 没有选择配合面

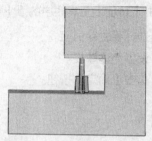

图4-82 选择配合面

3. 【翅片】选项组

（1）【选择一向量来定义翅片的方向】，选择用于定位1个翅片的方向向量。

（2）翅片的各项参数，如图4-83所示。无翅片拔模角度时如图4-84所示；有翅片拔模角度时如图4-85所示。

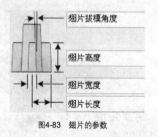

图4-83 翅片的参数　　图4-84 无翅片拔模角度　　图4-85 有翅片拔模角度

翅片的宽度，表示应用拔模前翅片基体的厚度，如图4-86所示。

翅片长度，是指从凸台中心为起点进行测量，如图4-87所示。

（3）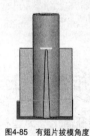【输入翅片数】，控制翅片的数量，如图4-88所示。

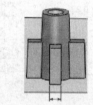

图4-86 翅片宽度

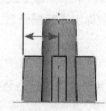

图4-87 翅片长度

图4-88 翅片数为6

（4）【等间距】，在翅片之间生成相同的角度。

4. 【装配孔/销】选项组

（1）【销】，生成装配销钉，如图4-89所示。

（2）【孔】，生成装配孔，如图4-90所示。

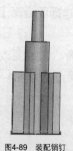

图4-89 装配销钉

图4-90 装配孔

（3）【输入直径】，输入孔/销的直径，先选择装配销还是装配孔，再输入销或者孔的直径，如图4-91所示。

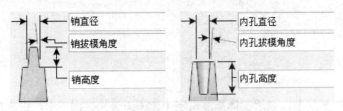

图4-91　输入销/孔的直径

（4）【选择配合边线】，选中该单选按钮，可激活◎【选择配合边线来定义直径】选择框。

（5）◎【选择配合边线来定义直径】。选择自动定义直径的配合边线。

5. 【收藏】选项组

管理在模型中多次使用的收藏清单。

（1）【应用默认/无收藏】按钮，重设到默认设置。

（2）【添加或更新收藏】按钮，要更新某个收藏，可在Property Manager中编辑其属性，在收藏中选择其名称，单击此按钮，然后可输入新名称或现有的名称。

（3）【删除收藏】按钮，删除所选的收藏。

（4）【保存收藏】按钮，保存所选的收藏。

（5）【装入收藏】按钮，单击此按钮，浏览到文件夹，然后选择一个收藏。

4.6.2　弹簧扣特征

单击【扣合特征】工具栏中的【弹簧扣】按钮或者选择【插入】|【扣合特征】|【弹簧扣】菜单命令，系统弹出如图4-92所示的【弹簧扣】属性管理器。

1. 【弹簧扣选择】选项组

（1）【为扣钩的位置选择定位】，选择放置弹簧扣的边线或面。

（2）【定义扣钩的竖直方向】，选择面、边线或轴来定义弹簧扣的竖直方向。

（3）【定义扣钩的方向】，选择面、边线或轴来定义弹簧扣的方向。

定义弹簧扣方向之前，如图4-93所示。定义弹簧扣方向之后，如图4-94所示。

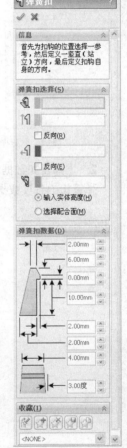

图4-92　【弹簧扣】属性管理器

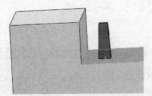

图4-93　定义弹簧扣方向之前

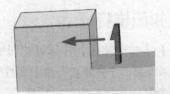

图4-94　定义弹簧扣方向之后

（4）【选择一个面来配合扣钩实体】，选择与弹簧扣的实体配合的面。

选择配合面之前，如图4-95所示。选择配合面之后，如图4-96所示。

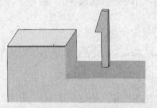

图4-95　选择配合面之前

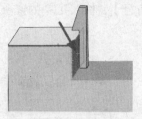

图4-96　选择配合面之后

（5）【输入实体高度】，激活实体高度设定（位于弹簧扣数据下）。设定从在选择位置中选择的实体到扣钩唇缘底部的弹簧扣高度，如图4-97所示。

（6）【选择配合面】（用于弹簧扣底部），选择与弹簧扣底部配合的面。

选择与弹簧扣底部配合的面之前，如图4-98所示。选择与弹簧扣底部配合的面之后，如图4-99所示。

图4-97　弹簧扣的实体高度

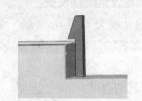

图4-98　选择与弹簧扣底部配合的面之前

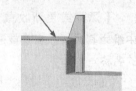

图4-99　选择与弹簧扣底部配合的面之后

2. 【弹簧扣数据】选项组

弹簧扣的各项数据如图4-100所示。

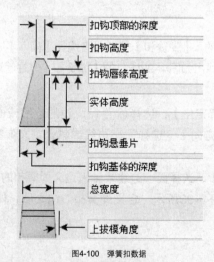

扣钩顶部的深度

扣钩高度

扣钩唇缘高度

实体高度

扣钩悬垂片

扣钩基体的深度

总宽度

上拔模角度

图4-100　弹簧扣数据

4.6.3　弹簧扣凹槽特征

选择【插入】|【扣合特征】|【弹簧扣凹槽】菜单命令或单击【扣合特征】工具栏中的 【弹簧扣凹槽】按钮，系统弹出【弹簧扣凹槽】属性管理器，如图4-101所示。

（1） 【从特征树选择一弹簧扣特征】，选择弹簧扣。

（2） 【选择一实体】，设定凹槽的位置。

（3）弹簧扣凹槽的各项参数如图4-102所示。

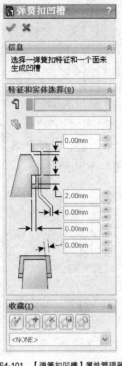

图4-101 【弹簧扣凹槽】属性管理器

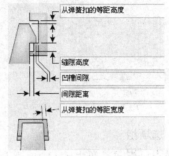

图4-102 弹簧扣凹槽的参数

4.6.4 通风口特征

选择【插入】|【扣合特征】|【通风口】菜单命令或者单击【扣合特征】工具栏中的▦【通风口】按钮，系统弹出【通风口】属性管理器，如图4-103所示。

1. 【边界】选项组

◇【为通风口的边界选择形成闭合轮廓的2D草图段】。选择形成闭合轮廓的草图线段作为外部通风口边界。可以生成任何形状的通风口，如图4-104和如图4-105所示。

图4-104 圆形通风口

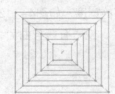

图4-105 矩形通风口

2. 【几何体属性】选项组

（1）▦【选择一放置通风口的面】，为通风口选择平面或空间。

（2）▧【拔模开/关】，可以将拔模应用于边界、填充边界以及所有筋和翼梁中。

单击拔模开/关之前，如图4-106所示。单击拔模开/关之后，如图4-107所示。

图4-103 【通风口】属性管理器

图4-106　无拔模角度

图4-107　有拔模角度

（3）【圆角的半径】，设定圆角半径，将应用于边界、筋、翼梁和填充边界之间的所有相交处。选择圆角之前，如图4-108所示。选择圆角之后，如图4-109所示。

图4-108　没有圆角

图4-109　有圆角

3.【流动区域】选项组

（1）面积，边界内可用的总面积。

（2）开阔面积，以占总面积的百分比表示。

4.【筋】选项组

（1）【选择通风口筋的2D草图段】，选择草图线段作为筋，如图4-110所示。

（2）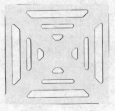【输入筋的深度】，筋的深度，如图4-111所示。

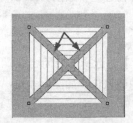

图4-110　选择筋

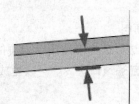

图4-111　筋的深度

（3）【输入筋的宽度】，筋的宽度，如图4-112所示。

（4）【输入筋从曲面的等距】，使所有筋与曲面之间等距。如有必要，单击【反向】按钮，如图4-113所示。

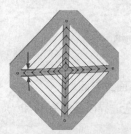

图4-112　筋的宽度

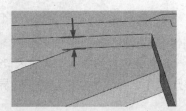

图4-113　筋从曲面的等距距离

5.【翼梁】选项组

（1）【选择代表通风口翼梁的2D草图段】，选择草图线段作为翼梁，如图4-114所示。

（2）【输入翼梁的深度】，设定所有翼梁的深度，如图4-115所示。

（3）【输入翼梁的宽度】，设定所有翼梁的宽度，如图4-116所示。

（4）【输入翼梁从曲面的等距】，使所有翼梁与曲面之间等距。如有必要，单击【反向】按钮。

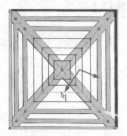

图4-114　选择翼梁

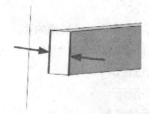

图4-115　翼梁的深度

图4-116　翼梁的宽度

6.　【填充边界】选项组

（1）◇【为通风口的边界选择形成闭合轮廓以定义支撑边界的2D草图段】，选择草图线段作为填充边界，选择形成闭合轮廓的草图实体，至少必须有一个筋与填充边界相交，如图4-117所示。

（2）【输入支撑区域的深度】，输入填充边界的深度，如图4-118所示。

（3）输入支撑区域的等距，使所有筋与曲面之间等距，如图4-119所示。

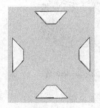

图4-117　填充边界

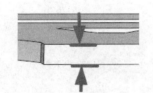

图4-118　填充边界的深度

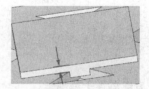

图4-119　填充边界离指定面指定的距离

4.6.5　唇缘/凹槽特征

在【扣合特征】工具栏中单击【唇缘/凹槽】按钮或者选择【插入】|【扣合特征】|【唇缘/凹槽】菜单命令，系统弹出【唇缘/凹槽】属性管理器，如图4-120所示。

图4-120　【唇缘/凹槽】属性管理器

1.　【实体/零件选择】选项组

该选项组用来设置唇缘和凹槽的属性，其选项如下。

（1）凹槽实体。用来选择凹槽实体，选择要生成凹槽的实体或零部件。

（2）唇缘实体，用来选择唇缘实体，选择要生成唇缘的实体或零部件。

（3）方向，用来定义方向，选择1个基准面、平面或直边线来定义唇缘和凹槽的方向。

2. 【凹槽选择】选项组

在选择要生成凹槽的实体后，就会出现如图4-121所示【凹槽选择】选项组。

（1）【选择生成凹槽的面】，选择要生成凹槽的面。

（2）【为凹槽选取内边线或外边线以移除材料】，选择内部或外部边线，该边线就是通过凹槽移除材料的位置。

（3）凹槽的各项参数如图4-122所示。

（4）【显示预览】，预览操作后的模型。

（5）【跳过缝隙】，在出现零件的筋与边壁相连这类情况时，使用相连的几何体。

从模型中移除材料前的情形如图4-123所示，从模型中移除材料后形成凹槽的情形，如图4-124所示。

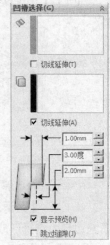

图4-121 【凹槽选择】选项组

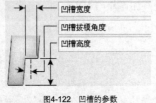  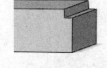

图4-122 凹槽的参数　　　　图4-123 无凹槽　　　　图4-124 有凹槽

3. 【唇缘选择】选项组

在选择要生成唇缘的实体后，就会出现如图4-125所示【唇缘选择】选项组。若选择用于生成唇缘和凹槽的所有面都是平面，并且法向相同，则默认方向是垂直于平面。

图4-125 【唇缘选择】选项组

（1）【选取在其上生成唇缘的面】，选择要生成唇缘的面。

（2）【为唇缘选取内边线或外边线以移除材料】，选择内部或外部唇缘边线。该边线就是通过唇缘添加材料的位置。

（3）唇缘的各项参数如图4-126所示。

（4）【显示预览】，预览操作后的模型。

（5）【跳过缝隙】，在出现零件的筋与边壁相连这类情况时，使用相连的几何体。

（6）【保持壁面】，如果在带有拔模的模型壁上生成唇缘，则该复选框可以保留该拔模（如果可行），并将现有壁面延伸到唇缘的顶部。

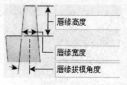

图4-126　唇缘的参数

将材料添加到模型形成唇缘前后的情形，分别如图4-127和图4-128所示。

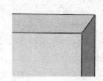

图4-127　无唇缘

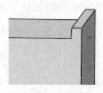

图4-128　有唇缘

4.【参数】选项组

选择要在1个实体中生成唇缘和凹槽的实体时，会出如图4-129所示的参数设置。该选项组用来设置凹槽和唇缘的各项参数，在此参数设置中可以设定控制唇缘和凹槽，以及它们之间接口的参数。

在1个实体中生成唇缘和凹槽的实体，如图4-130所示。

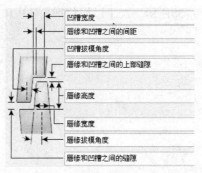

图4-129　凹槽和唇缘的参数设置

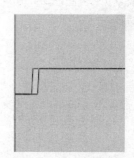

图4-130　1个带凹槽和唇缘的实体

实例——创建扣合特征

　结果文件：\04\4-1.SLDPRT

多媒体教学路径：主界面→第4章→4.6实例

01　创建弹簧扣1

单击【扣合特征】工具栏中的🔲【弹簧扣】按钮，弹出如图4-131所示的【弹簧扣】属性管理器。

①依次选择对应面。

②单击【确定】按钮。

02　创建弹簧扣2

单击【扣合特征】工具栏中的🔲【弹簧扣】按钮，弹出如图4-132所示的【弹簧扣】属性管理器。

①依次选择对应面。

②单击【确定】按钮。

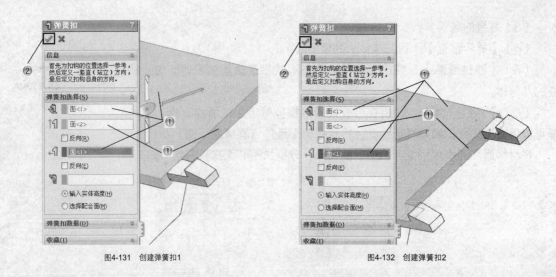

图4-131　创建弹簧扣1　　　　　　　图4-132　创建弹簧扣2

4.7　综合演练——制作壳体模型

范例文件：\04\4-2. SLDPRT

多媒体教学路径：主界面→第4章→4.7综合演练

本章范例需要创建1个实体模型，如图4-133所示，加工过程包括拉伸主体，拉伸切除槽特征，制作螺纹特征和孔特征。

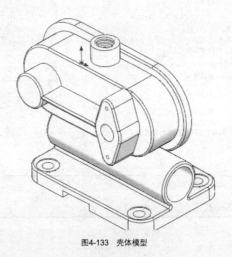

图4-133　壳体模型

4.7.1　创建壳体

操作步骤

01　新建文件

单击【标准】工具栏上的 【新建】按钮，打开【新建SolidWorks文件】对话框，如图4-134所示。

①选择【零件】按钮。

②单击【确定】按钮。

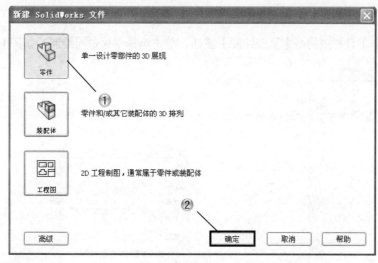

图4-134 新建文件

02 选择草绘面

单击【草图】工具栏中的 ⏚【草图绘制】按钮，单击选择前视基准面进行绘制，如图4-135所示。

03 绘制槽口

单击【草图】工具栏中的 ◎【直槽口】按钮，弹出【槽口】属性管理器，如图4-136所示。

① 绘制槽口。

② 设置槽口参数。

③ 单击【确定】按钮。单击【草图】工具栏中的 ⏚【退出草图】按钮。

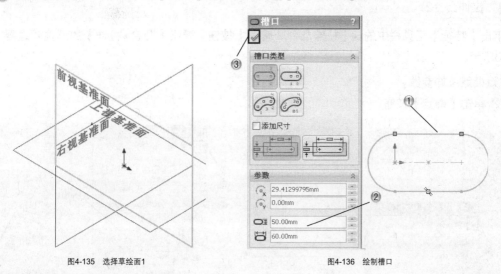

图4-135 选择草绘面1　　　　　图4-136 绘制槽口

04 拉伸凸台1

单击【特征】工具栏中的 ◙【拉伸凸台／基体】按钮，弹出【凸台-拉伸】的属性管理器，如图 4-137所示。

① 设置拉伸参数。

② 单击【确定】按钮。

05 选择草绘面2

单击【草图】工具栏中的 【草图绘制】按钮，单击选择平面进行绘制，如图4-138所示。

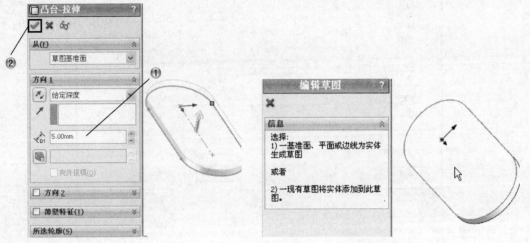

图4-137 拉伸凸台1　　　　　　　　　　　　　　图4-138 选择草绘面2

06 绘制等距实体

单击【草图】工具栏中的 【等距实体】按钮，弹出【等距实体】属性管理器，如图4-139所示。

① 依次单击边线。

② 设置偏移参数。

③ 单击【确定】按钮。单击【草图】工具栏中的 【退出草图】按钮。

07 拉伸凸台2

单击【特征】工具栏中的 【拉伸凸台／基体】按钮，弹出【凸台-拉伸】的属性管理器，如图4-140所示。

① 设置拉伸参数。

② 单击【确定】按钮。

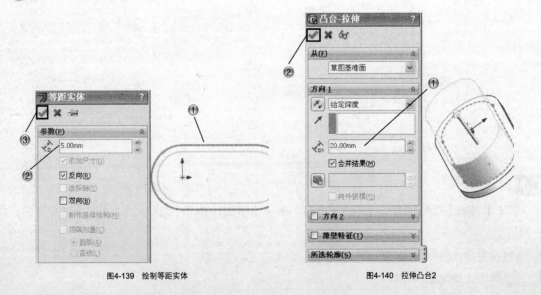

图4-139 绘制等距实体　　　　　　　　　　　　　图4-140 拉伸凸台2

08 抽壳

单击【特征】工具栏中的■【抽壳】按钮，弹出【抽壳】属性管理器，如图4-141所示。

① 选择要去除的面。

② 设置壳体厚度。

③ 单击【确定】按钮。

09 选择草绘面3

单击【草图】工具栏中的 ☑【草图绘制】按钮，单击选择如图4-142所示的面进行绘制。

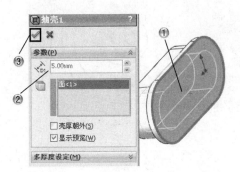

图4-141 抽壳

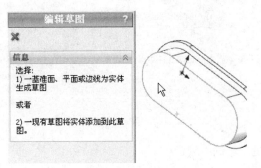

图4-142 选择草绘面3

10 绘制圆形

单击【草图】工具栏中的 ◎【圆】按钮，弹出【圆】属性管理器，如图4-143所示。

① 绘制圆形。

② 设置圆的半径。

③ 单击【确定】按钮。单击【草图】工具栏中的 ☑【退出草图】按钮。

11 拉伸凸台3

单击【特征】工具栏中的■【拉伸凸台／基体】按钮，弹出【凸台-拉伸】的属性管理器，如图4-144所示。

① 设置拉伸参数。

② 单击【确定】按钮。

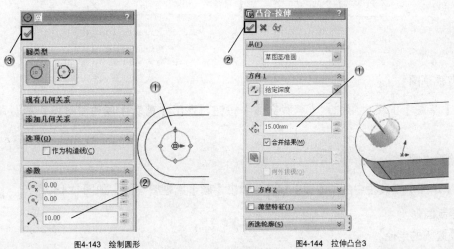

图4-143 绘制圆形

图4-144 拉伸凸台3

12 选择草绘面4

单击【草图】工具栏中的 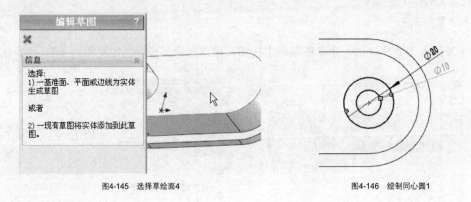 【草图绘制】按钮，单击选择平面进行绘制，如图4-145所示。

13 绘制同心圆1

单击【草图】工具栏中的 ⊘ 【圆】按钮，绘制同心圆，如图4-146所示。

图4-145 选择草绘面4　　　　　　　　　图4-146 绘制同心圆1

14 绘制2个圆

单击【草图】工具栏中的 ⊘ 【圆】按钮，绘制2个圆，如图4-147所示。

15 绘制相切直线

单击【草图】工具栏中的 ＼ 【直线】按钮，绘制切线，如图4-148所示。

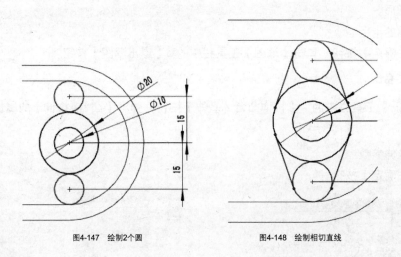

图4-147 绘制2个圆　　　　　　　　　图4-148 绘制相切直线

16 剪裁草图

单击【草图】工具栏中的 ⊁ 【剪裁实体】按钮，弹出【剪裁】属性管理器，剪裁草图，如图4-149所示。

17 绘制小圆

单击【草图】工具栏中的 ⊘ 【圆】按钮，弹出【圆】属性管理器，如图4-150所示。

① 绘制圆形。

② 设置圆的半径。

③ 单击【确定】按钮。单击【草图】工具栏中的 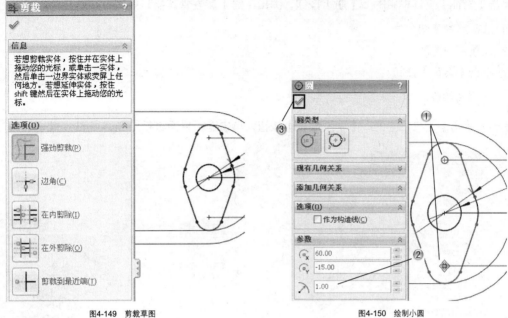 【退出草图】按钮。

图4-149 剪裁草图　　　　　　　　　　图4-150 绘制小圆

18 拉伸凸台4

单击【特征】工具栏中的 【拉伸凸台／基体】按钮，弹出【凸台-拉伸】的属性管理器，如图4-151所示。

①设置拉伸参数。

②单击【确定】按钮。

19 绘制直线

选择上视基准面进行绘制。单击【草图】工具栏中的 【直线】按钮，绘制直线，如图4-152所示。单击【草图】工具栏中的 【退出草图】按钮。

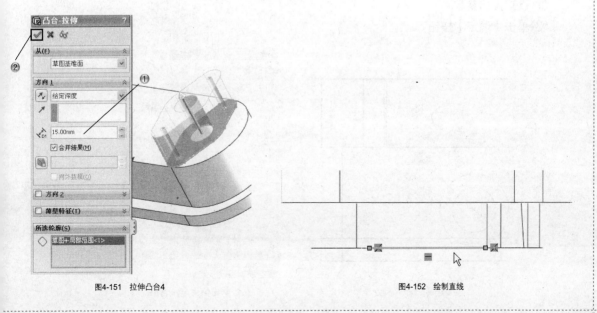

图4-151 拉伸凸台4　　　　　　　　　　图4-152 绘制直线

20 创建筋

单击【特征】工具栏中的🔳【筋】按钮，弹出【筋】属性管理器，如图4-153所示。

①选择筋的草图。

②设置筋的宽度。

③单击【确定】按钮。

21 选择草绘面5

单击【草图】工具栏中的🖉【草图绘制】按钮，单击选择平面进行绘制，如图4-154所示。

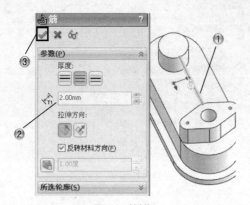

图4-153 创建筋

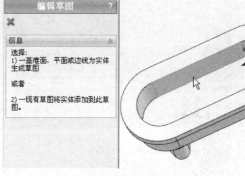

图4-154 选择草绘面5

22 绘制同心圆2

单击【草图】工具栏中的⊙【圆】按钮，绘制同心圆，如图4-155所示。单击【草图】工具栏中的🖉【退出草图】按钮。

23 拉伸凸台5

单击【特征】工具栏中的🔳【拉伸凸台／基体】按钮，弹出【凸台-拉伸】的属性管理器，如图4-156所示。

①设置拉伸参数。

②单击【确定】按钮。

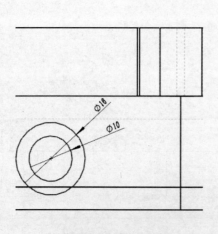

图4-155 绘制同心圆2

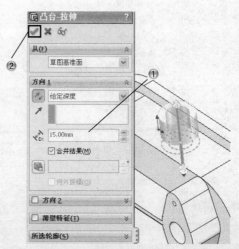

图4-156 拉伸凸台5

24 创建基准面1

单击【参考几何体】工具栏中的 ⊠【基准面】按钮，弹出【基准面】属性管理器，如图4-157所示。

① 选择右视基准面。
② 设置偏移参数。
③ 单击【确定】按钮。

25 绘制同心圆3

单击【草图】工具栏中的 ⊙【圆】按钮，绘制同心圆，如图4-158所示。单击【草图】工具栏中的 ⊂【退出草图】按钮。

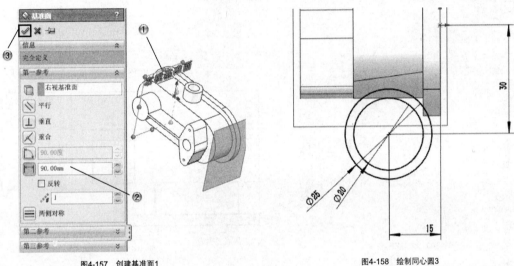

图4-157 创建基准面1 图4-158 绘制同心圆3

26 拉伸凸台6

单击【特征】工具栏中的 ⊠【拉伸凸台／基体】按钮，弹出【凸台-拉伸】的属性管理器，如图4-159所示。

① 设置拉伸参数。
② 单击【确定】按钮。

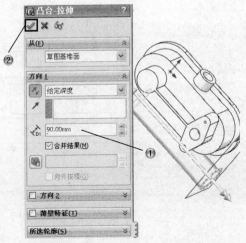

图4-159 拉伸凸台6

27 创建基准面2

单击【参考几何体】工具栏中的 【基准面】按钮，弹出【基准面】属性管理器，如图4-160所示。

① 选择上视基准面。

② 设置偏移参数。

③ 单击【确定】按钮。

28 绘制矩形

单击【草图】工具栏中的 【边角矩形】按钮，绘制矩形，如图4-161所示。

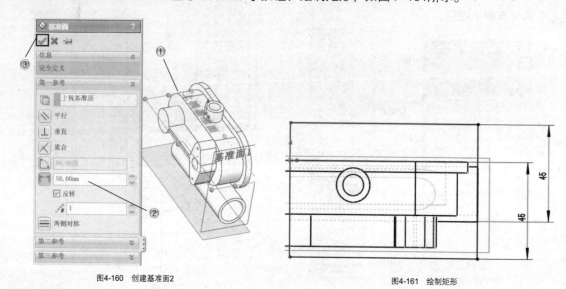

图4-160　创建基准面2

图4-161　绘制矩形

29 创建圆角

单击【草图】工具栏中的 【绘制圆角】按钮，弹出【绘制圆角】属性管理器，如图4-162所示。

① 选择要圆角的线。

② 设置圆角参数。

③ 单击【确定】按钮。单击【草图】工具栏中的 【退出草图】按钮。

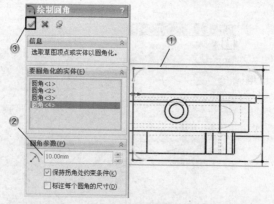

图4-162　创建圆角

30 拉伸草图

单击【特征】工具栏中的 【拉伸凸台／基体】按钮，弹出【凸台-拉伸】的属性管理器，如图

4-163所示。

① 设置拉伸参数。

② 单击【确定】按钮。

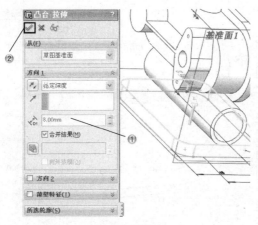

图4-163　拉伸草图

4.7.2　创建附加特征

操作步骤

01　选择草绘面

单击【草图】工具栏中的 📐【草图绘制】按钮，单击选择平面进行绘制，如图4-164所示。

02　绘制矩形

单击【草图】工具栏中的 □【边角矩形】按钮，绘制矩形，如图4-165所示。最后单击【草图】工具栏中的 📐【退出草图】按钮。

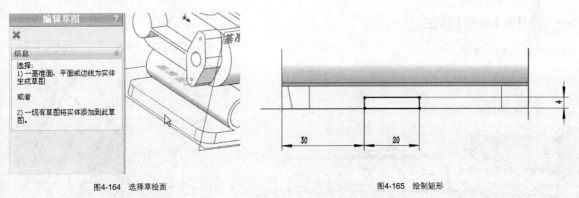

图4-164　选择草绘面　　　　　　　　　图4-165　绘制矩形

03　拉伸切除

单击【特征】工具栏中的 ▣【拉伸切除】按钮，弹出【切除-拉伸】属性管理器，如图4-166所示。

① 设置拉伸类型。

② 单击【确定】按钮。

04　创建圆角特征

单击【特征】工具栏中的 ◢【圆角】按钮，弹出【圆角】属性管理器，如图4-167所示。

① 选择所有要圆角的边线。

② 设置圆角半径。

③ 单击【确定】按钮。

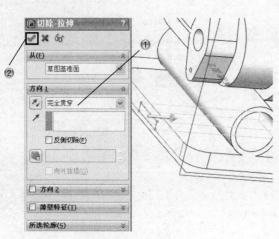

图4-166　拉伸切除　　　　　　　　　　　图4-167　创建圆角特征

05　创建孔

选择【插入】|【特征】|【孔】|【向导】菜单命令，系统弹出【孔规格】属性管理器。

① 单击【位置】标签，切换到【孔位置】属性管理器，如图4-168所示。

② 放置孔并约束孔的位置。

06　设置孔参数

单击【类型】标签，切换到【孔规格】属性管理器，如图4-169所示。

① 设置孔的参数。

② 单击【确定】按钮。

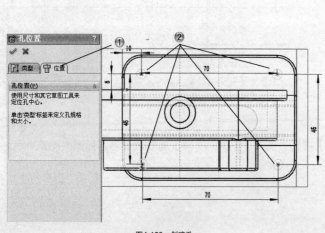

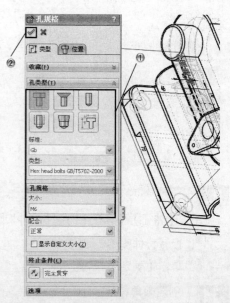

图4-168　创建孔　　　　　　　　　　　　图4-169　设置孔参数

07 创建基准面

单击【参考几何体】工具栏中的 🔲【基准面】按钮，弹出【基准面】属性管理器，如图4-170所示。

① 选择前视基准面。

② 设置偏移参数。

③ 单击【确定】按钮。

08 绘制三角形

单击【草图】工具栏中的 🔪【直线】按钮，绘制三角形，如图4-171所示。单击【草图】工具栏中的 🖉【退出草图】按钮。

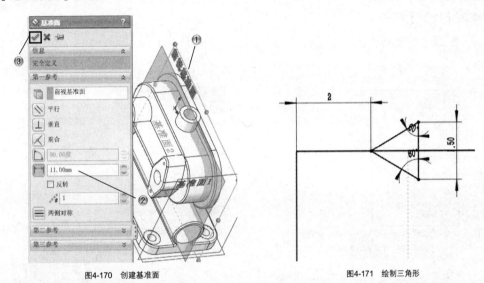

图4-170 创建基准面

图4-171 绘制三角形

09 选择螺旋线草绘面

单击【特征】工具栏中的 🔩【螺旋形/涡状线】按钮，选择草绘平面，如图4-172所示。

10 绘制圆

单击【草图】工具栏中的 ⊙【圆】按钮，弹出【圆】属性管理器，如图4-173所示。

① 绘制圆形。

② 设置圆的半径。

③ 单击【确定】按钮。

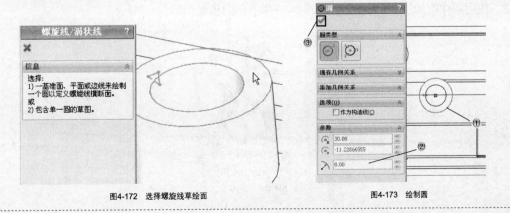

图4-172 选择螺旋线草绘面

图4-173 绘制圆

11 设置螺旋线参数

单击【草图】工具栏中的 ⬚【退出草图】按钮，弹出【螺旋形/涡状线】属性管理器，如图 4-174所示。

① 设置螺旋线参数。

② 单击【确定】按钮。

12 扫描切除

单击【特征】工具栏中的 ⬚【扫描切除】按钮，打开【切除-扫描】属性管理器，如图4-175所示。

① 选择扫描路径和轮廓。

② 单击【确定】按钮。

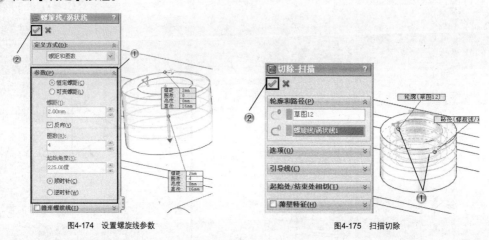

图4-174　设置螺旋线参数　　　　　　　图4-175　扫描切除

4.8　知识回顾

本章主要介绍了实体附加特征的各种创建方法，其中包括了圆角、倒角、筋、孔、抽壳和扣合这6类命令，其中扣合特征又分为装配凸台、弹簧扣、弹簧扣凹槽、通风口、唇缘和凹槽这些特征，扣合特征在塑料件创建时十分方便，读者可以学习制作范例进行熟悉。

4.9　课后习题

1. 使用实体建模命令，创建如图4-176所示的模型。
2. 使用实体附加特征命令，创建如图4-176所示的模型细节。

图4-176　练习模型

第**5**章

零件形变特征

零件形变特征可以改变复杂曲面和实体模型的局部或整体形状，无须考虑用于生成模型的草图或者特征约束，其特征包括弯曲特征、压凹特征、变形特征、拔模特征和圆顶特征等。

本章将主要介绍弯曲特征、压凹特征、变形特征、拔模特征和圆顶特征的创建方法和属性设置。

知识要点

- ✖ 压凹特征
- ✖ 弯曲特征
- ✖ 变形特征
- ✖ 拔模特征
- ✖ 圆顶特征

案例解析

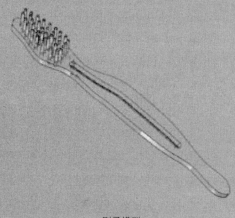

刷子模型

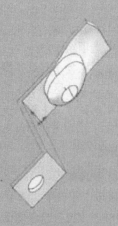

连接件模型

5.1 压凹特征

压凹特征是利用厚度和间隙生成的特征，其应用包括封装、冲印、铸模及机器的压入配合等。根据所选实体类型，指定目标实体和工具实体之间的间隙数值，并为压凹特征指定厚度数值。压凹特征可变形或从目标实体中切除某个部分。

压凹特征以工具实体的形状，在目标实体中生成袋套或突起，因此在最终实体中比在原始实体中显示更多的面、边线和顶点。其注意事项如下。

（1）目标实体和工具实体必须有1个为实体。

（2）如果要生成压凹特征，目标实体必须与工具实体接触，或间隙值必须允许穿越目标实体的突起。

（3）如果要生成切除特征，目标实体和工具实体不必相互接触，但间隙值必须大到可足够生成与目标实体的交叉。

（4）如果需要以曲面工具实体压凹（或者切除）实体，曲面必须与实体完全相交。

（5）唯一不受允许的压凹组合是曲面目标实体和曲面工具实体。

5.1.1 压凹特征属性设置

选择【插入】|【特征】|【压凹】菜单命令，系统弹出【压凹】属性管理器，如图5-1所示。

图5-1 【压凹】属性管理器

1. 【选择】选项组

（1）【目标实体】，选择要压凹的实体或曲面实体。

（2）【工具实体区域】，选择1个或多个实体（或者曲面实体）。

（3）【保留选择】、【移除选择】，选择要保留或移除的模型边界。

（4）【切除】，启用此复选框，则移除目标实体的交叉区域，无论是实体还是曲面，即使没有厚度也会存在间隙。

2. 【参数】选项组

（1）【厚度】（仅限实体），确定压凹特征的厚度。

（2）【间隙】，确定目标实体和工具实体之间的间隙。如果有必要，单击【反向】按钮。

5.1.2 压凹特征创建步骤

选择【插入】|【特征】|【压凹】菜单命令，系统打开【压凹】属性管理器。在【选择】选项组中，单击 【目标实体】选择框，在图形区域中选择模型实体，单击 【工具实体区域】选择框，选择模型中拉伸特征的下表面，启用【切除】复选框；在【参数】选项组中，设置【间隙】为2mm，如图5-2所示，在图形区域中显示出预览，单击 ✔【确定】按钮，生成压凹特征，如图5-3所示。

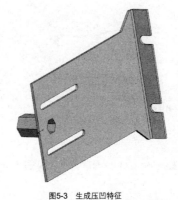

图5-2 【压凹】的属性设置　　　图5-3 生成压凹特征

实例——创建压凹特征

结果文件：\05\5-1.SLDPRT

多媒体教学路径：主界面→第5章→5.1实例

01 选择草绘面1

单击【草图】工具栏中的 【草图绘制】按钮，单击选择上视基准面进行绘制，如图5-4所示。

02 绘制中心线

单击【草图】工具栏中的 【中心线】按钮，绘制中心线，如图5-5所示。

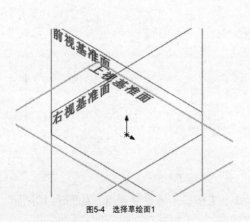
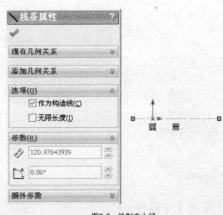

图5-4 选择草绘面1　　　图5-5 绘制中心线

03 绘制样条线

单击【草图】工具栏中的 【样条曲线】按钮，绘制样条线，如图5-6所示。

04 镜向曲线

单击【草图】工具栏中的△【镜向实体】按钮，弹出【镜向】属性管理器，如图5-7所示。

① 选择镜向草图和镜向点。

② 单击【确定】按钮。单击【草图】工具栏中的 【退出草图】按钮。

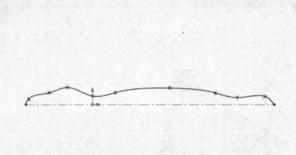

图5-6 绘制样条线

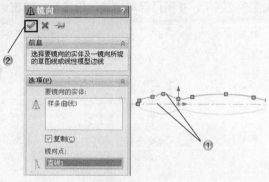

图5-7 镜向曲线

05 拉伸凸台

单击【特征】工具栏中的 【拉伸凸台／基体】按钮，弹出【凸台−拉伸】的属性管理器，如图5-8所示。

① 设置拉伸参数。

② 单击【确定】按钮。

06 选择草绘面2

单击【草图】工具栏中的 【草图绘制】按钮，单击选择上视基准面进行绘制，如图5-9所示。

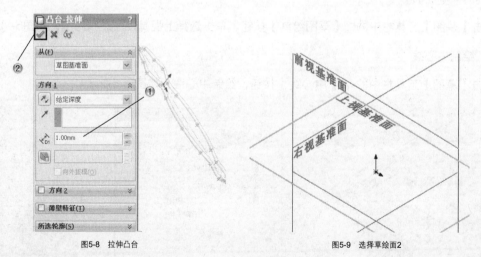

图5-8 拉伸凸台

图5-9 选择草绘面2

07 绘制槽形

单击【草图】工具栏中的 【直槽口】按钮，弹出【槽口】属性管理器，如图5-10所示。

① 设置槽口参数。

② 单击【确定】按钮。单击【草图】工具栏中的 【退出草图】按钮。

08 拉伸草图

单击【特征】工具栏中的 **图**【拉伸凸台／基体】按钮，弹出【凸台－拉伸】的属性管理器，如图 5-11所示。

①设置拉伸参数。

②单击【确定】按钮。

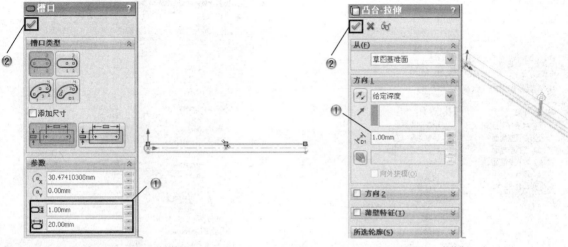

图5-10 绘制槽形　　　　　　　　　　　　　　图5-11 拉伸草图

09 保存图形

单击【标准】工具栏中的 **图**【保存】按钮，弹出【另存为】属性管理器，如图5-12所示。

①设置文件名。

②单击【保存】按钮。

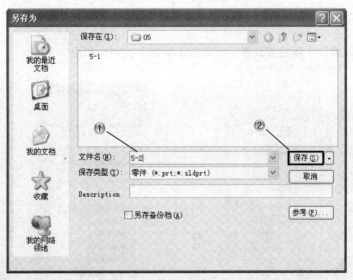

图5-12 保存图像

10 选择添加到库命令

在模型树中，右键单击新创建的零件，在弹出的快捷菜单中选择【添加到库】命令，如图5-13所示。

11 选择添加位置

① 在弹出的【添加到库】属性管理器中，选择添加位置，如图5-14所示。

② 单击【确定】按钮。

图5-13　选择添加到库命令

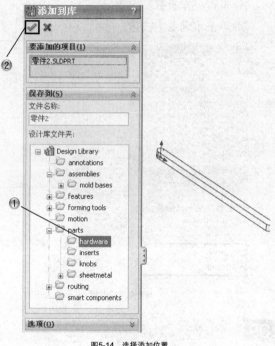

图5-14　选择添加位置

12 拖动设计库零件

打开5-1零件，将设计库中的5-2零件拖放到绘图区域，如图5-15所示。

13 设置插入零件

在弹出的【插入零件】属性管理器中，单击【确定】按钮，如图5-16所示。

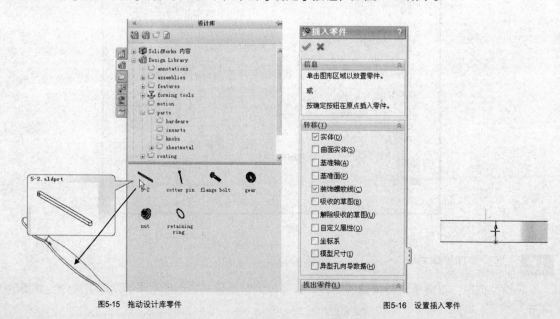

图5-15　拖动设计库零件

图5-16　设置插入零件

14 创建压凹特征

选择【插入】|【特征】|【压凹】菜单命令，弹出【压凹】属性管理器，如图5-17所示。

① 选择目标实体和工具实体。

② 设置压凹参数。

③ 单击【确定】按钮。

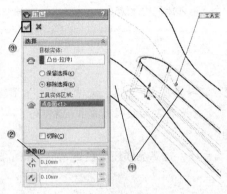

图5-17　创建压凹特征

5.2　弯曲特征

弯曲特征以直观的方式对复杂的模型进行变形。弯曲特征包括4个选项：折弯、扭曲、锥削和伸展。

5.2.1　弯曲特征属性设置

1. 折弯

围绕三重轴中的红色x轴（即折弯轴）折弯1个或者多个实体，可以重新定位三重轴的位置和剪裁基准面，控制折弯的角度、位置和界限以改变折弯形状。

选择【插入】|【特征】|【弯曲】菜单命令，系统弹出【弯曲】属性管理器。在【弯曲输入】选项组中，选中【折弯】单选按钮，属性设置如图5-18所示。

（1）【弯曲输入】选项组。

• 【粗硬边线】，生成如圆锥面、圆柱面及平面等的分析曲面，通常会形成剪裁基准面与实体相交的分割面。如果取消选择此项，则结果将基于样条曲线，曲面和平面会因此显得更光滑，而原有面保持不变。

• 【角度】，设置折弯角度，需要配合折弯半径。

• 【半径】，设置折弯半径。

（2）【剪裁基准面1】选项组。

• 【为剪裁基准面1选择一参考实体】，将剪裁基准面1的原点锁定到所选模型上的点。

• 【基准面1剪裁距离】，从实体的外部界限沿三重轴的剪裁基准面轴（蓝色z轴）移动到剪裁基准面上的距离。

（3）【剪裁基准面2】选项组。

图5-18　选中【折弯】单选按钮后的属性设置

【剪裁基准面2】选项组的属性设置与【剪裁基准面1】选项组基本相同,在此不做赘述。

（4）【三重轴】选项组。

使用这些参数来设置三重轴的位置和方向。

• ⚓【为枢轴三重轴参考选择一坐标系特征】。将三重轴的位置和方向锁定到坐标系上。

 高手指点

必须添加坐标系特征到模型上,才能使用此选项。

• ⊙【X旋转原点】、⊙【Y旋转原点】、⊙z【Z旋转原点】,沿指定轴移动三重轴位置（相对于三重轴的默认位置）。

• ◰【X旋转角度】、◰【Y旋转角度】、◰【Z旋转角度】,围绕指定轴旋转三重轴（相对于三重轴自身）,此角度表示围绕零部件坐标系的旋转角度,且按照z、y、x顺序进行旋转。

（5）【弯曲选项】选项组。

◈【弯曲精度】,控制曲面品质,提高品质还会提高弯曲特征的成功率。

2. 扭曲

扭曲特征是通过定位三重轴和剪裁基准面,控制扭曲的角度、位置和界限,使特征围绕三重轴的蓝色z轴扭曲。

选择【插入】|【特征】|【弯曲】菜单命令,系统打开【弯曲】属性管理器。在【弯曲输入】选项组中,选中【扭曲】单选按钮,如图5-19所示。

◰【角度】,设置扭曲的角度。

其他选项组的属性设置不再赘述。

3. 锥削

锥削特征是通过定位三重轴和剪裁基准面,控制锥削的角度、位置和界限,使特征按照三重轴的蓝色z轴方向进行锥削。

选择【插入】|【特征】|【弯曲】菜单命令,系统弹出【弯曲】属性管理器。在【弯曲输入】选项组中,选中【锥削】单选按钮,如图5-20所示。

图5-19 选中【扭曲】单选按钮

图5-20 选中【锥削】单选按钮

图5-21 选中【伸展】单选按钮

【锥剃因子】,设置锥削量。调整锥剃因子时,剪裁基准面不移动。

其他选项组的属性设置不再赘述。

4. 伸展

伸展特征是通过指定距离或使用鼠标左键拖动剪裁基准面的边线,使特征按照三重轴的蓝色z轴方向进行伸展。

选择【插入】|【特征】|【弯曲】菜单命令,系统打开【弯曲】属性管理器。在【弯曲输入】选项组中,选中【伸展】单选按钮,如图5-21所示。

【伸展距离】,设置伸展量。

其他选项组的属性设置不再赘述。

5.2.2 弯曲特征创建步骤

1. 折弯

选择【插入】|【特征】|【弯曲】菜单命令,系统弹出【弯曲】属性管理器。在【弯曲输入】选项组中,选中【折弯】单选按钮,单击【弯曲的实体】选择框,在图形区域中选择所有拉伸特征,设置【角度】为90°,【半径】为132.86mm,单击【确定】按钮,生成折弯弯曲特征,如图5-22所示。

2. 扭曲

选择【插入】|【特征】|【弯曲】菜单命令,系统打开【弯曲】属性管理器。在【弯曲输入】选项组中,选中【扭曲】单选按钮,单击【弯曲的实体】选择框,在图形区域中选择所有拉伸特征,设置【角度】为90°,单击【确定】按钮,生成扭曲弯曲特征,如图5-23所示。

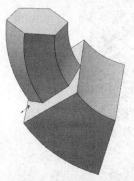

图5-22 生成折弯弯曲特征

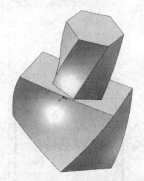

图5-23 生成扭曲特征

3. 锥削

选择【插入】|【特征】|【弯曲】菜单命令,系统弹出【弯曲】属性管理器。在【弯曲输入】选项组中,选中【锥削】单选按钮,单击【弯曲的实体】选择框,在图形区域中选择所有拉伸特征,设置【锥剃因子】为1.5,单击【确定】按钮,生成锥削弯曲特征,如图5-24所示。

4. 伸展

选择【插入】|【特征】|【弯曲】菜单命令,系统弹出【弯曲】属性管理器。在【弯曲输入】选项组中,选中【伸展】单选按钮,单击【弯曲的实体】选择框,在图形区域中选择所有拉伸特征,设置【伸展距离】为100mm,单击【确定】按钮,生成伸展弯曲特征,如图5-25所示。

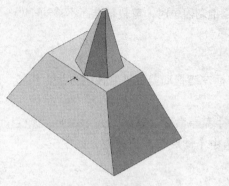

图5-24　生成锥削弯曲特征　　　　图5-25　生成伸展弯曲特征

实例——创建弯曲特征

结果文件：\05\5-1.SLDPRT

多媒体教学路径：主界面→第5章→5.2实例

01 创建折弯特征1

选择【插入】|【特征】|【弯曲】菜单命令，弹出【弯曲】属性管理器，选中【折弯】单选按钮，如图5-26所示。

① 设置折弯参数。

② 单击【确定】按钮。

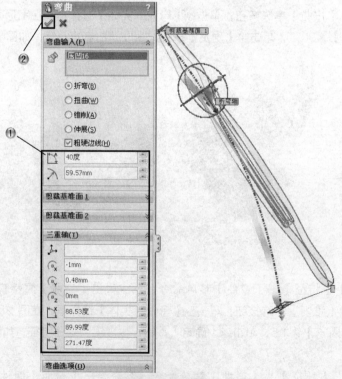

图5-26　创建折弯特征1

02 创建折弯特征2

选择【插入】|【特征】|【弯曲】菜单命令，弹出【弯曲】属性管理器，选中【折弯】单选

按钮，如图5-27所示。

① 设置折弯参数。
② 单击【确定】按钮。

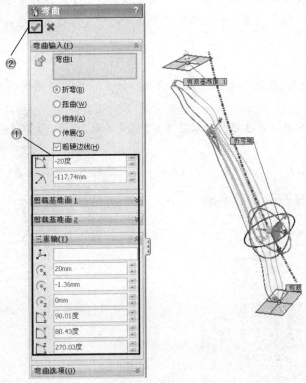

图5-27　创建折弯特征2

5.3　变形特征

变形特征是改变复杂曲面和实体模型的局部或者整体形状，无需考虑用于生成模型的草图或者特征约束。变形特征提供1种简单的方法虚拟改变模型，在生成设计概念或者对复杂模型进行几何修改时很有用，因为使用传统的草图、特征或者历史记录编辑需要花费很长的时间。

5.3.1　变形特征属性设置

变形有3种类型，包括【点】、【曲线到曲线】和【曲面推进】。

1. 点

点变形是改变复杂形状的最简单的方法。选择模型面、曲面、边线、顶点上的点，或者选择空间中的点，然后设置用于控制变形的距离和球形半径数值。

选择【插入】|【特征】|【变形】菜单命令，系统弹出【变形】属性管理器。在【变形类型】选项组中，选中【点】单选按钮，其属性设置如图5-28所示。

（1）【变形点】选项组。

· ▣【变形点】，设置变形的中心，可以选择平面、边线、顶点上的点或者空间中的点。

· 【变形方向】，选择线性边线、草图直线、平面、基准面或者2个点作为变形方向。如果选择1条线性边线或者直线，则方向平行于该边线或者直线。

如果选择1个基准面或者平面，则方向垂直于该基准面或者平面。如果选择2个点或者顶点，则方向自第一个点或者顶点指向第二个点或者顶点。

- ⚟【变形距离】，指定变形的距离（即点位移）。
- 【显示预览】，使用线框视图（在取消启用【显示预览】复选框时）或者上色视图（在启用【显示预览】复选框时）预览结果。如果需要提高使用大型复杂模型的性能，在做了所有选择之后才启用该复选框。

（2）【变形区域】选项组。

- ⚟【变形半径】，更改通过变形点的球状半径数值，变形区域的选择不会影响变形半径的数值。
- 【变形区域】，启用该复选框，可以激活⚟【固定曲线/边线/面】和⚟【要变形的其他面】选择框，如图5-29所示。
- ⚟【要变形的实体】，在使用空间中的点时，允许选择多个实体或者1个实体。

图5-28 选中【点】单选按钮后的属性设置

图5-29 启用【变形区域】复选框

（3）【形状选项】选项组。

- ⚟【变形轴】（在取消启用【变形区域】复选框时可用），通过生成平行于1条线性边线或者草图直线、垂直于1个平面或者基准面、沿着2个点或者顶点的折弯轴以控制变形形状。此选项使用⚟【变形半径】数值生成类似于折弯的变形。
- ⚟、⚟、⚟【刚度】，控制变形过程中变形形状的刚性。可以将刚度层次与其他选项（如⚟【变形轴】等）结合使用。刚度有3种层次，即⚟【刚度—最小】、⚟【刚度—中等】、⚟【刚度—最大】。
- ⚟【形状精度】，控制曲面品质。默认品质在高曲率区域中可能有所不足，当移动滑杆到右侧提高精度时，可以增加变形特征的成功率。

2. 曲线到曲线

曲线到曲线变形是改变复杂形状更为精确的方法。通过将几何体从初始曲线（可以是曲线、边线、剖面曲线以及草图曲线组等）映射到目标曲线组而完成。

选择【插入】|【特征】|【变形】菜单命令，系统弹出【变形】属性管理器。在【变形类型】选项组中，选中【曲线到曲线】单选按钮，其属性设置如图5-30所示。

（1）【变形曲线】选项组。

- 【初始曲线】，设置变形特征的初始曲线。选择1条或者多条连接的曲线（或者边线）作为1组，可以是单一曲线、相邻边线或者曲线组。

- 【目标曲线】，设置变形特征的目标曲线。选择1条或者多条连接的曲线（或者边线）作为1组，可以是单一曲线、相邻边线或者曲线组。

- 【组[n]】（n为组的标号），允许添加、删除以及循环选择组以进行修改。曲线可以是模型的一部分（如边线、剖面曲线等）或者单独的草图。

- 【显示预览】，使用线框视图或者上色视图预览结果。如果要提高使用大型复杂模型的性能，在做了所有选择之后才启用该复选框。

（2）【变形区域】选项组。

- 【固定的边线】，防止所选曲线、边线或者面被移动。在图形区域中选择要变形的固定边线和额外面，如果取消启用该复选框，则只能选择实体。

- 【统一】，尝试在变形操作过程中保持原始形状的特性，可以帮助还原曲线到曲线的变形操作，生成尖锐的形状。

- 【固定曲线/边线/面】，防止所选曲线、边线或者面被变形和移动。

如果【初始曲线】位于闭合轮廓内，则变形将受此轮廓约束。

如果【初始曲线】位于闭合轮廓外，则轮廓内的点将不会变形。

- 【要变形的其他面】，允许添加要变形的特定面，如果未选择任何面，则整个实体将会受影响。

- 【要变形的实体】，如果【初始曲线】不是实体面或者曲面中草图曲线的一部分，或者要变形多个实体，则启用该复选框。

（3）【形状选项】选项组。

- 、、【刚度】，控制变形过程中变形形状的刚性。可以将刚度层次与其他选项（如【变形轴】等）结合使用。刚度有3种层次，即【刚度—最小】、【刚度—中等】、【刚度—最大】。

图5-30 选中【曲线到曲线】单选按钮后的属性设置

- 【形状精度】，控制曲面品质。默认品质在高曲率区域中可能有所不足；当移动滑杆到右侧提高精度时，可以增加变形特征的成功率。

- 【重量】（在启用【固定的边线】复选框和取消启用【统一】复选框时可用），控制下面两个的影响系数。

- 对在【固定曲线/边线/面】中指定的实体衡量变形。

- 对在【变形曲线】选项组中指定为【初始曲线】和【目标曲线】的边线和曲线衡量变形。

- 【保持边界】，确保所选边界作为【固定曲线/边线/面】是固定的；取消启用【保持边界】复选框，可以更改变形区域，启用【仅对于额外的面】复选框或者允许边界移动。

- 【仅对于额外的面】（在取消启用【保持边界】复选框时可用），使变形仅影响那些选择作为【要变形的其他面】的面。

- 【匹配】，允许应用这些条件，将变形曲面或者面匹配到目标曲面或者面边线。

- 【无】，不应用匹配条件。
- 【曲面相切】，使用平滑过渡匹配面和曲面的目标边线。
- 【曲线方向】，使用 【目标曲线】的法线形成变形，将 【初始曲线】映射到 【目标曲线】以匹配 【目标曲线】。

3. 曲面推进

曲面推进变形通过使用工具实体的曲面，推进目标实体的曲面以改变其形状。目标实体曲面近似于工具实体曲面，但在变形前后每个目标曲面之间保持一对一的对应关系。可以选择自定义的工具实体（如多边形或者球面等），也可以使用自己的工具实体。在图形区域中使用三重轴标注可以调整工具实体的大小，拖动三重轴或者在【特征管理器设计树】中进行设置可以控制工具实体的移动。

与点变形相比，曲面推进变形可以对变形形状提供更有效的控制，同时还是基于工具实体形状生成特定特征的可预测的方法。使用曲面推进变形，可以设计自由形状的曲面、模具、塑料、软包装、钣金等，这对合并工具实体的特性到现有设计中很有帮助。

图5-31 选中【曲面推进】单选按钮后的属性设置

选择【插入】|【特征】|【变形】菜单命令，系统弹出【变形】属性管理器。在【变形类型】选项组中，选中【曲面推进】单选按钮，其属性设置如图5-31所示。

（1）【推进方向】选项组。

- 【变形方向】，设置推进变形的方向，可以选择1条草图直线或者直线边线、1个平面或者基准面、2个点或者顶点。
- 【显示预览】，使用线框视图或者上色视图预览结果，如果需要提高使用大型复杂模型的性能，在做了所有选择之后才启用该复选框。

（2）【变形区域】选项组。

- 【要变形的其他面】，允许添加要变形的特定面，仅变形所选面；如果未选择任何面，则整个实体将会受影响。
- 【要变形的实体】，即目标实体，决定要被工具实体变形的实体。无论工具实体在何处与目标实体相交，或者在何处生成相对位移（当工具实体不与目标实体相交时），整个实体都会受影响。
- 【要推进的工具实体】，设置对 【要变形的实体】进行变形的工具实体。使用图形区域中的标注设置工具实体的大小。如果要使用已生成的工具实体，从其选项中启用【选择实体】复选框，然后在图形区域中选择工具实体。 【要推进的工具实体】的选项如图5-32所示。
- 【变形误差】，为工具实体与目标面或者实体的相交处指定圆角半径数值。

（3）【工具实体位置】选项组。以下选项允许通过输入正确的数值重新定位工具实体。此方法比使用三重轴更精确。

- ΔX【Delta X】、ΔY【Delta Y】、ΔZ【Delta Z】，沿x、y、z轴移动工具实体的距离。
- 【X旋转角度】、【Y旋转角度】、【Z旋转角度】，围绕x、

图5-32 【要推进的工具实体】选项

y、z轴以及旋转原点旋转工具实体的旋转角度。

• ⊙【X旋转原点】、⊙【Y旋转原点】、⊙z【Z旋转原点】，定位由图形区域中三重轴表示的旋转中心。当鼠标指针变为形状时，可以通过拖动鼠标指针或者旋转工具实体的方法定位工具实体。

其他属性设置不再赘述。

5.3.2 变形特征创建步骤

生成变形特征的操作步骤如下。

（1）选择【插入】|【特征】|【变形】菜单命令，系统弹出【变形】属性管理器。在【变形类型】选项组中，选中【点】单选按钮；在【变形点】选项组中，单击【变形点】选择框，在图形区域中选择模型的1个角端点，设置【变形距离】为50mm；在【变形区域】选项组中，设置【变形半径】为100mm，如图5-33所示；在【形状选项】选项组中，单击【刚度-最小】按钮，单击【确定】按钮，生成最小刚度变形特征，如图5-34所示。

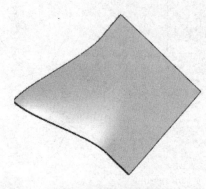

图5-33　【变形】的属性设置　　　　　　　　图5-34　生成最小刚度变形特征

（2）在【形状选项】选项组中，单击【刚度-中等】按钮，单击【确定】按钮，生成中等刚度变形特征，如图5-35所示。

（3）在【形状选项】选项组中，单击【刚度-最大】按钮，单击【确定】按钮，生成最大刚度变形特征，如图5-36所示。

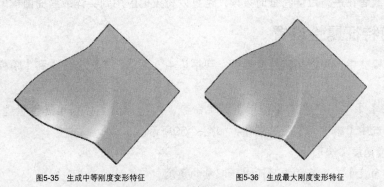

图5-35　生成中等刚度变形特征　　　　　　　图5-36　生成最大刚度变形特征

实例——创建变形特征

 结果文件：\05\5-1. SLDPRT

多媒体教学路径：主界面→第5章→5.3实例

01 创建点

单击【草图】工具栏中的 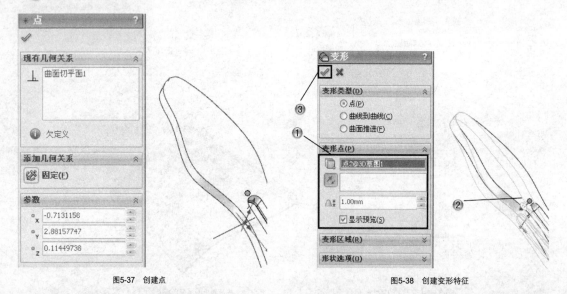【3D草图】按钮，单击【草图】工具栏中的 【点】按钮，绘制曲面上的点，如图5-37所示。

02 创建变形特征

选择【插入】|【特征】|【变形】菜单命令，弹出【变形】属性管理器。在【变形类型】选项组中，选中【点】单选按钮，如图5-38所示。

① 设置变形参数。

② 选择变形点。

③ 单击【确定】按钮。

图5-37 创建点

图5-38 创建变形特征

5.4 拔模特征

拔模特征是用指定的角度斜削模型中所选的面，使型腔零件更容易脱出模具，可以在现有的零件中插入拔模，或者在进行拉伸特征时拔模，也可以将拔模应用到实体或者曲面模型中。

5.4.1 拔模特征属性设置

在【手工】模式中，可以指定拔模类型，包括【中性面】、【分型线】和【阶梯拔模】。

1. 中性面

选择【插入】|【特征】|【拔模】菜单命令，系统弹出【拔模】属性管理器。在【拔模类型】选项组中，选中【中性面】单选按钮，如图5-39所示。

（1）【拔模角度】选项组。

• 【拔模角度】，垂直于中性面进行测量的角度。

（2）【中性面】选项组。

· 【中性面】，选择1个面或者基准面。如果有必要，单击 【反向】按钮向相反的方向倾斜拔模。

（3）【拔模面】选项组。

· 【拔模面】，在图形区域中选择要拔模的面。

· 【拔模沿面延伸】，可以将拔模延伸到额外的面，其选项如图5-40所示。

【无】，只在所选的面上进行拔模。

【沿切面】，将拔模延伸到所有与所选面相切的面。

【所有面】，将拔模延伸到所有从中性面拉伸的面。

【内部的面】，将拔模延伸到所有从中性面拉伸的内部面。

【外部的面】，将拔模延伸到所有在中性面旁边的外部面。

图5-39　选中【中性面】单选按钮后的属性设置　　　　图5-40　【拔模沿面延伸】选项

2. 分型线

选中【分型线】单选按钮，可以对分型线周围的曲面进行拔模。

高手指点

使用分型线拔模时，可以包括阶梯拔模。

如果要在分型线上拔模，可以先插入1条分割线以分离要拔模的面，或者使用现有的模型边线，然后再指定拔模方向。可以使用拔模分析工具检查模型上的拔模角度。拔模分析根据所指定的角度和拔模方向生成模型颜色编码的渲染。

选择【插入】|【特征】|【拔模】菜单命令，系统弹出【拔模】属性管理器。在【拔模类型】选项组中，选中【分型线】单选按钮，如图5-41所示。

【允许减少角度】，只可用于分型线拔模。在由最大角度所生成的角度总和与拔模角度为90°或者以上时允许生成拔模。

教你一招

> 在同被拔模的边线和面相邻的1个或者多个边或者面的法线与拔模方向几乎垂直时，可以启用【允许减少角度】复选框。当启用该复选框时，拔模面有些部分的拔模角度可能比指定的拔模角度要小。

（1）【拔模方向】选项组。

• 【拔模方向】，在图形区域中选择1条边线或者1个面指示拔模的方向。如果有必要，单击【反向】按钮以改变拔模的方向。

（2）【分型线】选项组。

• ⊖【分型线】，在图形区域中选择分型线。如果要为分型线的每一条线段指定不同的拔模方向，单击选择框中的边线名称，然后单击【其它面】按钮。

• 【拔模沿面延伸】，可以将拔模延伸到额外的面，其选项如图5-42所示。

【无】，只在所选的面上进行拔模。

【沿切面】，将拔模延伸到所有与所选面相切的面。

其他属性设置不再赘述。

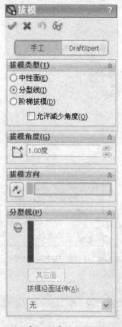

图5-41 选中【分型线】单选按钮后的属性设置

图5-42 【拔模沿面延伸】选项

3. 阶梯拔模

阶梯拔模为分型线拔模的变体，阶梯拔模围绕用为拔模方向的基准面旋转而生成1个面。

选择【插入】|【特征】|【拔模】菜单命令，系统弹出【拔模】属性管理器。在【拔模类型】选项组中，选中【阶梯拔模】单选按钮，如图5-43所示。

【阶梯拔模】的属性设置与【分型线】基本相同，在此不做赘述。

在【DraftXpert】模式中，可以生成多个拔模、执行拔模分析、编辑拔模以及自动调用FeatureXpert以求解初始没有进入模型的拔模特征。

选择【插入】|【特征】|【拔模】菜单命令，系统弹出【拔模】属性管理器。在【DraftXpert】模式中，切换到【添加】选项卡，如图5-44所示。

（1）【要拔模的项目】选项组。

- 📐【拔模角度】，设置拔模角度（垂直于中性面进行测量）。

- 【中性面】，选择1个平面或者基准面。如果有必要，单击 🔧【反向】按钮，向相反的方向倾斜拔模。

- 📄【拔模面】，在图形区域中选择要拔模的面。

图5-43　选中【阶梯拔模】单选按钮后的属性设置

图5-44　【添加】选项卡

（2）【拔模分析】选项组。

- 【自动涂刷】，选择模型的拔模分析。

- 【颜色轮廓映射】，通过颜色和数值显示模型中拔模的范围以及【正拔模】和【负拔模】的面数。

在【DraftXpert】模式中，切换到【更改】选项卡，如图5-45所示。

（1）【要更改的拔模】选项组。

- 📄【拔模面】，在图形区域中，选择包含要更改或者删除的拔模的面。

- 【中性面】，选择一个平面或者基准面。如果有必要，单击 🔧【反向】按钮，向相反的方向倾斜拔模。如果只更改 📐【拔模角度】，则无需选择中性面。

- 📐【拔模角度】，设置拔模角度（垂直于中性面进行测量）。

（2）【现有拔模】选项组。

- 【分排列表方式】，按照角度、中性面或者拔模方向过滤所有拔模，其选项如图5-46所示，可以根据需要更改或者删除拔模。

（3）【拔模分析】选择组。

- 【拔模分析】选择组的属性设置与【添加】选项卡中基本相同，在此不做赘述。

图5-45 【更改】选项卡

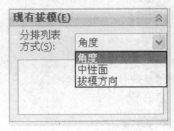

图5-46 【分排列表方式】选项

5.4.2 拔模特征创建步骤

选择【插入】|【特征】|【拔模】菜单命令，系统弹出【拔模】属性管理器。在【拔模类型】选项组中，选中【中性面】单选按钮；在【拔模角度】选项组中，设置 ⤢【拔模角度】为3度；在【中性面】选项组中，单击【中性面】选择框，选择模型小圆柱体的上表面；在【拔模面】选项组中，单击 ⬚【拔模面】选择框，选择模型小圆柱体的圆柱面，如图5-47所示，单击 ✔【确定】按钮，生成拔模特征，如图5-48所示。

图5-47 【拔模】的属性设置

图5-48 生成拔模特征

实例——创建拔模特征

结果文件：\05\5-1. SLDPRT

多媒体教学路径：主界面→第5章→5.4实例

01 绘制3D草图

单击【草图】工具栏中的 💱【3D草图】按钮，单击【草图】工具栏中的 ※【点】按钮，绘制曲面上的点，如图5-49所示。

02 创建基准面

单击【参考几何体】工具栏中的 🔲【基准面】按钮，弹出【基准面】属性管理器，如图5-50所示。

① 选择上视基准面。

② 设置偏移参数。

③ 单击【确定】按钮。

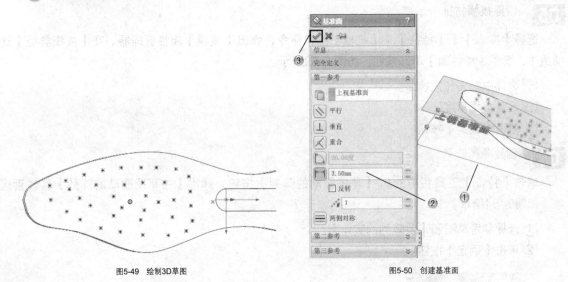

图5-49 绘制3D草图   图5-50 创建基准面

03 绘制小圆

在基准面1上绘制草图。单击【草图】工具栏中的 ◎【圆】按钮，弹出【圆】属性管理器，如图5-51所示。

① 绘制圆形。

② 设置圆的半径。

③ 单击【确定】按钮。单击【草图】工具栏中的 ❀【退出草图】按钮。

04 拉伸凸台

单击【特征】工具栏中的 🔲【拉伸凸台／基体】按钮，弹出【凸台-拉伸】的属性管理器，如图5-52所示。

① 设置拉伸参数。

② 单击【确定】按钮。

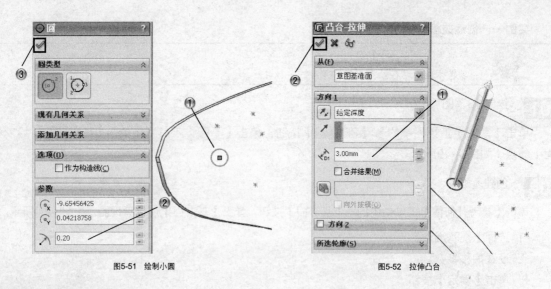

图5-51 绘制小圆　　　　　　　　　　　　　　　图5-52 拉伸凸台

05 创建拔模特征

选择【插入】|【特征】|【拔模】菜单命令，弹出【拔模】属性管理器。在【拔模类型】选项组中，选中【中性面】单选按钮，如图5-53所示。

① 选择中性面和拔模面。

② 设置拔模角度。

③ 单击【确定】按钮。

06 创建草图阵列

单击【特征】工具栏中的 [icon]【草图驱动的阵列】按钮，弹出【由草图驱动的阵列】属性管理器，如图5-54所示。

① 选择参考草图和【要阵列的实体】。

② 单击【确定】按钮。

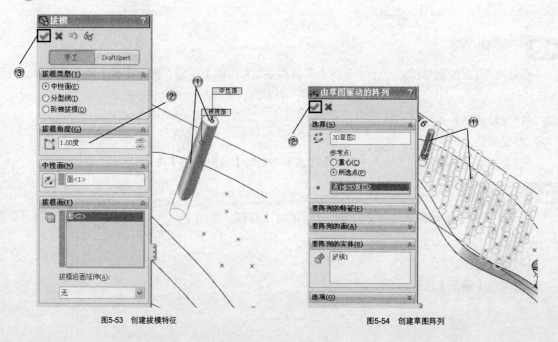

图5-53 创建拔模特征　　　　　　　　　　　　　　图5-54 创建草图阵列

5.5 圆顶特征

圆顶特征可以在同一模型上同时生成1个或者多个圆顶。

5.5.1 圆顶特征属性设置

选择【插入】|【特征】|【圆顶】菜单命令，系统弹出【圆顶】属性管理器，如图5-55所示。

（1）■【到圆顶的面】，选择1个或者多个平面或者非平面。

（2）【距离】，设置圆顶扩展的距离。

（3）↗【反向】，单击该按钮，可以生成凹陷圆顶（默认为凸起）。

（4）❖【约束点或草图】，选择1个点或者草图，通过对其形状进行约束以控制圆顶。当使用1个草图为约束时，【距离】数值框不可用。

（5）↗【方向】，从图形区域选择方向向量以垂直于面以外的方向拉伸圆顶，可以使用线性边线或者由2个草图点所生成的向量作为方向向量。

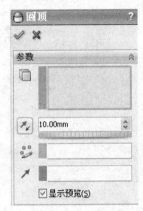

图5-55 【圆顶】属性管理器

5.5.2 圆顶特征创建步骤

选择【插入】|【特征】|【圆顶】菜单命令，系统弹出【圆顶】属性管理器。在【参数】选项组中，单击■【到圆顶的面】选择框，在图形区域中选择模型的上表面，设置【距离】为10mm，单击✔【确定】按钮，生成圆顶特征，如图5-56所示。

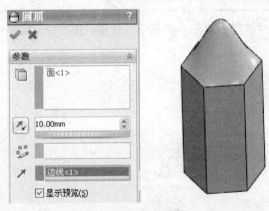

图5-56 生成圆顶特征

实例——创建圆顶特征

结果文件：\05\5-1. SLDPRT

多媒体教学路径：主界面→第5章→5.5实例

01 创建圆顶

选择【插入】|【特征】|【圆顶】菜单命令，弹出【圆顶】属性管理器，如图5-57所示。

① 选择圆顶的面。

② 设置圆顶参数。

③ 单击【确定】按钮。

02 创建其余圆顶

选择【插入】|【特征】|【圆顶】菜单命令，弹出【圆顶】属性管理器，如图5-58所示。

① 选择其余圆顶的面。

② 设置圆顶参数。

③ 单击【确定】按钮。

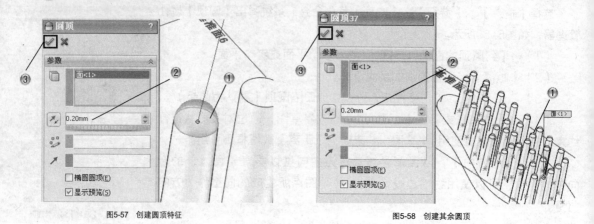

图5-57 创建圆顶特征　　　　　　　　　　图5-58 创建其余圆顶

5.6 综合演练——创建连接件模型

 范例文件：\05\5-3. SLDPRT，5-4. SLDPRT

多媒体教学路径：主界面→第5章→5.6综合演练

本章范例为创建1个连接件模型，如图5-59所示，使用拉伸命令创建基体，使用形变命令创建其他细节特征。

图5-59 连接件

5.6.1 创建压凹特征

操作步骤

01 新建文件

单击【标准】工具栏上的 【新建】按钮，打开【新建SolidWorks文件】对话框，如图5-60所示。

① 选择【零件】按钮。

② 单击【确定】按钮。

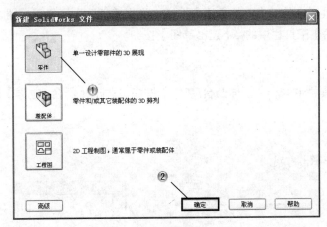

图5-60　新建文件

02　选择草绘面1

单击【草图】工具栏中的☑【草图绘制】按钮，单击选择前视基准面进行绘制，如图5-61所示。

03　绘制矩形

单击【草图】工具栏中的▢【边角矩形】按钮，绘制矩形，如图5-62所示。

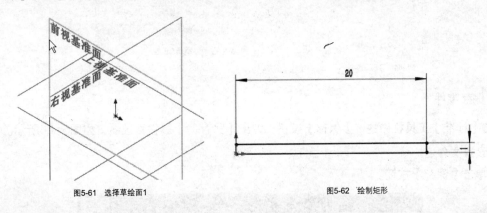

图5-61　选择草绘面1　　　　　　　　　　图5-62　绘制矩形

04　绘制草图

单击【草图】工具栏中的◣【直线】按钮，绘制草图，如图5-63所示。

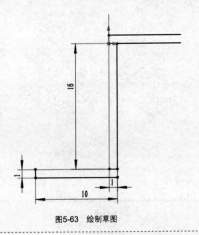

图5-63　绘制草图

05 剪裁图形

单击【草图】工具栏中的 【剪裁实体】按钮，弹出【剪裁】属性管理器，剪裁草图如图5-64所示。最后单击【草图】工具栏中的 【退出草图】按钮。

06 凸台拉伸

单击【特征】工具栏中的 【拉伸凸台/基体】按钮，弹出【凸台-拉伸】的属性管理器，如图5-65所示。

① 设置拉伸参数。

② 单击【确定】按钮。

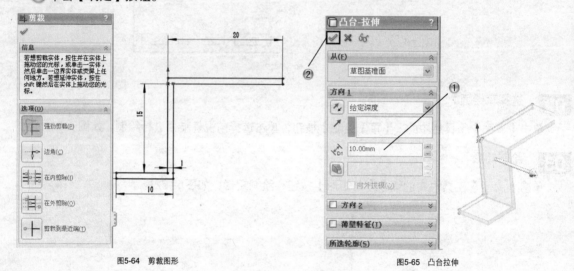

图5-64 剪裁图形　　　　　　　　　　　　　　　　图5-65 凸台拉伸

07 保存零件

单击【标准】工具栏中的 【保存】按钮，弹出【另存为】属性管理器，如图5-66所示。

① 设置文件名。

② 单击【保存】按钮。

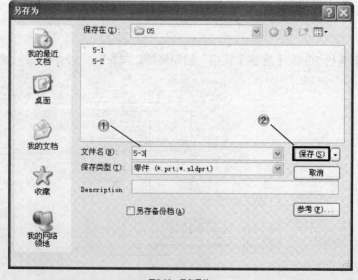

图5-66 保存零件

08 选择草绘面2

单击【草图】工具栏中的 【草图绘制】按钮，单击选择前视基准面进行绘制，如图5-67所示。

09 绘制圆

单击【草图】工具栏中的 【圆】按钮，绘制圆，如图5-68所示。单击【草图】工具栏中的 【退出草图】按钮。

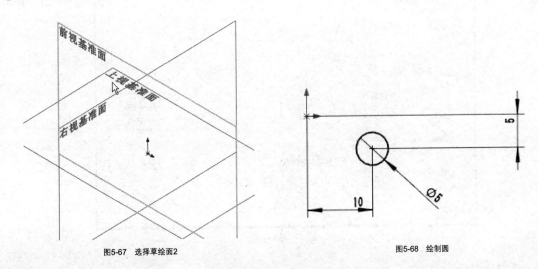

图5-67 选择草绘面2

图5-68 绘制圆

10 拉伸圆

单击【特征】工具栏中的 【拉伸凸台/基体】按钮，弹出【凸台-拉伸】的属性管理器，如图 5-69所示。

① 设置拉伸参数。

② 单击【确定】按钮。

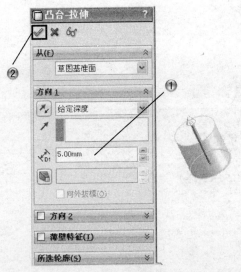

图5-69 拉伸圆

11 保存零件

单击【标准】工具栏中的 【保存】按钮，弹出【另存为】属性管理器，如图5-70所示。

① 设置文件名。
② 单击【保存】按钮。

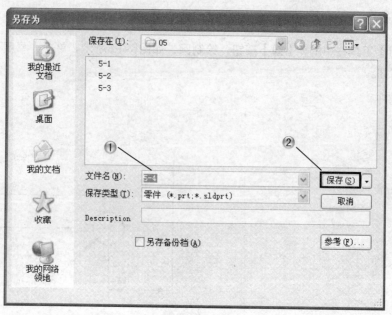

图5-70 保存零件

12 添加到库

在模型树中，右键单击新创建的零件，在弹出的快捷菜单中选择【添加到库】命令，如图5-71所示。

13 选择库文件夹

① 在弹出的【添加到库】属性管理器中，选择添加位置，如图5-72所示。
② 单击【确定】按钮。

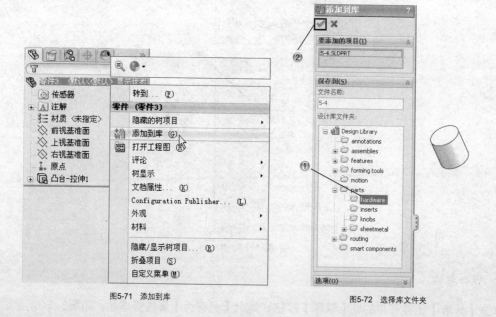

图5-71 添加到库   图5-72 选择库文件夹

14 插入零件

在弹出的【插入零件】属性管理器中，单击【确定】按钮，如图5-73所示。

15 压凹特征

选择【插入】|【特征】|【压凹】菜单命令，弹出【压凹】属性管理器，如图5-74所示。

①选择目标实体和工具实体。

②设置压凹参数。

③单击【确定】按钮。

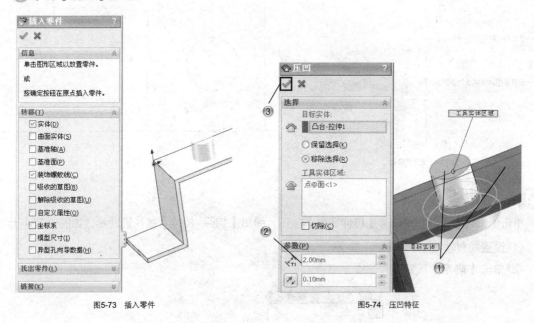

图5-73 插入零件   图5-74 压凹特征

5.6.2 创建形变特征

操作步骤

01 创建圆顶

选择【插入】|【特征】|【圆顶】菜单命令，弹出【圆顶】属性管理器，如图5-75所示。

①选择圆顶的面。

②设置圆顶参数。

③单击【确定】按钮。

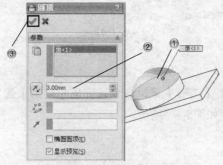

图5-75 创建圆顶

02　选择草绘面

单击【草图】工具栏中的 【草图绘制】按钮，单击选择平面进行绘制，如图5-76所示。

03　绘制2个圆

单击【草图】工具栏中的 【圆】按钮，绘制2个圆，如图5-77所示。

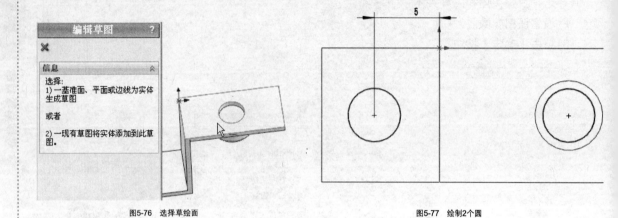

图5-76　选择草绘面　　　　　　　　　　　　　　　　图5-77　绘制2个圆

04　拉伸切除

单击【特征】工具栏中的 【拉伸切除】按钮，弹出【切除–拉伸】属性管理器，如图5-78所示。

①设置拉伸类型。

②单击【确定】按钮。

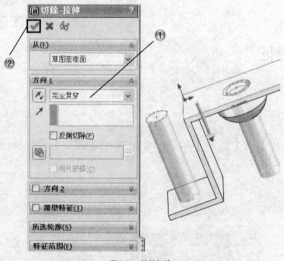

图5-78　拉伸切除

05　零件变形

选择【插入】|【特征】|【变形】菜单命令，弹出【变形】属性管理器。在【变形类型】选项组中，选中【点】单选按钮，如图5-79所示。

①选择变形点。

②设置变形参数。

③单击【确定】按钮。

06 创建变形

选择【插入】|【特征】|【变形】菜单命令，弹出【变形】属性管理器。在【变形类型】选项组中，选中【点】单选按钮，如图5-80所示。

① 选择变形点。

② 设置变形参数。

③ 单击【确定】按钮。

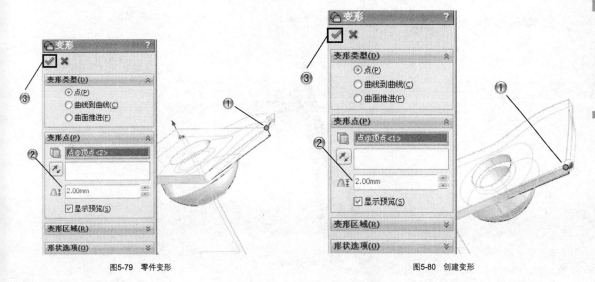

图5-79 零件变形   图5-80 创建变形

07 创建弯曲特征

选择【插入】|【特征】|【弯曲】菜单命令，弹出【弯曲】属性管理器，选中【伸展】单选按钮，如图5-81所示。

① 设置折弯参数。

② 单击【确定】按钮。

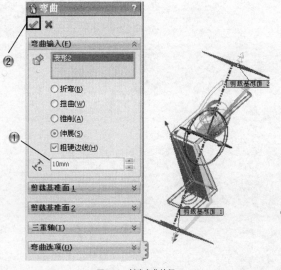

图5-81 创建弯曲特征

5.7　知识回顾

本章主要介绍了属于零件形变特征的各种命令，包括压凹、弯曲、变形、拔模和圆顶这些命令。零件形变特征的各种命令，对于特殊零件或曲面的创建十分有帮助，可以创建普通实体命令无法创建的特征。

5.8　课后习题

使用零件形变命令，创建如图5-82所示的变形零件。

图5-82　练习零件

第**6**章

特征编辑

组合编辑是将实体组合起来，从而获得新的实体特征。阵列编辑是利用特征设计中的驱动尺寸，将增量进行更改并指定给阵列进行特征复制的过程。源特征可以生成线性阵列、圆周阵列、曲线驱动的阵列、草图驱动的阵列和表格驱动的阵列等。镜向编辑是将所选的草图、特征和零部件对称于所选平面或者面的复制过程。

本章将讲解组合编辑、阵列、装配中零部件的阵列和各种镜向特征的创建等内容。

知识要点

- ✖ 组合编辑
- ✖ 阵列
- ✖ 零部件阵列
- ✖ 镜向

案例解析

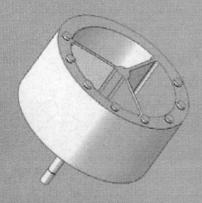

编辑特征

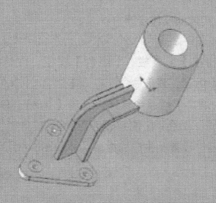

支架

6.1 组合编辑

本节将介绍对实体对象进行的组合操作，通过对其进行组合，可以获取1个新的实体。

6.1.1 组合

1. 组合实体的使用和参数设置

单击【特征】工具栏 【组合】按钮，或选择【插入】|【特征】|【组合】菜单命令，打开【组合1】属性管理器，如图6-1所示。其参数设置方法如下：

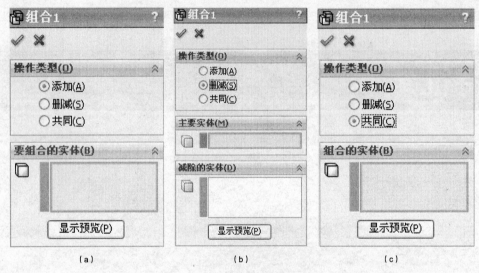

| (a) | (b) | (c) |

图6-1 【组合1】属性管理器

（1）【添加】，对选择的实体进行组合操作，选中该单选按钮，属性设置如图6-1（a）所示，单击 【实体】选择框，在绘图区选择要组合的实体。

（2）【删减】，选中【删减】单选按钮，属性设置如图6-1（b）所示，单击【主要实体】选项组中的 【实体】选择框，在绘图区域选择要保留的实体。单击【减除的实体】选项组中的 【实体】选择框，在绘图区域选择要删除的实体。

（3）【共同】，移除除重叠之外的所有材料。选中【共同】单选按钮，属性设置如图6-1（c）所示，单击 【实体】选择框，在绘图区选择有重叠部分的实体。

其他属性设置不再赘述。

2. 组合实体的操作步骤

下面将如图6-2所示的2个实体进行组合操作。

单击【特征】工具栏 【组合】按钮，或选择【插入】|【特征】|【组合】菜单命令，打开【组合1】属性管理器。

（1）【添加】型组合操作。选中【添加】单选按钮，在绘图区分别选择"凸台-拉伸1"和"凸台-拉伸2"，单击 【确定】按钮，属性设置及生成的组合实体如图6-3所示。

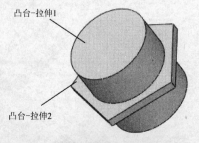

凸台-拉伸1

凸台-拉伸2

图6-2 要操作的实体

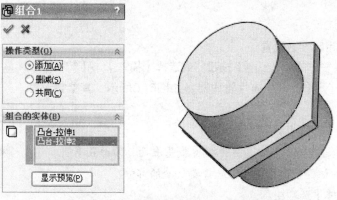

图6-3 【添加】型组合的属性设置及生成的组合实体

（2）【删减】型组合操作。选中【删减】单选按钮，在绘图区选择"凸台-拉伸1"为主要实体，选择"凸台-拉伸2"为减除的实体，在弹出的【要保留的实体】对话框中选中【所有实体】单选按钮，单击 ✓【确定】按钮，生成的组合实体如图6-4所示。

图6-4 【删减】型组合的属性设置及生成的组合实体

（3）【共同】型组合操作。选中【共同】单选按钮，在绘图区选择"凸台-拉伸1"和"凸台-拉伸2"，单击 ✓【确定】按钮，生成的组合实体如图6-5所示。

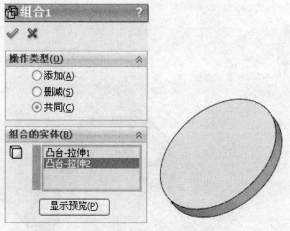

图6-5 【共同】型组合的属性设置及生成的组合实体

6.1.2　分割

1．分割实体的使用和参数设置

单击【特征】工具栏中的 【分割】按钮，或选择【插入】|【特征】|
【分割】菜单命令，打开【分割】属性管理器，如图6-6所示。其参数设置
方法如下。

（1）【剪裁工具】选项组。

- 【剪裁曲面】选择框，在绘图区选择剪裁基准面、曲面或草图。
- 【切除零件】按钮，单击该按钮后选择要切除的部分。

（2）【所产生实体】选项组。

- 【自动指派名称】按钮，自动为分割成的实体命名。
- 【消耗切除实体】，删除切除的实体。
- 【将自定义属性复制到新零件】，将属性复制到新的零件文件中。

2．分割实体的操作步骤

（1）保存零件。

（2）单击【特征】工具栏中的 【分割】按钮，或选择【插入】|【特
征】|【分割】菜单命令，打开【分割】属性管理器。

（3）选择【上视基准面】为剪裁曲面。

（4）单击【切除零件】按钮，在绘图区选择零件被分割后的两部分实体。

（5）单击【自动指派名称】按钮，则系统自动为实体命名为"实体1"
和"实体2"。

（6）单击 【确定】按钮，即可分割实体特征。结果如图6-7所示。

图6-6　【分割】属性管理器

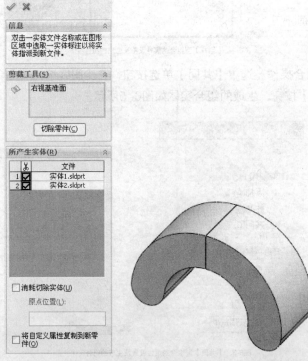

图6-7　分割实体操作

6.1.3 移动/复制实体

1. 移动/复制实体的使用和参数设置

单击【特征】工具栏 【移动/复制实体】按钮，或选择【插入】|
【特征】|【移动/复制】菜单命令，打开【移动/复制实体】属性管理
器，如图6-8所示。其参数设置方法如下。

（1） 【要移动/复制的实体和曲面或图形实体】，单击该选择框，
在绘图区选择要移动的对象。

（2） 【要配合的实体】，在绘图区选择要配合的实体。

• 约束类型。包括 【重合】、 【平行】、 【垂直】、 【相
切】、 【同心】。

• 【配合对齐】，包括 【同向对齐】和 【异向对齐】。
其他选项组不再赘述。

2. 移动/复制实体的操作

移动/复制实体的操作类似于装配体的组合操作。

6.1.4 删除

1. 删除实体的使用和参数设置

单击【特征】工具栏 【删除实体/曲面】按钮，或选择【插入】|
【特征】|【删除实体】菜单命令，打开【删除实体】属性管理器。如图
6-9所示。其属性设置不再赘述。

图6-8 【移动/复制实体】属性管理器

图6-9 【删除实体】属性管理器

2. 删除实体的操作步骤

（1）单击【特征】工具栏中的 【删除实体/曲面】按钮或选择【插入】|【特征】|【删除实
体】菜单命令，打开【删除实体】属性管理器。

（2）单击【要删除的实体/曲面实体】选择框，在绘图区选择要删除的对象。

（3）单击 【确定】按钮，即可删除实体特征。

实例——组合编辑

结果文件：\06\6-1. SLDPRT

多媒体教学路径：主界面→第6章→6.1实例

01 新建文件

单击【标准】工具栏上的 【新建】按钮，打开【新建SolidWorks文件】对话框，如图6-10所示。

① 选择【零件】按钮。

② 单击【确定】按钮。

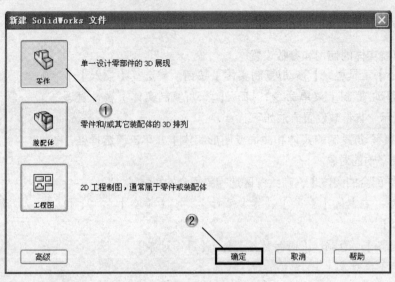

图6-10 新建文件

02 选择草绘面1

单击【草图】工具栏中的 【草图绘制】按钮，单击选择上视基准面进行绘制，如图6-11所示。

03 绘制圆

单击【草图】工具栏中的 【圆】按钮，弹出【圆】属性管理器，如图6-12所示。

① 绘制圆形。

② 设置圆的半径。

③ 单击【确定】按钮。最后单击【草图】工具栏中的 【退出草图】按钮。

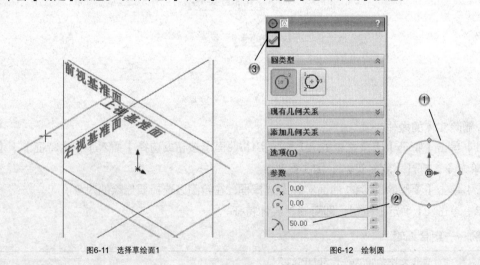

图6-11 选择草绘面1　　　　　图6-12 绘制圆

04 创建拉伸

单击【特征】工具栏中的 【拉伸凸台／基体】按钮，弹出【凸台-拉伸】的属性管理器，如图6-13所示。

① 设置拉伸参数。

② 单击【确定】按钮。

05 选择草绘面2

单击【草图】工具栏中的 ✎【草图绘制】按钮，单击选择平面进行绘制，如图6-14所示。

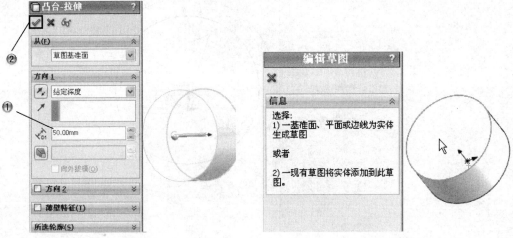

图6-13　创建拉伸　　　　　　　　　　　　图6-14　选择草绘面2

06 绘制同心圆

单击【草图】工具栏中的 ⊙【圆】按钮，绘制同心圆，如图6-15所示。

07 绘制平行线

单击【草图】工具栏中的 ╲【直线】按钮，绘制平行线，如图6-16所示。

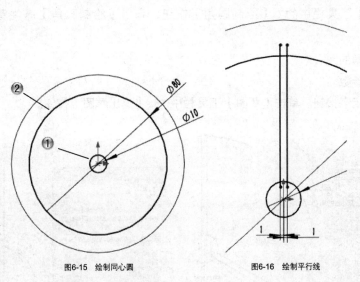

图6-15　绘制同心圆　　　　　　　　　　　图6-16　绘制平行线

08 阵列草图

单击【草图】工具栏中的 ❀【圆周草图阵列】按钮，弹出【圆周阵列】属性管理器，如图6-17所示。

① 选择阵列对象和中心点。

② 设置阵列参数。

③ 单击【确定】按钮。

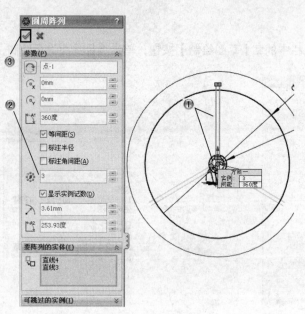

图6-17 阵列草图

09 剪裁草图

单击【草图】工具栏中的 ✎【剪裁实体】按钮，弹出【剪裁】属性管理器，剪裁草图如图6-18所示。

10 绘制圆角

单击【草图】工具栏中的 ⬚【绘制圆角】按钮，弹出【绘制圆角】属性管理器，如图6-19所示。

① 选择要圆角的线。

② 设置圆角参数。

③ 单击【确定】按钮。单击【草图】工具栏中的 ⬚【退出草图】按钮。

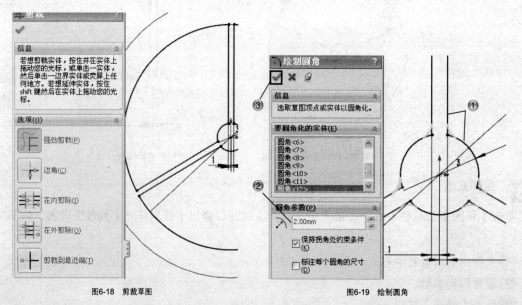

图6-18 剪裁草图　　　　　　　图6-19 绘制圆角

11 拉伸凸台

单击【特征】工具栏中的 📷【拉伸凸台／基体】按钮，弹出【凸台-拉伸】的属性管理器，如图6-20所示。

①设置拉伸参数。

②单击【确定】按钮。

12 组合实体

单击【特征】工具栏 📷【组合】按钮，打开【组合1】属性管理器，如图6-21所示。

①选择【删减】选项。

②选择【主要实体】和【减除的实体】。

③单击【确定】按钮。

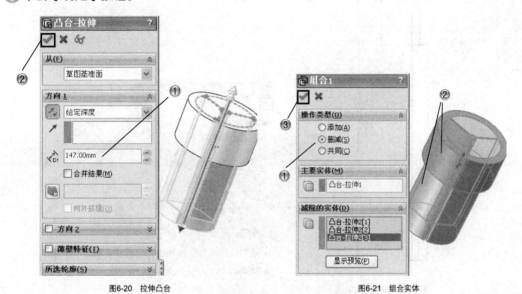

图6-20　拉伸凸台　　　　图6-21　组合实体

13 绘制中心线

选择右视基准面绘制草图。单击【草图】工具栏中的 ▬【中心线】按钮，绘制中心线，如图6-22所示。

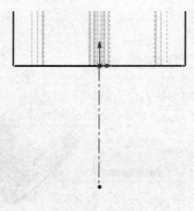

图6-22　绘制中心线

14 绘制草图

单击【草图】工具栏中的 ＼【直线】按钮，绘制如图6-23所示的草图。单击【草图】工具栏中的 ⛶【退出草图】按钮。

15 旋转实体

单击【特征】工具栏中的 ⚙【旋转凸台/基体】按钮，打开【旋转】属性管理器，如图6-24所示。

① 设置旋转参数。

② 单击【确定】按钮。

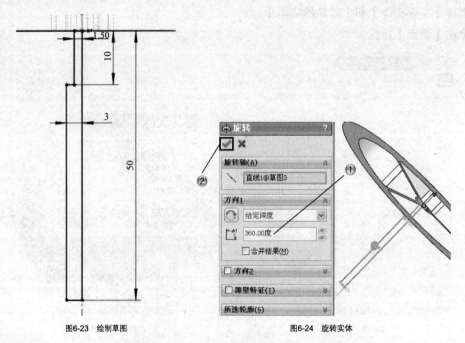

图6-23 绘制草图   图6-24 旋转实体

16 组合实体

单击【特征】工具栏 ⚙【组合】按钮，打开【组合2】属性管理器，如图6-25所示。

① 选择【添加】选项。

② 选择所有组合实体。

③ 单击【确定】按钮。

图6-25 组合实体

17 创建基准面

单击【参考几何体】工具栏中的 🖾 【基准面】按钮，弹出【基准面】属性管理器，如图6-26所示。

① 选择上视基准面。

② 设置偏移参数。

③ 单击【确定】按钮。

18 分割实体

单击【特征】工具栏中的 🝫 【分割】按钮，打开【分割】属性管理器，如图6-27所示。

① 选择实体和剪裁工具。

② 单击【确定】按钮。

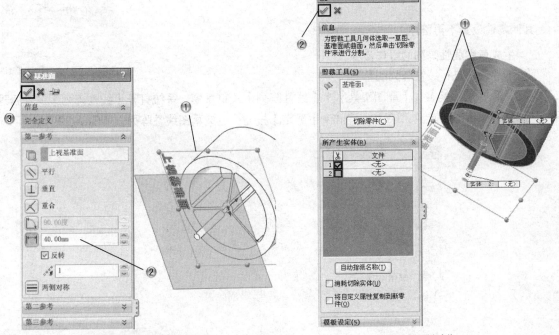

图6-26　创建基准面　　　　　　　　　　　图6-27　分割实体

6.2　阵列

　　阵列编辑是利用特征设计中的驱动尺寸，将增量进行更改并指定给阵列进行特征复制的过程。源特征可以生成线性阵列、圆周阵列、曲线驱动的阵列、草图驱动的阵列和表格驱动的阵列等。镜向编辑是将所选的草图、特征和零部件对称于所选平面或者面的复制过程。本章将主要介绍这2种编辑方法。

6.2.1　草图线性阵列

1. 草图线性阵列的属性设置

　　对于基准面、零件或者装配体中的草图实体，使用【线性草图阵列】命令可以生成草图线性阵列。单击【草图】工具栏中的 🝫 【线性草图阵列】按钮或者选择【工具】|【草图工具】|【线性阵列】菜单命令，系统打开【线性阵列】属性管理器，如图6-28所示。

（1）【方向1】、【方向2】选项组。

【方向1】选项组显示了沿x轴线性阵列的特征参数；【方向2】选项组显示了沿y轴线性阵列的特征参数。

- 【反向】按钮，可以改变线性阵列的排列方向。
- 、【间距】，线性阵列x、y轴相邻两个特征参数之间的距离。

【标注x间距】复选框：形成线性阵列后，在草图上自动标注特征尺寸（如线性阵列特征之间的距离）。

- 【实例数】，经过线性阵列后草图最后形成的总个数。
- 、【角度】，线性阵列的方向与x、y轴之间的夹角。

（2）【可跳过的实例】选项组。

- 【要跳过的单元】，生成线性阵列时跳过在图形区域中选择的阵列实例。

其他属性设置不再赘述。

图6-28 【线性阵列】属性管理器

2. 生成草图线性阵列的操作步骤

（1）选择要进行线性阵列的草图。

（2）选择【工具】|【草图工具】|【线性阵列】菜单命令，系统打开【线性阵列】属性管理器。根据需要，设置各选项组参数，单击 【确定】按钮，生成草图线性阵列，如图6-29所示。

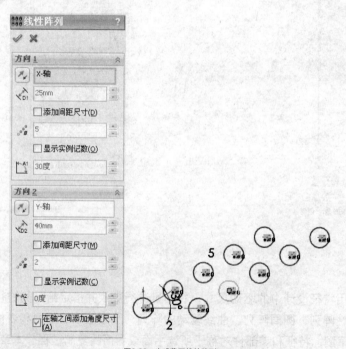

图6-29 生成草图线性阵列

6.2.2 草图圆周阵列

1. 草图圆周阵列的属性设置

对于基准面、零件或者装配体上的草图实体，使用【圆周草图阵列】命令可以生成草图圆周阵列。单击【草图】工具栏中的 【圆周草图阵列】按钮或者选择【工具】|【草图工具】|【圆周阵列】菜单命令，系统弹出【圆周阵列】属性管理器，如图6-30所示。

（1）【参数】选项组。

- 🔄【反向】，草图圆周阵列围绕原点旋转的方向。
- 🔘【中心点X】，草图圆周阵列旋转中心的横坐标。
- 🔘【中心点Y】，草图圆周阵列旋转中心的纵坐标。
- 🔺【圆弧角度】，圆周阵列旋转中心与要阵列的草图重心之间的夹角。
- 【等间距】，圆周阵列中草图之间的夹角是相等的。
- 【添加间距尺寸】，形成圆周阵列后，在草图上自动标注出特征尺寸（如圆周阵列旋转的角度等）。
- ⚙【实例数】，经过圆周阵列后草图最后形成的总个数。
- ⟋【半径】，圆周阵列的旋转半径。

（2）【可跳过的实例】选项组。

- ⚙【要跳过的单元】，生成圆周阵列时跳过在图形区域中选择的阵列实例。

其他属性设置不再赘述。

2. 生成草图圆周阵列的操作步骤

（1）选择要进行圆周阵列的草图。

（2）选择【工具】|【草图工具】|【圆周阵列】菜单命令，系统打开【圆周阵列】属性管理器。根据需要，设置各选项组参数，单击 ✓【确定】按钮，生成草图圆周阵列，如图6-31所示。

图6-30　【圆周阵列】的属性管理器

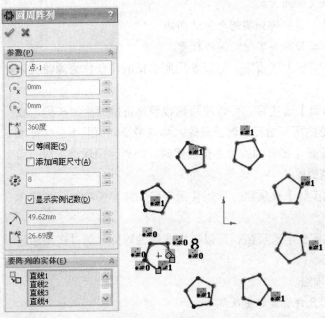

图6-31　生成草图圆周阵列

6.2.3　特征线性阵列

特征阵列与草图阵列相似，都是复制一系列相同的要素。不同之处在于草图阵列复制的是草图，特征阵列复制的是结构特征；草图阵列得到的是一个草图，而特征阵列得到的是一个复杂的零件。

特征阵列包括线性阵列、圆周阵列、表格驱动的阵列、草图驱动的阵列和曲线驱动的阵列等。

选择【插入】｜【阵列/镜向】菜单命令，弹出特征阵列的菜单，如图6-32所示。

图6-32　【阵列/镜向】菜单

特征的线性阵列是在1个或者几个方向上生成多个指定的源特征。

1. 特征线性阵列的属性设置

单击【特征】工具栏中的 【线性阵列】按钮或者选择【插入】｜【阵列/镜向】｜【线性阵列】菜单命令，系统弹出【线性阵列】属性管理器，如图6-33所示。

（1）【方向1】、【方向2】选项组，分别指定2个线性阵列的方向。

• 【阵列方向】，设置阵列方向，可以选择线性边线、直线、轴或者尺寸。

• 【反向】，改变阵列方向。

• 、 【间距】，设置阵列实例之间的间距。

• 【实例数】，设置阵列实例之间的数量。

（2）【要阵列的特征】选项组，可以使用所选择的特征作为源特征以生成线性阵列。

（3）【要阵列的面】选项组，可以使用构成源特征的面生成阵列。在图形区域中选择源特征的所有面，这对于只输入构成特征的面而不是特征本身的模型很有用。当设置【要阵列的面】选项组时，阵列必须保持在同一面或者边界内，不能跨越边界。

（4）【要阵列的实体】选项组，可以使用在多实体零件中选择的实体生成线性阵列。

（5）【可跳过的实例】选项组，可以在生成线性阵列时跳过在图形区域中选择的阵列实例。

（6）【选项】选项组。

• 【随形变化】，允许重复时更改阵列。

图6-33　【线性阵列】属性管理器

• 【几何体阵列】，只使用特征的几何体（如面、边线等）生成线性阵列，而不阵列和求解特征的每个实例。此复选框可以加速阵列的生成及重建，对于与模型上其他面共用1个面的特征，不能启用该复选框。

• 【延伸视象属性】（此处为与软件界面统一，使用"视象"，下同），将特征的颜色、纹理和装饰螺纹数据延伸到所有阵列实例。

其他属性设置不一一赘述。

2. 生成特征线性阵列的操作步骤

（1）选择要进行阵列的特征。

（2）单击【特征】工具栏中的 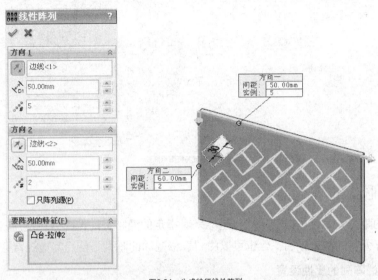【线性阵列】按钮或者选择【插入】|【阵列/镜向】|【线性阵列】菜单命令，系统打开【线性阵列】属性管理器。根据需要，设置各选项组参数，单击 ✅【确定】按钮，生成特征线性阵列，如图6-34所示。

图6-34　生成特征线性阵列

6.2.4　特征圆周阵列

特征的圆周阵列是将源特征围绕指定的轴线复制多个特征。

1. 特征圆周阵列的属性设置

单击【特征】工具栏中的 🎡【圆周阵列】按钮选择【插入】|【阵列/镜向】|【圆周阵列】菜单命令，系统弹出【圆周阵列】属性管理器，如图6-35所示。

（1）【阵列轴】，在图形区域中选择轴、模型边线或者角度尺寸，作为生成圆周阵列所围绕的轴。

（2）🔄【反向】，改变圆周阵列的方向。

（3）📐【角度】，设置每个实例之间的角度。

（4）🎡【实例数】，设置源特征的实例数。

（5）【等间距】复选框，自动设置总角度为360°。

其他属性设置不再赘述。

2. 生成特征圆周阵列的操作步骤

（1）选择要进行阵列的特征。

（2）单击【特征】工具栏中的 🎡【圆周阵列】按钮或者选择【插入】|【阵列/镜向】|【圆周阵列】菜单命令，弹出【圆周阵列】属性管理器。根据需要，设置各选项组参数，单击 ✅【确定】按钮，生成特征圆周阵列，如图6-36所示。

图6-35　【圆周阵列】属性管理器

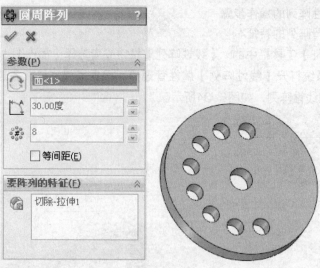

图6-36　生成特征圆周阵列

6.2.5　表格驱动的阵列

"表格驱动的阵列"命令可以使用x、y坐标来对指定的源特征进行阵列。使用x、y坐标的孔阵列是"表格驱动的阵列"的常见应用，但也可以由"表格驱动的阵列"使用其他源特征（如凸台等）。

1. 表格驱动的阵列的属性设置

选择【插入】|【阵列/镜向】|【表格驱动的阵列】菜单命令，弹出【由表格驱动的阵列】对话框，如图6-37所示。

（1）【读取文件】，输入含x、y坐标的阵列表或者文字文件。单击【浏览】按钮，选择阵列表（*.SLDPTAB）文件或者文字（*.TXT）文件以输入现有的x、y坐标。

（2）【参考点】，指定在放置阵列实例时x、y坐标所适用的点，参考点的x、y坐标在阵列表中显示为点0。

- 【所选点】，将参考点设置到所选顶点或者草图点。
- 【重心】，将参考点设置到源特征的重心。

（3）选择框。

- 【坐标系】，设置用来生成表格阵列的坐标系，包括原点、从【特征管理器设计树】中选择所生成的坐标系。
- 【要复制的实体】，根据多实体零件生成阵列。
- 【要复制的特征】，根据特征生成阵列，可以选择多个特征。
- 【要复制的面】，根据构成特征的面生成阵列，选择图形区域中的所有面，这对于只输入构成特征的面而不是特征本身的模型很有用。

（4）【几何体阵列】，只使用特征的几何体（如面和边线等）生成阵列。此复选框可以加速阵列的生成及重建，对于具有与零件其他部分合并的特征，不能生成几何体阵列，几何体阵列在选择了【要复制的实体】时不可用。

（5）【延伸视象属性】，将特征的颜色、纹理和装饰螺纹数据延伸到所有阵列实体。

可以使用x、y坐标作为阵列实例生成位置点。如果要为表格驱动的阵列的每个实例输入x、y坐标，双击数值框输入坐标值即可，如图6-38所示。

其他属性设置不再赘述。

图6-37　【由表格驱动的阵列】对话框

点	X	Y
0	-22.9mm	19.63mm
1	100mm	-100mm
2	200mm	-200mm
3		

图6-38　输入坐标数值

2. 生成表格驱动的阵列的操作步骤

（1）生成坐标系1，此坐标系的原点作为表格阵列的原点，x轴和y轴定义阵列发生的基准面，如图6-39所示。

（2）选择要进行阵列的特征。

（3）选择【插入】|【阵列/镜向】|【表格驱动的阵列】菜单命令，弹出【由表格驱动的阵列】对话框。根据需要进行设置，单击【确定】按钮，生成表格驱动的阵列，如图6-40所示。

图6-39　生成坐标系1

高手指点

在生成表格驱动的阵列前，必须要先生成1个坐标系，并且要求要阵列的特征相对于该坐标系有确定的空间位置关系。

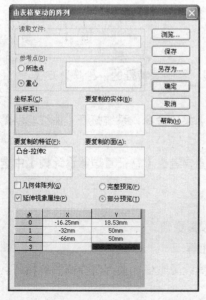

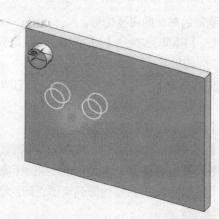

图6-40　生成表格驱动的阵列

6.2.6 草图驱动的阵列

草图驱动的阵列是通过草图中的特征点复制源特征的1种阵列方式。

1. 草图驱动的阵列的属性设置

选择【插入】|【阵列/镜向】|【草图驱动的阵列】菜单命令，系统打开【由草图驱动的阵列】属性管理器，如图6-41所示。

（1） 【参考草图】，在【特征管理器设计树】中选择草图用作阵列。

（2）【参考点】。

- 【重心】，根据源特征的类型决定重心。

- 【所选点】，在图形区域中选择1个点作为参考点。

其他属性设置不再赘述。

2. 生成草图驱动的阵列的操作步骤

（1）绘制平面草图，草图中的点将成为源特征复制的目标点。

（2）选择要进行阵列的特征。

（3）选择【插入】|【阵列/镜向】|【草图驱动的阵列】菜单命令，系统弹出【由草图驱动的阵列】属性管理器。根据需要，设置各选项组参数，单击 ✔ 【确定】按钮，生成草图驱动的阵列，如图6-42所示。

图6-41 【由草图驱动的阵列】属性管理器

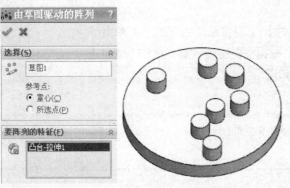

图6-42 生成草图驱动的阵列

6.2.7 曲线驱动的阵列

曲线驱动的阵列是通过草图中的平面或者3D曲线，复制源特征的，种阵列方式。

1. 曲线驱动的阵列的属性设置

选择【插入】|【阵列/镜向】|【曲线驱动的阵列】菜单命令，系统打开【曲线驱动的阵列】属性管理器，如图6-43所示。

（1）【阵列方向】，选择曲线、边线、草图实体或者在【特征管理器设计树】中选择草图作为阵列的路径。

（2） 【反向】，改变阵列的方向。

（3） 【实例数】，为阵列中源特征的实例数设置数值。

（4）【等间距】，使每个阵列实例之间的距离相等。

（5） 【间距】，沿曲线为阵列实例之间的距离设置数值，曲线与要阵列的特征之间的距离垂直于曲线而测量。

（6）【曲线方法】，使用所选择的曲线定义阵列的方向。

· 【转换曲线】，为每个实例保留从所选曲线原点到源特征的【Delta X】和【Delta Y】的距离。

· 【等距曲线】，为每个实例保留从所选曲线原点到源特征的垂直距离。

（7）【对齐方法】。

· 【与曲线相切】，对齐所选择的与曲线相切的每个实例。

· 【对齐到源】，对齐每个实例以与源特征的原有对齐匹配。

（8）【面法线】，（仅对于3D曲线）选择3D曲线所处的面以生成曲线驱动的阵列。

其他属性设置不再赘述。

2. 生成曲线驱动的阵列的操作步骤

（1）绘制曲线草图。

（2）选择要进行阵列的特征。

（3）选择【插入】|【阵列/镜向】|【曲线驱动的阵列】菜单命令，系统弹出【曲线驱动的阵列】属性管理器，根据需要，设置各选项组参数，单击 ✓【确定】按钮，生成曲线驱动的阵列，如图6-44所示。

图6-43　【曲线驱动的阵列】属性管理器

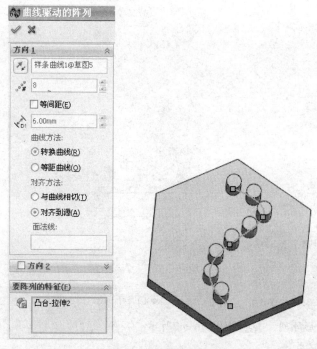

图6-44　生成曲线驱动的阵列

6.2.8　填充阵列

填充阵列是在限定的实体平面或者草图区域中进行的阵列复制。

1. 填充阵列的属性设置

选择【插入】|【阵列/镜向】|【填充阵列】菜单命令，系统打开【填充阵列】属性管理器，如图6-45所示。

（1）【填充边界】选项组。

- 【选择面或共平面上的草图、平面曲线】。定义要使用阵列填充的区域。

（2）【阵列布局】选项组，定义填充边界内实例的布局阵列，可以自定义形状进行阵列或者对特征进行阵列，阵列实例以源特征为中心呈同轴心分布。

- 【穿孔】布局，为钣金穿孔式阵列生成网格，其参数如图6-46所示。

【实例间距】，设置实例中心之间的距离。

【交错断续角度】，设置各实例行之间的交错断续角度，起始点位于阵列方向所使用的向量处。

【边距】，设置填充边界与最远端实例之间的边距，可以将边距的数值设置为零。

【阵列方向】，设置方向参考。如果未指定方向参考，系统将使用最合适的参考。

图6-45 【填充阵列】属性管理器

图6-46 【穿孔】阵列的参数

- 【圆周】布局，生成圆周形阵列，其参数如图6-47所示。

【环间距】，设置实例环间的距离。

【目标间距】，设置每个环内实例间距离以填充区域。每个环的实际间距可能有所不同，因此各实例之间会进行均匀调整。

【每环的实例】，使用实例数（每环）填充区域。

【实例间距】（在选中【目标间距】单选按钮时可用），设置每个环内实例中心间的距离。

【实例数】（在选中【每环的实例】单选按钮时可用），设置每环的实例数。

【边距】，设置填充边界与最远端实例之间的边距，可以将边距的数值设置为零。

【阵列方向】，设置方向参考。如果未指定方向参考，系统将使用最合适的参考。

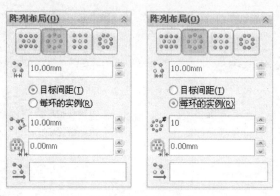

图6-47 【圆周】阵列的参数

- 【方形】布局，生成方形阵列，其参数如图6-48所示。

【环间距】，设置实例环间的距离。

【目标间距】，设置每个环内实例间距离以填充区域。每个环的实际间距可能有所不同，因此各实例之间会进行均匀调整。

【每边的实例】，使用实例数（每个方形的每边）填充区域。

【实例间距】（在选中【目标间距】单选按钮时可用），设置每个环内实例中心间的距离。

【实例数】（在选中【每边的实例】单选按钮时可用），设置每个方形各边的实例数。

【边距】，设置填充边界与最远端实例之间的边距，可以将边距的数值设置为零。

【阵列方向】，设置方向参考。如果未指定方向参考，系统将使用最合适的参考。

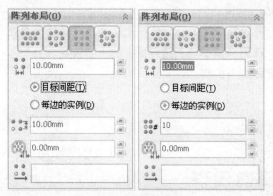

图6-48 【方形】阵列的参数

- 【多边形】布局，生成多边形阵列，其参数如图6-49所示。

【环间距】，设置实例环间的距离。

【多边形边】，设置阵列中的边数。

【目标间距】，设置每个环内实例间距离以填充区域。每个环的实际间距可能有所不同，因此各实例之间会进行均匀调整。

【每边的实例】，使用实例数（每个多边形的各边）填充区域。

【实例间距】（在选中【目标间距】单选按钮时可用），设置每个环内实例中心间的距离。

【实例数】（在选中【每边的实例】单选按钮时可用），设置每个多边形每边的实例数。

【边距】，设置填充边界与最远端实例之间的边距，可以将边距的数值设置为零。

【阵列方向】，设置方向参考。如果未指定方向参考，系统将使用最合适的参考。

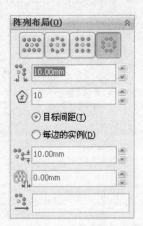 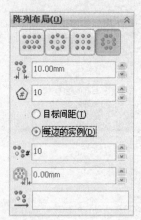

图6-49 【多边形】阵列的参数

（3）【要阵列的特征】选项组。

• 【所选特征】，选择要阵列的特征。

• 【生成源切】，为要阵列的源特征自定义切除形状。

• ◙【圆】，生成圆形切割作为源特征，其参数如图6-50所示。

⊘【直径】，设置直径。

◉【顶点或草图点】，将源特征的中心定位在所选顶点或者草图点处，并生成以该点为起始点的阵列。如果此选择框为空，阵列将位于填充边界面上的中心位置。

• ▣【方形】，生成方形切割作为源特征，其参数如图6-51所示。

□【尺寸】，设置各边的长度。

▣【顶点或草图点】，将源特征的中心定位在所选顶点或者草图点处，并生成以该点为起始点的阵列。如果此选择框为空，阵列将位于填充边界面上的中心位置。

◰【旋转】，逆时针旋转每个实例。

图6-50 【圆】切割的参数　　　　　图6-51 【方形】切割的参数

• ◈【菱形】，生成菱形切割作为源特征，其参数如图6-52所示。

◇【尺寸】，设置各边的长度。

◁【对角】，设置对角线的长度。

◈【顶点或草图点】，将源特征的中心定位在所选顶点或者草图点处，并生成以该点为起始点的阵列。如果此选择框为空，阵列将位于填充边界面上的中心位置。

◰【旋转】，逆时针旋转每个实例。

• ◙【多边形】，生成多边形切割作为源特征，其参数如图6-53所示。

⬠【多边形边】，设置边数。

◎【外径】，根据外径设置阵列大小。

◎【内径】，根据内径设置阵列大小。

◎【顶点或草图点】，将源特征的中心定位在所选顶点或者草图点处，并生成以该点为起始点的阵列。如果此选择框为空，阵列将位于填充边界面上的中心位置。

◎【旋转】，逆时针旋转每个实例。

• 【反转形状方向】，围绕在填充边界中所选择的面反转源特征的方向。

图6-52　【菱形】切割的参数

图6-53　【多边形】切割的参数

2. 生成填充阵列的操作步骤

（1）绘制平面草图。

（2）选择【插入】|【阵列/镜向】|【填充阵列】菜单命令，系统弹出【填充阵列】属性管理器，根据需要，设置各选项组参数，单击 ✔【确定】按钮，生成填充阵列，如图6-54所示。

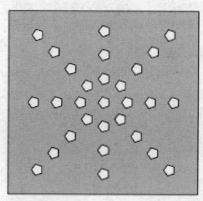

图6-54　生成填充阵列

实例——特征阵列

 结果文件：\06\6-1. SLDPRT

多媒体教学路径：主界面→第6章→6.2实例

01 选择草绘面

单击【草图】工具栏中的 【草图绘制】按钮，单击选择平面进行绘制，如图6-55所示。

02 绘制圆

单击【草图】工具栏中的 【圆】按钮，绘制小圆，如图6-56所示。单击【草图】工具栏中的 【退出草图】按钮。

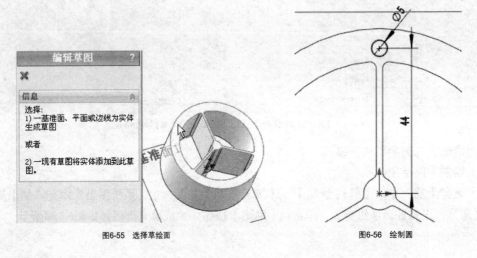

图6-55 选择草绘面　　　　　　　　　　图6-56 绘制圆

03 拉伸切除

单击【特征】工具栏中的 【拉伸切除】按钮，弹出【切除-拉伸】属性管理器，如图6-57所示。

①设置拉伸类型。

②单击【确定】按钮。

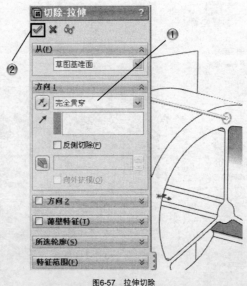

图6-57 拉伸切除

04 阵列特征

单击【特征】工具栏中的 ⚙【圆周阵列】按钮，打开【圆周阵列】属性管理器，如图6-58所示。

①选择要阵列的特征和中心点。

②设置阵列参数。

③单击【确定】按钮。

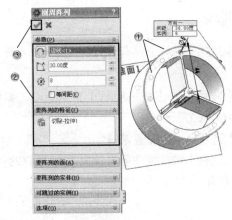

图6-58 阵列特征

6.3 零部件阵列

在装配体窗口中，零部件阵列包括3种形式，即线性阵列、圆周阵列和特征驱动。

6.3.1 零部件的线性阵列

零部件的线性阵列是在装配体中沿1个或者2个方向复制源零部件而生成的阵列。

选择【插入】|【零部件阵列】|【线性阵列】菜单命令，系统打开【线性阵列】属性管理器，如图6-59所示。此命令属于装配体的内容，在此不做赘述。

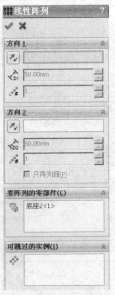

图6-59 【线性阵列】属性管理器

6.3.2 零部件的圆周阵列

零部件的圆周阵列是在装配体中沿1个轴复制源零部件而生成的阵列。

选择【插入】|【零部件阵列】|【圆周阵列】菜单命令，系统弹出【圆周阵列】属性管理器，如图6-60所示。此命令属于装配体的内容，在此不做赘述。

图6-60 【圆周阵列】属性管理器

6.3.3 零部件的特征驱动

零部件的特征驱动是在装配体中根据1个现有阵列生成的零部件阵列。

1. 特征驱动的属性设置

选择【插入】|【零部件阵列】|【特征驱动】菜单命令，系统打开【特征驱动】属性管理器，如图6-61所示。

（1）【要阵列的零部件】选项组，选择源零部件。

（2）【驱动特征】选项组，在【特征管理器设计树】中选择阵列特征或者在图形区域中选择阵列实例的面。

 高手指点

必须是阵列特征才能完成特征驱动的操作。

（3）【可跳过的实例】选项组，在图形区域中选择实例的标志点以设置跳过的实例。

2. 生成特征驱动的操作步骤

在装配体窗口中，选择【插入】|【零部件阵列】|【特征驱动】菜单命令，系统弹出【特征驱动】属性管理器。根据需要，设置各选项组参数，单击 ✅【确定】按钮，生成特征驱动，如图6-62所示。

图6-61 【特征驱动】属性管理器

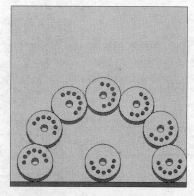

图6-62 生成零部件的特征驱动阵列

实例——零部件阵列

 结果文件：\06\6-1. SLDPRT、6-2. SLDPRT、6-3. SLDASM

多媒体教学路径：主界面→第6章→6.3实例

01 新建文件

单击【标准】工具栏上的 🔲【新建】按钮，打开【新建SolidWorks文件】对话框，如图6-63所示。

① 选择【零件】按钮。

② 单击【确定】按钮。

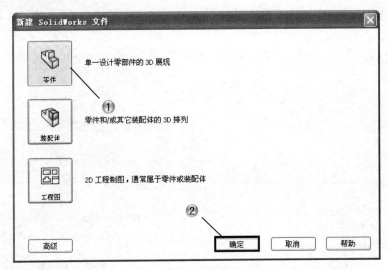

图6-63 新建文件

02 选择草绘面

单击【草图】工具栏中的 ✏️【草图绘制】按钮，单击选择上视基准面进行绘制，如图6-64所示。

03 绘制圆

单击【草图】工具栏中的 ⊙【圆】按钮，弹出【圆】属性管理器，如图6-65所示。

① 绘制圆形。

② 设置圆的半径。

③ 单击【确定】按钮。最后单击【草图】工具栏中的 ✏️【退出草图】按钮。

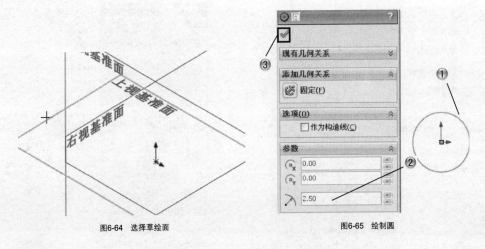

图6-64 选择草绘面　　　　　　图6-65 绘制圆

04 拉伸凸台

单击【特征】工具栏中的 🔲【拉伸凸台／基体】按钮，弹出【凸台-拉伸】的属性管理器，如图

6-66所示。

① 设置拉伸参数。

② 单击【确定】按钮。

05 选择草绘面

单击【草图】工具栏中的 【草图绘制】按钮，单击选择平面进行绘制，如图6-67所示。

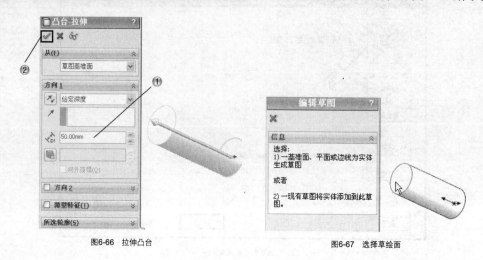

图6-66 拉伸凸台　　　　　　　　　　图6-67 选择草绘面

06 绘制同心圆

单击【草图】工具栏中的 【圆】按钮，绘制同心圆，如图6-68所示。

07 凸台拉伸

单击【特征】工具栏中的 【拉伸凸台／基体】按钮，弹出【凸台-拉伸】的属性管理器，如图6-69所示。

① 设置拉伸参数。

② 单击【确定】按钮。

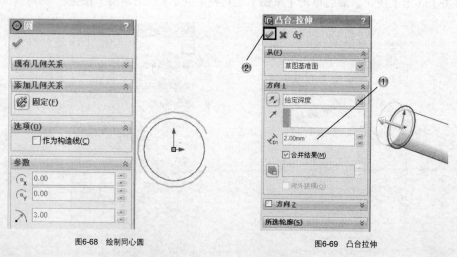

图6-68 绘制同心圆　　　　　　　　　图6-69 凸台拉伸

08 新建装配

单击【标准】工具栏上的 【新建】按钮，打开【新建SolidWorks文件】对话框，如图6-70所示。

① 选择【装配体】按钮。
② 单击【确定】按钮。

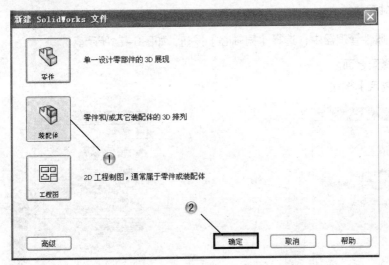

图6-70 新建装配

09 装配零件1

在弹出的【开始装配体】属性管理器中，打开"6-1"零件，如图6-71所示，单击【确定】按钮。

10 装配零件2

单击【装配体】工具栏中的 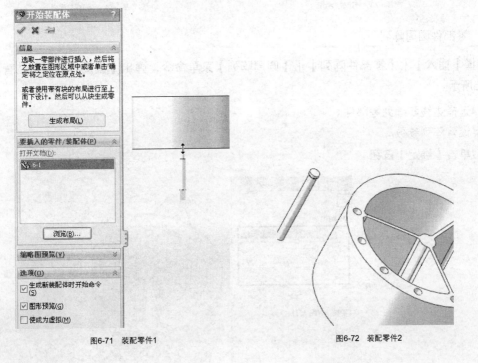【插入零部件】按钮，插入"6-2"零件，如图6-72所示。

图6-71 装配零件1

图6-72 装配零件2

11 创建重合配合

单击【装配体】工具栏中的 【配合】按钮，打开【配合】属性管理器，如图6-73所示。

①选择【重合】按钮，分别选择配合面。

②单击【确定】按钮。

12 创建同轴配合

在【配合】属性管理器中，选择【同轴心】按钮，如图6-74所示。

①分别选择配合面。

②单击【确定】按钮。

图6-73 创建重合配合

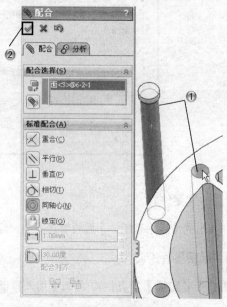
图6-74 创建同轴配合

13 零部件圆周阵列

选择【插入】|【零部件阵列】|【圆周阵列】菜单命令，弹出【圆周阵列】属性管理器，如图6-75所示。

①选择边线和阵列零部件。

②设置阵列参数。

③单击【确定】按钮。

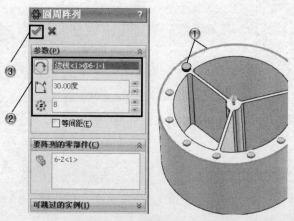
图6-75 零部件圆周阵列

6.4　镜向

下面介绍镜向编辑的方法，其主要包括镜向草图、镜向特征和镜向零部件。

6.4.1　镜向草图

镜向草图是以草图实体为目标进行镜向复制的操作。

1．镜向现有草图实体

（1）镜向实体的属性设置。单击【草图】工具栏中的 ⚠【镜向实体】按钮或者选择【工具】|【草图工具】|【镜向】菜单命令，系统打开【镜向】属性管理器，如图6-76所示。

- ⚠【要镜向的实体】选择框，选择草图实体。
- ⚡【镜向点】选择框，选择边线或者直线。

（2）镜向实体的操作步骤。单击【草图】工具栏中的 ⚠【镜向实体】按钮或者选择【工具】|【草图工具】|【镜向】菜单命令，系统打开【镜向】属性管理器。根据需要设置参数，单击 ✓【确定】按钮，镜向现有草图实体，如图6-77所示。

图6-76　【镜向】属性管理器

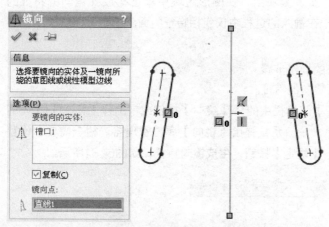

图6-77　镜向现有草图实体

2．在绘制时镜向草图实体

（1）在激活的草图中选择直线或者模型边线。

（2）选择【工具】|【草图工具】|【动态镜向】菜单命令，此时对称符号出现在直线或者边线的两端，如图6-78所示。

（3）实体在接下来的绘制中被镜向，如图6-79所示。

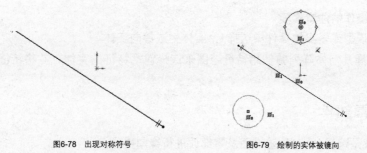

图6-78　出现对称符号　　　　　　　图6-79　绘制的实体被镜向

（4）如果要关闭镜向，则再次选择【工具】|【草图工具】|【动态镜向】菜单命令。

3．镜向草图操作的注意事项

（1）镜向只包括新的实体或原有及镜向的实体。

（2）可镜向某些或所有草图实体。

（3）围绕任何类型直线（不仅仅是构造性直线）镜向。

（4）可沿零件、装配体或工程图中的边线镜向。

6.4.2　镜向特征

镜向特征是沿面或者基准面镜向以生成1个特征（或者多个特征）的复制操作。

1．镜向特征的属性设置

单击【特征】工具栏中的  【镜向】按钮或者选择【插入】|【阵列/镜向】|【镜向】菜单命令，系统弹出【镜向】属性管理器，如图6-80所示。

（1）【镜向面/基准面】选项组，在图形区域中选择1个面或基准面作为镜向面。

（2）【要镜向的特征】选项组，单击模型中1个或者多个特征，也可以在【特征管理器设计树】中选择要镜向的特征。

（3）【要镜向的面】选项组，在图形区域中单击构成要镜向的特征的面，此选项组参数对于在输入的过程中仅包括特征的面且不包括特征本身的零件很有用。

2．生成镜向特征的操作步骤

（1）选择要进行镜向的特征。

（2）单击【特征】工具栏中的 【镜向】按钮或者选择【插入】|【阵列/镜向】|【镜向】菜单命令，系统弹出【镜向】属性管理器。根据需要，设置各选项组参数，单击 【确定】按钮，生成镜向特征，如图6-81所示。

图6-80　【镜向】属性管理器

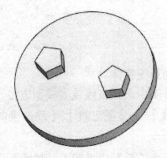

图6-81　生成镜向特征

3．镜向特征操作的注意事项

（1）在单一模型或多实体零件中选择1个实体生成镜向实体。

（2）通过选择几何体阵列并使用特征范围来选择包括特征的实体，并将特征应用到1个或多个实体零件中。

6.4.3　镜向零部件

镜向零部件就是选择1个对称基准面及零部件进行镜向操作。

在装配体窗口中，选择【插入】|【镜向零部件】菜单命令，系统打开【镜向零部件】属性管理器，如图6-82所示。

用鼠标右键单击要镜向的零部件的名称，在弹出的快捷菜单中进行选择，如图6-83所示。

（1）【镜向所有实例】，镜向所选零部件的所有实例。

（2）【复制所有子实例】，复制所选零部件的所有实例。

（3）【镜向所有零部件】，镜向装配体中所有的零部件。

（4）【复制所有零部件】，复制装配体中所有的零部件。

图6-82 【镜向零部件】属性管理器　　　　图6-83 快捷菜单

6.5　综合演练——创建支架模型

范例文件：\06\6-4. SLDPRT

多媒体教学路径：主界面→第6章→6.5综合演练

本章范例为创建如图6-84所示的支架模型，使用特征编辑命令创建细节特征。

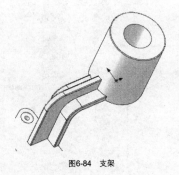

图6-84 支架

6.5.1　编辑基体

操作步骤

01　新建文件

单击【标准】工具栏上的 ▢【新建】按钮，打开【新建SolidWorks文件】对话框，如图6-85所示。

① 选择【零件】按钮。

② 单击【确定】按钮。

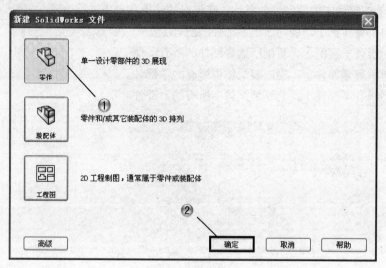

图6-85　新建文件

02 选择草绘面1

单击【草图】工具栏中的 【草图绘制】按钮，单击选择前视基准面进行绘制，如图6-86所示。

03 绘制圆

单击【草图】工具栏中的 【圆】按钮，弹出【圆】属性管理器，如图6-87所示。

① 绘制圆形。

② 设置圆的半径。

③ 单击【确定】按钮。最后单击【草图】工具栏中的 【退出草图】按钮。

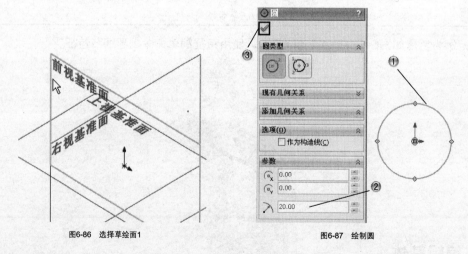

图6-86　选择草绘面1　　　　　　　　　　图6-87　绘制圆

04 拉伸凸台1

单击【特征】工具栏中的 【拉伸凸台／基体】按钮，弹出【凸台-拉伸】的属性管理器，如图6-88所示。

① 设置拉伸参数。

②单击【确定】按钮。

05 选择草绘面2

单击【草图】工具栏中的🖉【草图绘制】按钮，单击选择平面进行绘制，如图6-89所示。

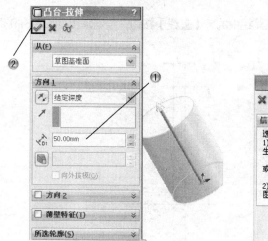

图6-88　拉伸凸台1

图6-89　选择草绘面2

06 绘制同心圆

单击【草图】工具栏中的⊙【圆】按钮，绘制同心圆，如图6-90所示。

07 拉伸凸台2

单击【特征】工具栏中的🖾【拉伸凸台/基体】按钮，弹出【凸台-拉伸】的属性管理器，如图6-91所示。

①设置拉伸参数。

②单击【确定】按钮。

图6-90　绘制同心圆

图6-91　拉伸凸台2

08 创建组合1

单击【特征】工具栏中的🖾【组合】按钮，打开【组合1】属性管理器，如图6-92所示。

① 选择【删减】选项。

② 选择【主要实体】和【减除的实体】。

③ 单击【确定】按钮。

09 绘制草图1

选择上视基准面进行草绘。单击【草图】工具栏中的▨【直线】按钮，绘制草图，如图6-93所示。

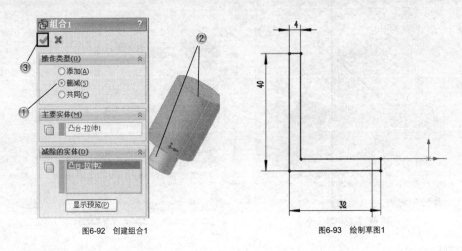

图6-92 创建组合1　　　　　　图6-93 绘制草图1

10 绘制圆角1

单击【草图】工具栏中的▨【绘制圆角】按钮，弹出【绘制圆角】属性管理器，如图6-94所示。

① 选择要圆角的线。

② 设置圆角参数。

③ 单击【确定】按钮。

11 绘制圆角2

单击【草图】工具栏中的▨【绘制圆角】按钮，弹出【绘制圆角】属性管理器，如图6-95所示。

① 选择要圆角的线。

② 设置圆角参数。

③ 单击【确定】按钮。最后单击【草图】工具栏中的▨【退出草图】按钮。

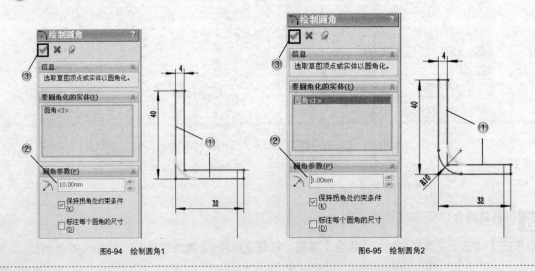

图6-94 绘制圆角1　　　　　　　　　　　　图6-95 绘制圆角2

12　拉伸凸台3

单击【特征】工具栏中的 ⬚【拉伸凸台／基体】按钮，弹出【凸台–拉伸】的属性管理器，如图6–96所示。

① 设置拉伸参数。

② 单击【确定】按钮。

13　等距实体

选择上视基准面进行草绘。单击【草图】工具栏中的 ⬚【等距实体】按钮，弹出【等距实体】属性管理器，如图6–97所示。

① 设置偏移参数。

② 依次选择边线。

③ 单击【确定】按钮。

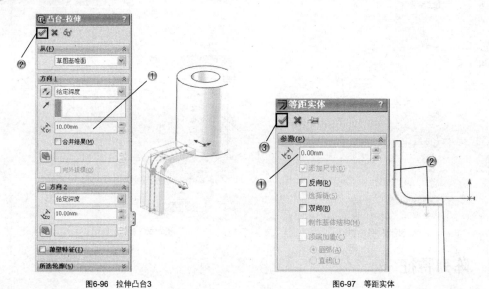

图6-96　拉伸凸台3　　　　　　　　　　　　图6-97　等距实体

14　绘制草图2

单击【草图】工具栏中的 ⬚【直线】按钮，绘制草图，如图6–98所示。最后单击【草图】工具栏中的 ⬚【退出草图】按钮。

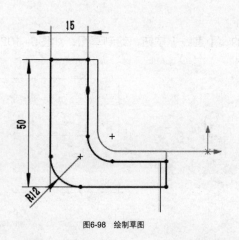

图6-98　绘制草图

15 拉伸凸台3

单击【特征】工具栏中的 【拉伸凸台／基体】按钮，弹出【凸台-拉伸】的属性管理器，如图6-99所示。

① 设置拉伸参数。

② 单击【确定】按钮。

16 创建组合2

单击【特征】工具栏 【组合】按钮，打开【组合2】属性管理器，如图6-100所示。

① 选择【添加】选项。

② 选择要组合的实体。

③ 单击【确定】按钮。

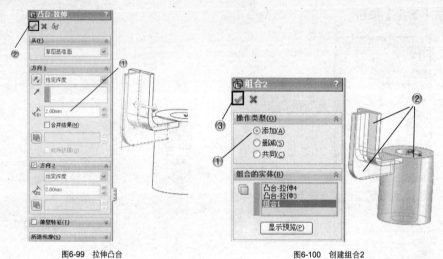

图6-99　拉伸凸台　　　　　　　　　　图6-100　创建组合2

6.5.2　阵列特征

操作步骤

01 选择草绘面1

单击【草图】工具栏中的 【草图绘制】按钮，单击选择平面进行绘制，如图6-101所示。

02 绘制三角形

单击【草图】工具栏中的 【直线】按钮，绘制草图，如图6-102所示。

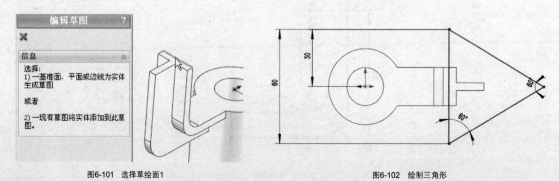

图6-101　选择草绘面1　　　　　　　　　　图6-102　绘制三角形

03 绘制圆角

单击【草图】工具栏中的 **⌐** 【绘制圆角】按钮，弹出【绘制圆角】属性管理器，如图6-103所示。

① 选择要圆角的线。
② 设置圆角参数。
③ 单击【确定】按钮。

04 拉伸凸台

单击【特征】工具栏中的 **▨** 【拉伸凸台／基体】按钮，弹出【凸台−拉伸】的属性管理器，如图6-104所示。

① 设置拉伸参数。
② 单击【确定】按钮。

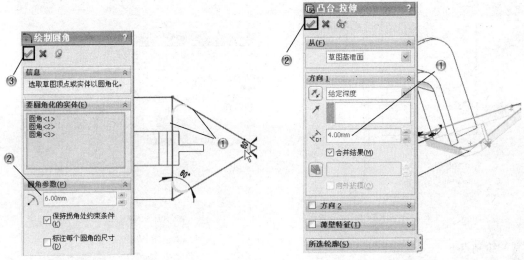

图6-103　绘制圆角　　　　　　　　　　　　图6-104　拉伸凸台

05 创建孔

选择【插入】|【特征】|【孔】|【向导】菜单命令，弹出【孔规格】属性管理器。

① 单击【位置】标签，切换到【孔位置】属性管理器，如图6-105所示。
② 放置孔并约束孔的位置。

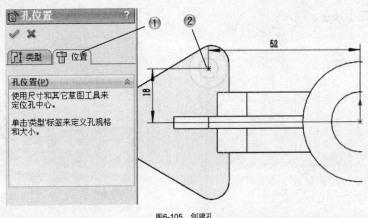

图6-105　创建孔

06 设置孔参数

单击【类型】标签,切换到【孔规格】属性管理器,如图6-106所示。

① 设置孔的参数

② 单击【确定】按钮。

07 选择草绘面2

单击【草图】工具栏中的⊘【草图绘制】按钮,单击选择平面进行绘制,如图6-107所示。

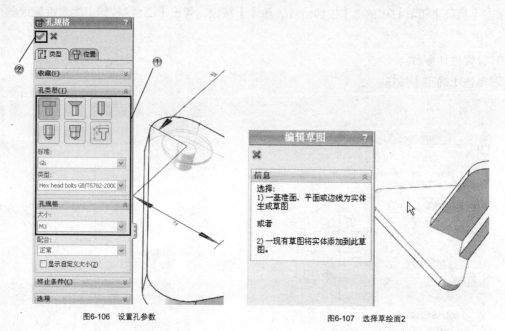

图6-106 设置孔参数 　　　　　　　　　　图6-107 选择草绘面2

08 绘制点

单击【草图】工具栏中的▣【点】按钮,绘制点,如图6-108所示。

09 创建阵列

单击【特征】工具栏中的▦【草图驱动的阵列】按钮,弹出【由草图驱动的阵列】属性管理器,如图6-109所示。

① 选择阵列对象和草图。

② 单击【确定】按钮。

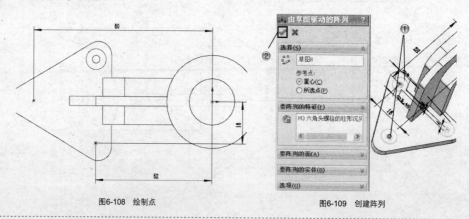

图6-108 绘制点 　　　　　　　　　　图6-109 创建阵列

10 创建圆角

单击【特征】工具栏中的 【圆角】按钮，弹出【圆角】属性管理器，如图6-110所示。

① 选择要圆角的边线。

② 设置圆角半径。

③ 单击【确定】按钮。

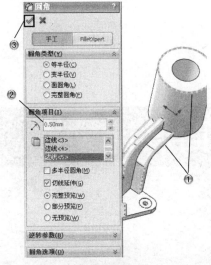

图6-110　创建圆角

6.6　知识回顾

本章讲解了对实体进行组合编辑及对相应对象进行阵列/镜像的方法。其中阵列和镜像都是按照一定规则复制源特征的操作。镜像操作是源特征围绕镜像轴或者面进行一对一的复制过程。阵列操作是按照一定规则进行一对多的复制过程。阵列和镜像的操作对象可以是草图、特征和零部件等。

6.7　课后习题

使用镜向命令，创建如图6-111所示的模型。

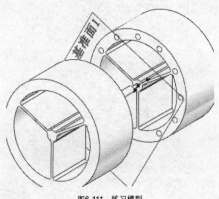

图6-111　练习模型

第7章

曲线与曲面设计

SolidWorks提供了曲线和曲面的设计功能以及各种创建方法和命令。曲线和曲面是复杂和不规则实体模型的主要组成部分，尤其在工业设计中，该组命令的应用更为广泛。曲线和曲面使不规则实体的绘制更加灵活、快捷。在SolidWorks中，既可以生成曲面，也可以对生成的曲面进行编辑。编辑曲面的命令可以通过菜单命令进行选择，也可以通过工具栏进行调用。

本章主要介绍曲线可用来生成实体模型特征，主要命令有投影曲线、组合曲线、螺旋线/涡状线、分割线、通过参考点的曲线和通过X、Y、Z点的曲线等。曲面也是用来生成实体模型的几何体，主要命令有拉伸曲面、旋转曲面、扫描曲面、放样曲面、等距曲面和延展曲面等。曲面编辑的主要命令有圆角曲面、填充曲面、中面、延伸曲面、剪裁、替换和删除曲面。

知识要点

✖ 曲线设计
✖ 曲面设计
✖ 圆角和填充曲面
✖ 中面和延伸曲面
✖ 剪裁、替换和删除面

案例解析

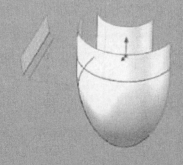

曲面造型

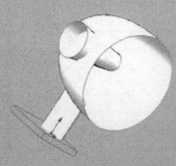

曲面零件

7.1 曲线设计

曲线是组成不规则实体模型的最基本要素，SolidWorks提供了绘制曲线的工具栏和菜单命令。

选择【插入】|【曲线】菜单命令可以选择绘制相应曲线的类型，如图7-1所示，或者选择【视图】|【工具栏】|【曲线】菜单命令，调出【曲线】工具栏，如图7-2所示，在【曲线】工具栏中进行选择。

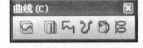

图7-1 【曲线】菜单命令　　　　图7-2 【曲线】工具栏

7.1.1 投影曲线

投影曲线可以通过将绘制的曲线，投影到模型面上的方式生成1条三维曲线，即"草图到面"的投影类型，也可以使用另1种方式生成投影曲线，即"草图到草图"的投影类型。首先在2个相交的基准面上分别绘制草图，此时系统会将每个草图沿所在平面的垂直方向投影以得到相应的曲面，最后这2个曲面在空间中相交，而生成1条三维曲线。

1. 投影曲线的属性设置

单击【曲线】工具栏中的 【投影曲线】按钮或者选择【插入】|【曲线】|【投影曲线】菜单命令，系统打开【投影曲线】属性管理器，如图7-3所示。在【选择】选项组中，可以选择2种投影类型，即【面上草图】和【草图上草图】。

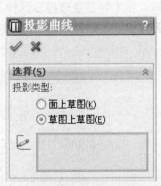

（a）【草图上草图】投影类型

（b）【面上草图】投影类型

图7-3 【投影曲线】属性管理器

（1）　【要投影的一些草图】。在图形区域或者特征管理器设计树中，选择曲线草图。

（2）　【投影面】。在实体模型上选择想要投影草图的面。

（3）【反转投影】复选框。设置投影曲线的方向。

2. 生成投影类型为【草图上草图】的投影曲线的操作步骤

（1）单击【标准】工具栏中的 🗋【新建】按钮，新建零件文件。

（2）选择前视基准面为草图绘制平面，单击【草图】工具栏中的〜【样条曲线】按钮，绘制1条样条曲线。

（3）选择上视基准面为草图绘制平面，单击【草图】工具栏中的〜【样条曲线】按钮，再次绘制1条样条曲线。

（4）单击【标准视图】工具栏中的 🖼【等轴测】按钮，将视图以等轴测方向显示，如图7-4所示。

（5）单击【曲线】工具栏中的 🖼【投影曲线】按钮或者选择【插入】|【曲线】|【投影曲线】菜单命令，系统弹出【投影曲线】属性管理器。在【选择】选项组中，选择【草图上草图】投影类型。

（6）单击 ❏【要投影的一些草图】选择框，在图形区域中选择（2）~（3）绘制的草图，如图7-5所示，此时在图形区域中可以预览生成的投影曲线，单击 ✔【确定】按钮，生成投影曲线，如图7-6所示。

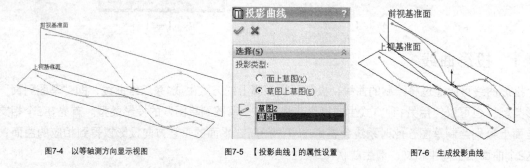

| 图7-4 以等轴测方向显示视图 | 图7-5 【投影曲线】的属性设置 | 图7-6 生成投影曲线 |

3. 生成投影类型为【面上草图】的投影曲线的操作步骤

（1）单击【标准】工具栏中的 🗋【新建】按钮，新建零件文件。

（2）选择前视基准面为草图绘制平面，绘制一条样条曲线，单击【曲面】工具栏中的 🖼【拉伸曲面】按钮，拉伸出1个宽为50mm的曲面，如图7-7所示。

（3）单击【参考几何体】工具栏中的 🖎【基准面】按钮，系统打开【基准面】属性管理器。在【第一参考】选项组中，单击【参考实体】选择框，在【特征管理器设计树】中选择【上视基准面】，设置【距离】为50mm，如图7-8所示，在图形区域中上视基准面上方50mm处生成基准面1，如图7-9所示。

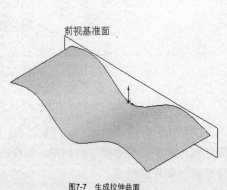

| 图7-7 生成拉伸曲面 | 图7-8 【基准面】的属性设置 |

（4）选择基准面1为草图绘制平面，单击【草图】工具栏中的 ～ 【样条曲线】按钮，绘制1条样条曲线。

（5）单击【标准视图】工具栏中的 ◎ 【等轴测】按钮，将视图以等轴测方向显示，如图7-10所示。

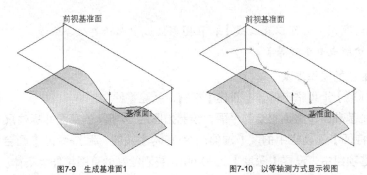

图7-9 生成基准面1　　　　　　　　　图7-10 以等轴测方式显示视图

（6）单击【曲线】工具栏中的 ▥ 【投影曲线】按钮或者选择【插入】|【曲线】|【投影曲线】菜单命令，系统弹出【投影曲线】属性管理器。在【选择】选项组中，选择【面上草图】投影类型。单击【要投影的草图】选择框，在图形区域中选择第（4）步绘制的草图，单击【投影面】选择框，在图形区域中选择第（2）步中生成的拉伸曲面，启用【反转投影】复选框，确定曲线的投影方向，如图7-11所示，此时在图形区域中可以预览生成的投影曲线，单击 ✓ 【确定】按钮，生成投影曲线，如图7-12所示。

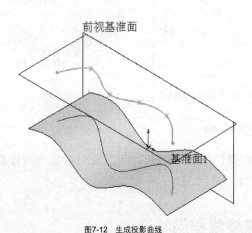

图7-11 【投影曲线】的属性设置　　　　　　图7-12 生成投影曲线

 **高手指点**

在使用【草图上草图】类型生成投影曲线时，草图所在的2个基准面必须相交，否则不能生成投影曲线。在执行【投影曲线】命令之前，如果事先选择了生成投影曲线的对象，则其属性设置会自动选择合适的投影类型，系统默认的投影类型为【草图上草图】类型。

7.1.2　组合曲线

组合曲线通过将曲线、草图几何体和模型边线组合为1条单一曲线而生成。组合曲线可以作为生成放样特征或者扫描特征的引导线或者轮廓线。

1. 组合曲线的属性设置

单击【曲线】工具栏中的【组合曲线】按钮或者选择【插入】|【曲线】|【组合曲线】菜单命令，系统打开【组合曲线】属性管理器，如图7-13所示。

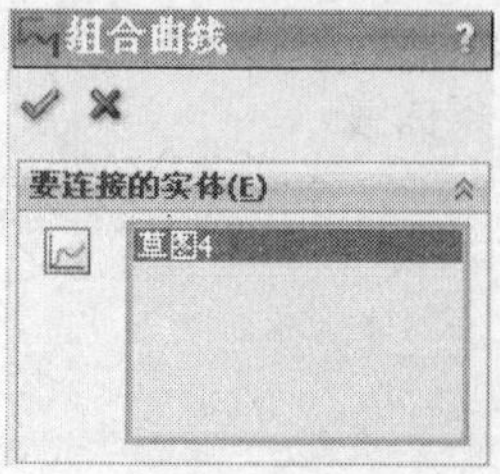

- 【要连接的草图、边线以及曲线】，在图形区域中选择要组合曲线的项目（如草图、边线或者曲线等）。

图7-13 【组合曲线】属性管理器

2. 生成组合曲线的操作步骤

（1）单击【标准】工具栏中的【新建】按钮，新建零件文件。

（2）选择前视基准面作为草图绘制平面，绘制如图7-14所示的草图并标注尺寸。

（3）单击【特征】工具栏中的【拉伸凸台/基体】按钮，系统弹出【凸台-拉伸】属性管理器。在【方向1】选项组中，设置【深度】为30mm，将刚绘制的草图拉伸为实体。

（4）单击【曲线】工具栏中的【组合曲线】按钮或者选择【插入】|【曲线】|【组合曲线】菜单命令，系统打开【组合曲线】属性管理器。在【要连接的实体】选项组中，单击【要连接的草图、边线以及曲线】选择框，在图形区域中依次选择如图7-15所示的边线1～边线4，如图7-16所示，此时在图形区域中可以预览生成的组合曲线，单击【确定】按钮，生成组合曲线，如图7-17所示。

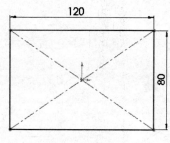

图7-14 绘制草图并标注尺寸

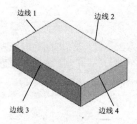

图7-15 选择边线

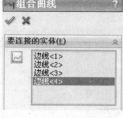

图7-16 【组合曲线】的属性设置

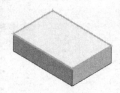

图7-17 生成组合曲线

 教你一招

组合曲线是1条连续的曲线，它可以是开环的，也可以是闭环的，因此在选择组合曲线的对象时，它们必须是连续的，中间不能有间隔。

7.1.3 螺旋线和涡状线

螺旋线和涡状线可以作为扫描特征的路径或者引导线，也可以作为放样特征的引导线，通常用来生成螺纹、弹簧和发条等零件，也可以在工业设计中作为装饰使用。

1. 螺旋线和涡状线的属性设置

单击【曲线】工具栏中的【螺旋线/涡状线】按钮或者选择【插入】|【曲线】|【螺旋线/涡状线】菜单命令，系统弹出【螺旋线/涡状线】属性管理器。

（1）【定义方式】选项组，用来定义生成螺旋线和涡状线的方式，可以根据需要进行选择，如图7-18所示。

- 【螺距和圈数】，通过定义螺距和圈数生成螺旋线，其属性设置如图7-19所示。

图7-19　选择【螺距和圈数】选项后的属性设置

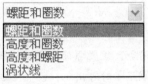

图7-18　【定义方式】选项

- 【高度和圈数】，通过定义高度和圈数生成螺旋线，其属性设置如图7-20所示。
- 【高度和螺距】，通过定义高度和螺距生成螺旋线，其属性设置如图7-21所示。
- 【涡状线】，通过定义螺距和圈数生成涡状线，其属性设置如图7-22所示。

图7-20　选择【高度和圈数】选项

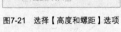

图7-21　选择【高度和螺距】选项

图7-22　选择【涡状线】选项

（2）【参数】选项组。

- 【恒定螺距】（在选择【螺距和圈数】和【高度和螺距】选项时可用），以恒定螺距方式生成螺旋线。
- 【可变螺距】（在选择【螺距和圈数】和【高度和螺距】选项时可用），以可变螺距方式生成螺旋线。
- 【区域参数】（在选中【可变螺距】单选按钮后可用），通过指定圈数或者高度、直径以及螺距率生成可变螺距螺旋线，如图7-23所示。

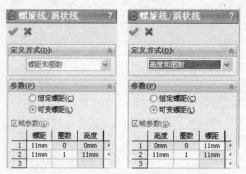

图7-23 【区域参数】设置

- 【螺距】（在选择【高度和圈数】选项时不可用），为每个螺距设置半径更改比率。设置的数值必须至少为0.001，且不大于200 000。
- 【圈数】（在选择【高度和螺距】选项时不可用），设置螺旋线及涡状线的旋转数。
- 【高度】（在选择【高度和圈数】和【高度和螺距】时可用），设置生成螺旋线的高度。
- 【反向】复选框，用来反转螺旋线及涡状线的旋转方向。启用该复选框，则将螺旋线从原点处向后延伸或者生成1条向内旋转的涡状线。
- 【起始角度】，设置在绘制的草图圆上开始初始旋转的位置。
- 【顺时针】，设置生成的螺旋线及涡状线的旋转方向为顺时针。
- 【逆时针】，设置生成的螺旋线及涡状线的旋转方向为逆时针。

（3）【锥形螺纹线】选项组（在【定义方式】选项组中选择【涡状线】选项时不可用）。

- 【锥形角度】，设置生成锥形螺纹线的角度。
- 【锥度外张】，设置生成的螺纹线是否锥度外张。

2. 生成螺旋线的操作步骤

（1）单击【标准】工具栏中的 【新建】按钮，新建零件文件。

（2）选择前视基准面为草图绘制平面，绘制1个直径为50mm的圆形草图并标注尺寸，如图7-24所示。

（3）单击【曲线】工具栏中的 【螺旋线/涡状线】按钮或者选择【插入】|【曲线】|【螺旋线/涡状线】菜单命令，系统弹出【螺旋线/涡状线】属性管理器。在【定义方式】选项组中，选择【螺距和圈数】选项；在【参数】选项组中，选中【恒定螺距】单选按钮，设置【螺距】为15mm，【圈数】为6，如图7-25所示，单击 【确定】按钮，生成螺旋线。

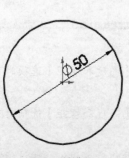

图7-24 绘制草图　　　　图7-25 【螺旋线/涡状线】的属性设置

（4）单击【标准视图】工具栏中的  【上下二等角轴测】按钮，将视图以上下二等角轴测方式显示，如图7-26所示。

（5）用鼠标右键单击特征管理器设计树中的【螺旋线/涡状线1】图标，在弹出的菜单中选择【编辑特征】命令，如图7-27所示，系统弹出【螺旋线/涡状线1】属性管理器，对生成的螺旋线进行编辑。

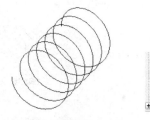

图7-26　生成螺旋线

图7-27　快捷菜单

（6）在【锥形螺纹线】选项组中，设置【锥形角度】为8度，如图7-28所示，单击 【确定】按钮，生成锥形螺旋线，如图7-29所示。

（7）如果在【锥形螺纹线】选项组中，设置【锥形角度】为10度，启用【锥度外张】复选框，如图7-30所示，单击 【确定】按钮，生成锥形螺旋线，如图7-31所示。

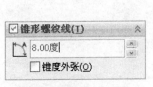

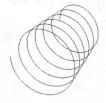

图7-28　设置【锥形角度】数值　　图7-29　生成锥形螺旋线　　图7-30　启用【锥度外张】复选框　　图7-31　生成锥形螺旋线

3．生成涡状线的操作步骤

（1）单击【标准】工具栏中的 【新建】按钮，新建零件文件。

（2）选择前视基准面为草图绘制平面，绘制1个直径为50mm的圆形草图并标注尺寸。

（3）单击【曲线】工具栏中的 【螺旋线/涡状线】按钮或者选择【插入】｜【曲线】｜【螺旋线/涡状线】菜单命令，系统打开【螺旋线/涡状线】属性管理器。在【定义方式】选项组中，选择【涡状线】选项；在【参数】选项组中，设置【螺距】为8mm，【圈数】为6，【起始角度】为135度，选中【顺时针】单选按钮，如图7-32所示，单击 【确定】按钮，生成涡状线，如图7-33所示。

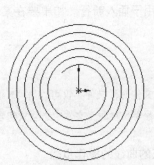

图7-32　【螺旋线/涡状线】的属性设置　　图7-33　生成涡状线

（4）用鼠标右键单击特征管理器设计树中的【螺旋线/涡状线1】图标，在弹出的菜单中选择【编辑特征】命令，如图7-34所示，系统弹出【螺旋线/涡状线1】属性管理器，对生成的涡状线进行编辑，选中【逆时针】单选按钮，单击 ✓【确定】按钮，生成涡状线，如图7-35所示。

图7-34　快捷菜单

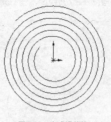

图7-35　生成涡状线

7.1.4　通过xyz点的曲线

可以通过用户定义的点生成样条曲线，以这种方式生成的曲线被称为通过xyz点的曲线。在SolidWorks中，用户既可以自定义样条曲线通过的点，也可以利用点坐标文件生成样条曲线。

1. 通过xyz点的曲线的属性设置

单击【曲线】工具栏中的 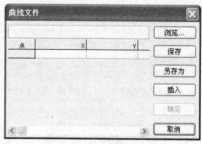 【通过XYZ点的曲线】按钮或者选择【插入】|【曲线】|【通过XYZ点的曲线】菜单命令，弹出【曲线文件】对话框，如图7-36所示。

图7-36　【曲线文件】对话框

（1）【点】、【X】、【Y】、【Z】，【点】的列坐标定义生成曲线的点的顺序；【X】、【Y】、【Z】的列坐标对应点的坐标值。双击每个单元格，即可激活该单元格，然后输入数值即可。

（2）【浏览】，单击【浏览】按钮，弹出【打开】对话框，可以输入存在的曲线文件，根据曲线文件，直接生成曲线。

（3）【保存】，单击【保存】按钮，弹出【另存为】对话框，选择想要保存的位置，然后在【文件名】文字框中输入文件名称。如果没有指定扩展名，SolidWorks 应用程序会自动添加"*.sldcrv"的扩展名。

（4）【插入】，用于插入新行。如果要在某一行之上插入新行，只要单击该行，然后单击【插入】按钮即可。

 教你一招

在输入存在的曲线文件时，文件不仅可以是"*.sldcrv"格式的文件，也可以是"*.txt"格式的文件。使用Excel等应用程序生成坐标文件时，文件中必须只包含坐标数据，而不能是x、y、z的标号及其他无关数据。

2. 生成通过xyz点的曲线的操作步骤

第一种，输入坐标。

（1）单击【标准】工具栏中的 【新建】按钮，新建零件文件。

（2）单击【曲线】工具栏中的 ✍【通过XYZ点的曲线】按钮或者选择【插入】|【曲线】|【通过XYZ点的曲线】菜单命令，弹出【曲线文件】对话框。

（3）在【X】、【Y】、【Z】的单元格中输入生成曲线的坐标点的数值，如图7-37所示，单击【确定】按钮，结果如图7-38所示。

图7-37 设置【曲线文件】对话框

图7-38 生成通过xyz点的曲线

第二种，导入坐标点文件。

（1）单击【标准】工具栏中的 【新建】按钮，新建零件文件。

（2）单击【曲线】工具栏中的 ✍【通过XYZ点的曲线】按钮或者选择【插入】|【曲线】|【通过XYZ点的曲线】菜单命令，弹出【曲线文件】对话框。

（3）单击【浏览】按钮，弹出【打开】对话框，选择需要的曲线文件。

（4）单击【打开】按钮，此时选择的文件的路径和文件名，出现在【曲线文件】对话框上方的空白框中，如图7-39所示，单击【确定】按钮，结果如图7-40所示。

高手指点

通过XYZ点的曲线的点的顺序，是按照曲线文件中点的序列进行连接的。

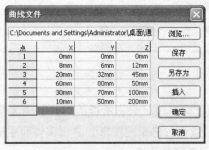

图7-39 【曲线文件】对话框

图7-40 生成通过xyz点的曲线

7.1.5 通过参考点的曲线

通过参考点的曲线是通过1个或者多个平面上的点而生成的曲线。

1. 通过参考点的曲线的属性设置

单击【曲线】工具栏中的 ◎【通过参考点的曲线】按钮或者选择【插入】|【曲线】|【通过参考点的曲线】菜单命令，系统打开【通过参考点的曲线】属性管理器，如图7-41所示。

（1）【通过参考点的曲线】，选择通过1个或者多个平面上的点。

（2）【闭环曲线】复选框，定义生成的曲线是否闭合。启用该复选框，则生成的曲线自动闭合。

2. 生成通过参考点的曲线的操作步骤

（1）单击【曲线】工具栏中的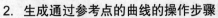【通过参考点的曲线】按钮或者单击【插入】|【曲线】|【通过参考点的曲线】菜单命令，系统打开【通过参考点的曲线】属性管理器。

（2）在图形区域中选择如图7-42所示的顶点1~顶点4，此时在图形区域中可以预览到生成的曲线，单击✔【确定】按钮，生成通过参考点的曲线，如图7-43所示。

图7-41 【通过参考点的曲线】属性管理器

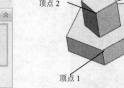

图7-42 选择顶点

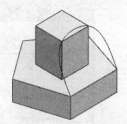

图7-43 生成通过参考点的曲线

（3）用鼠标右键单击特征管理器设计树中的【曲线1】图标（即上一步生成的曲线），在弹出的快捷菜单中选择【编辑特征】命令，如图7-44所示；系统弹出【曲线1】属性管理器，启用【闭环曲线】复选框，如图7-45所示；单击✔【确定】按钮，生成的通过参考点的曲线自动变为闭合曲线，如图7-46所示。

图7-44 快捷菜单

图7-45 【曲线1】的属性设置

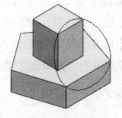

图7-46 生成闭合曲线

 高手指点

在生成通过参考点的曲线时，选择的参考点既可以是草图中的点，也可以是模型实体中的点。

7.1.6 分割线

分割线通过将实体投影到曲面或者平面上而生成。它将所选的面分割为多个分离的面，从而可以选择其中1个分离面进行操作。分割线也可以通过将草图投影到曲面实体而生成，投影的实体可以是草图、模型实体、曲面、面、基准面或者曲面样条曲线。

1. 分割线的属性设置

单击【曲线】工具栏中的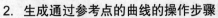【分割线】按钮或者选择【插入】|【曲线】|【分割线】菜单命令，系统弹出【分割线】属性管理器。在【分割类型】选项组中，选择生成的分割线的类型，如图7-47所示。

- 【轮廓】，在圆柱形零件上生成分割线。
- 【投影】，将草图线投影到表面上生成分割线。
- 【交叉点】，以交叉实体、曲面、面、基准面或者曲面样条曲线分割面。

（1）选中【轮廓】单选按钮后的属性设置。单击【曲线】工具栏中的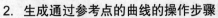【分割线】按钮或者选

择【插入】|【曲线】|【分割线】菜单命令，系统打开【分割线】属性管理器。选中【轮廓】单选按钮，其属性设置如图7-48所示。

- 【拔模方向】，在图形区域或者【特征管理器设计树】中选择通过模型轮廓投影的基准面。

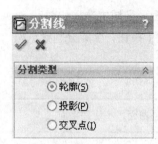

图7-47　【分割类型】选项组　　　　　图7-48　选中【轮廓】单选按钮后的属性设置

- ▥【要分割的面】，选择1个或者多个要分割的面。
- 【反向】复选框，设置拔模方向。启用该复选框，则以反方向拔模。
- ☝【角度】，设置拔模角度，主要用于制造工艺方面的考虑。

（2）选中【投影】单选按钮后的属性设置。单击【曲线】工具栏中的▥【分割线】按钮或者选择【插入】|【曲线】|【分割线】菜单命令，系统弹出【分割线】属性管理器。选中【投影】单选按钮，其属性设置如图7-49所示。

- ▥【要投影的草图】，在图形区域或者【特征管理器设计树】中选择草图，作为要投影的草图。
- 【单向】，以单方向进行分割以生成分割线。

（3）选中【交叉点】单选按钮后的属性设置。单击【曲线】工具栏中的▥【分割线】按钮或者选择【插入】|【曲线】|【分割线】菜单命令，系统弹出【分割线】属性管理器。选中【交叉点】单选按钮，其属性设置如图7-50所示。

图7-49　选中【投影】单选按钮后的属性设置　　　　　图7-50　选中【交叉点】单选按钮后的属性设置

- 【分割所有】复选框，分割线穿越曲面上所有可能的区域，即分割所有可以分割的曲面。
- 【自然】，按照曲面的形状进行分割。
- 【线性】，按照线性方向进行分割。

2. 生成分割线的操作步骤

（1）生成【轮廓】类型的分割线。单击【曲线】工具栏中的 【分割线】按钮或者选择【插入】|【曲线】|【分割线】菜单命令，系统打开【分割线】属性管理器。在【分割类型】选项组中，选中【轮廓】单选按钮；在【选择】选项组中，单击【拔模方向】选择框，在图形区域中选择如图7-51中的面1，单击【要分割的面】选择框，在图形区域中选择如图7-51所示的面2，其他设置如图7-52所示，单击 【确定】按钮，生成分割线，如图7-53所示（图中的曲线1为生成的分割线）。

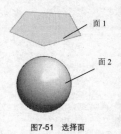

图7-51　选择面

高手指点

生成【轮廓】类型的分割线时，要分割的面必须是曲面，不能是平面。

图7-52　【分割线】的属性设置

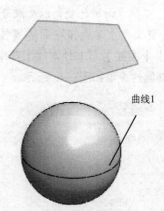

图7-53　生成分割线

（2）生成【投影】类型的分割线。单击【曲线】工具栏中的 【分割线】按钮或者选择【插入】|【曲线】|【分割线】菜单命令，系统弹出【分割线】属性管理器。在【分割类型】选项组中，选中【投影】单选按钮；在【选择】选项组中，单击【要投影的草图】复选框，在图形区域中选择如图7-54所示的草图2，单击【要分割的面】选择框，在图形区域中选择如图7-54所示的面1，其他设置如图7-55所示，单击 【确定】按钮，生成分割线，如图7-56所示（图中的曲线1为生成的分割线）。

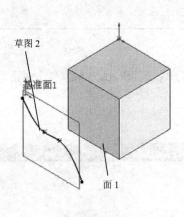

图7-54 选择草图和面　　　　　　图7-55 【分割线】的属性设置

![高手指点图标] **高手指点**

　　生成【投影】类型的分割线时,要投影的草图在投影面上的投影必须穿过要投影的面,否则系统会提示错误,导致不能生成分割线。

　　(3)生成【交叉点】类型的分割线。

　　单击【曲线】工具栏中的 ![icon]【分割线】按钮或者选择【插入】|【曲线】|【分割线】菜单命令,系统打开【分割线】属性管理器。在【分割类型】选项组中,选中【交叉点】单选按钮;在【选择】选项组中,单击【分割实体/面/基准面】选择框,在图形区域中选择如图7-57所示的面1~面6,单击【要分割的面/实体】选择框,选择图形区域中如图7-57所示的面7,其他设置如图7-58所示,单击 ✓【确定】按钮,生成分割线,如图7-59所示(分割线位于分割面和目标面的交叉处)。

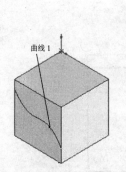

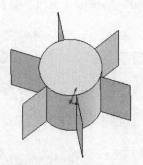

图7-56 生成分割线　　　　图7-57 选择面　　　　图7-58 【分割线】的属性设置　　　　图7-59 生成分割线

![教你一招图标] **教你一招**

　　生成【交叉点】类型的分割线时,分割实体和目标实体必须有相交处,否则不能生成分割线。

实例——曲线设计

结果文件：\07\7-1. SLDPRT

多媒体教学路径：主界面→第7章→7.1实例

01 新建文件

单击【标准】工具栏上的 【新建】按钮，打开【新建SolidWorks文件】对话框，如图7-60所示。

① 选择【零件】按钮。

② 单击【确定】按钮。

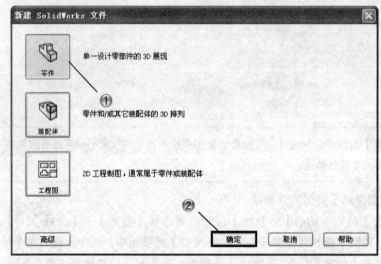

图7-60 新建文件

02 选择草绘面1

单击【草图】工具栏中的 【草图绘制】按钮，单击选择上视基准面进行绘制，如图7-61所示。

03 绘制矩形2

单击【草图】工具栏中的 【边角矩形】按钮，绘制矩形，如图7-62所示。最后单击【草图】工具栏中的 【退出草图】按钮。

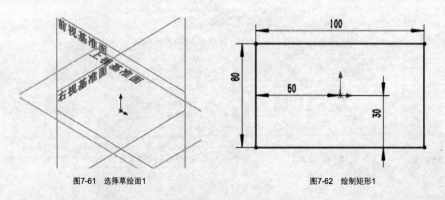

图7-61 选择草绘面1　　　　　　　　图7-62 绘制矩形1

04 拉伸凸台1

单击【特征】工具栏中的 【拉伸凸台／基体】按钮，弹出【凸台-拉伸】的属性管理器，如图7-63所示。

① 设置拉伸参数。

② 单击【确定】按钮。

05 创建基准面

单击【参考几何体】工具栏中的 ⊠【基准面】按钮，弹出【基准面】属性管理器，如图7-64所示。

① 选择上视基准面。

② 设置偏移参数。

③ 单击【确定】按钮。

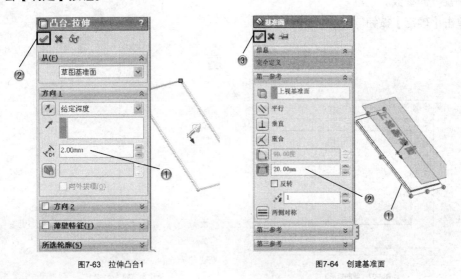

图7-63　拉伸凸台1　　　　　　　　　　　　图7-64　创建基准面

06 绘制矩形2

单击【草图】工具栏中的 ▫【边角矩形】按钮，绘制矩形，如图7-65所示。最后单击【草图】工具栏中的 ⊡【退出草图】按钮。

07 创建分割线

单击【曲线】工具栏中的 ◙【分割线】按钮，弹出【分割线】属性管理器，如图7-66所示。

① 设置分割类型。

② 选择曲线和曲面。

③ 单击【确定】按钮。

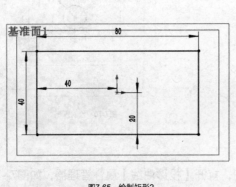

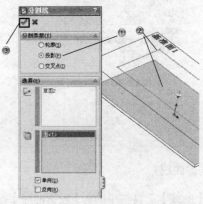

图7-65　绘制矩形2　　　　　　　　　　　图7-66　创建分割线

08 绘制矩形3

选择基准面1绘制草图。单击【草图】工具栏中的□【边角矩形】按钮，绘制矩形，如图7-67所示。最后单击【草图】工具栏中的匚【退出草图】按钮。

09 拉伸凸台2

单击【特征】工具栏中的▦【拉伸凸台／基体】按钮，弹出【凸台-拉伸】的属性管理器，如图7-68所示。

①设置拉伸参数。

②单击【确定】按钮。

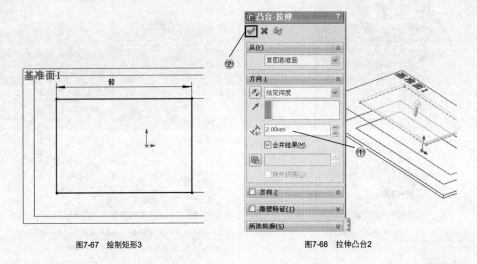

图7-67 绘制矩形3   图7-68 拉伸凸台2

10 选择草绘面2

单击【草图】工具栏中的匚【草图绘制】按钮，单击选择平面进行绘制，如图7-69所示。

11 绘制圆

单击【草图】工具栏中的◎【圆】按钮，绘制圆形，如图7-70所示。最后单击【草图】工具栏中的匚【退出草图】按钮。

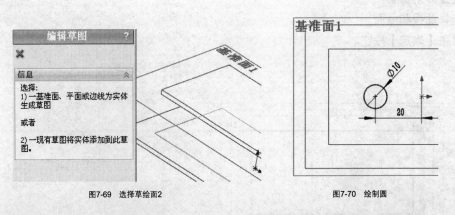

图7-69 选择草绘面2   图7-70 绘制圆

12 投影曲线

单击【曲线】工具栏中的▦【投影曲线】按钮，打开【投影曲线】属性管理器，如图7-71所示。

① 设置投影类型。

② 选择草图和平面。

③ 单击【确定】按钮。

13 组合曲线

单击【曲线】工具栏中的 🖳【组合曲线】按钮，打开【组合曲线】属性管理器，如图7-72所示。

① 依次选择边线。

② 单击【确定】按钮。

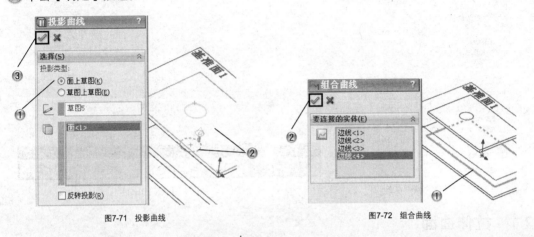

图7-71 投影曲线　　　　　　　图7-72 组合曲线

7.2 曲面设计

　　曲面是1种可以用来生成实体特征的几何体（如圆角曲面等）。1个零件中可以有多个曲面实体。

　　在SolidWorks中，生成曲面的方式如下。

　　（1）由草图或者基准面上的1组闭环边线插入平面。

　　（2）由草图拉伸、旋转、扫描或者放样生成曲面。

　　（3）由现有面或者曲面生成等距曲面。

　　（4）从其他程序键输入曲面文件，如CATIA、ACIS、Pro/ENGINEER、Unigraphics、SolidEdge、Autodesk Inverntor等。

　　（5）由多个曲面组合成新的曲面。

　　在SolidWorks中，使用曲面的方式如下。

　　（1）选择曲面边线和顶点作为扫描的引导线和路径。

　　（2）通过加厚曲面生成实体或者切除特征。

　　（3）使用【成形到一面】或者【到离指定面指定的距离】作为终止条件，拉伸实体或者切除实体。

　　（4）通过加厚已经缝合成实体的曲面生成实体特征。

　　（5）用曲面作为替换面。

　　SolidWorks提供了生成曲面的工具栏和菜单命令。选择【插入】|【曲面】菜单命令可以选择生成相应曲面的类型，如图7-73所示，或者选择【视图】|【工具栏】|【曲面】菜单命令，调出【曲面】工具栏，如图7-74所示。

图7-73 【曲面】菜单命令

图7-74 【曲面】工具栏

7.2.1 拉伸曲面

拉伸曲面是将1条曲线拉伸为曲面。

1. 拉伸曲面的属性设置

单击【曲面】工具栏中的【拉伸曲面】按钮或者选择【插入】|【曲面】|【拉伸曲面】菜单命令，系统弹出【曲面-拉伸】属性管理器，如图7-75所示。在【从】选项组中，选择不同的【开始条件】，如图7-76所示。

图7-75 【曲面-拉伸】属性管理器

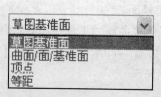

图7-76 【开始条件】选项

（1）【从】选项组，不同的开始条件对应不同的属性设置。

- 【草图基准面】（如图7-77所示）。
- 【曲面/面/基准面】（如图7-78所示）。

【选择一曲面/面/基准面】，选择一个面作为拉伸曲面的开始条件。

图7-77　设置【开始条件】为【草图基准面】　　图7-78　设置【开始条件】为【曲面/面/基准面】

- 【顶点】（如图7-79所示）。

【选择一顶点】，选择1个顶点作为拉伸曲面的开始条件。

- 【等距】（如图7-80所示）。

【输入等距值】，从与当前草图基准面等距的基准面上开始拉伸曲面，在数值框中可以输入等距数值。

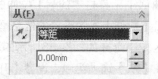

图7-79　设置【开始条件】为【顶点】　　图7-80　设置【开始条件】为【等距】

（2）【方向1】、【方向2】选项组。

- 【终止条件】，决定拉伸曲面的方式，如图7-81所示。

图7-81　【终止条件】选项

- 【反向】，可以改变曲面拉伸的方向。
- 【拉伸方向】，在图形区域中选择方向向量以垂直于草图轮廓的方向拉伸草图。
- 【深度】，设置曲面拉伸的深度。
- 【拔模开/关】，设置拔模角度，主要用于制造工艺的考虑。
- 【向外拔模】，设置拔模的方向。
- 【封底】，将拉伸曲面底面封闭。

其他属性设置不再赘述。

（3）【所选轮廓】选项组，在图形区域中选择草图轮廓和模型边线，使用部分草图生成曲面拉伸特征。

2. 生成【开始条件】为【草图基准面】拉伸曲面的操作步骤

（1）选择前视基准面为草图绘制平面，绘制如图7-82所示的样条曲线。

（2）单击【曲面】工具栏中的【拉伸曲面】按钮或者选择【插入】|【曲面】|【拉伸曲面】菜单命令，系统打开【曲面-拉伸】属性管理器。在【从】选项组中，设置【开始条件】为【草

图基准面】；在【方向1】选项组中，设置【终止条件】为【给定深度】，设置【深度】为30mm，其他设置如图7-83所示，单击 ✓【确定】按钮，生成拉伸曲面，如图7-84所示。

图7-82 绘制样条曲线　　　图7-83 【曲面-拉伸】的属性设置　　　图7-84 生成拉伸曲面

3. 生成【开始条件】为【曲面/面/基准面】拉伸曲面的操作步骤

（1）单击【曲面】工具栏中的 【拉伸曲面】按钮或者选择【插入】|【曲面】|【拉伸曲面】菜单命令，弹出【拉伸】属性设置的信息框，如图7-85所示。

（2）在图形区域中选择如图7-86所示的草图1（即选择1个现有草图），系统打开【曲面-拉伸】属性管理器。在【从】选项组中，设置【开始条件】为【曲面/面/基准面】，单击【选择一曲面/面/基准面】选择框，在图形区域中选择如图7-86所示的曲面2；在【方向1】选项组中，设置【终止条件】为【给定深度】，设置【深度】为30mm，其他设置如图7-87所示，单击 ✓【确定】按钮，生成拉伸曲面，如图7-88所示。

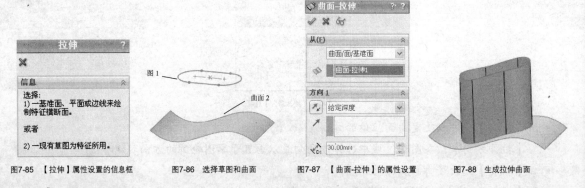

图7-85 【拉伸】属性设置的信息框　　　图7-86 选择草图和曲面　　　图7-87 【曲面-拉伸】的属性设置　　　图7-88 生成拉伸曲面

 高手指点

> 从【曲面/面/基准面】生成的拉伸曲面，其拉伸的曲面外形和指定的面的外形相同。

4. 生成【开始条件】为【顶点】拉伸曲面的操作步骤

（1）单击【曲面】工具栏中的 【拉伸曲面】按钮或者选择【插入】|【曲面】|【拉伸曲面】菜单命令，弹出【拉伸】属性设置的信息框，如图7-89所示。

（2）在图形区域中选择如图7-90所示的曲线3（即选择1个现有草图），系统弹出【曲面-拉伸】属性管理器。在【从】选项组中，设置【开始条件】为【顶点】，单击【选择一顶点】选择框，在图形区域中选择如图7-90所示的顶点1；在【方向1】选项组中，设置【终止条件】为【成形到一顶点】，单击【顶点】选择框，在图形区域中选择如图7-90所示的顶点2，其他设置如图7-91

所示，单击✔【确定】按钮，生成拉伸曲面，如图7-92所示。

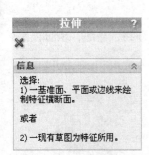

图7-89 【拉伸】属性设置的信息框

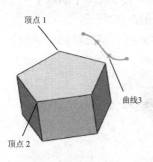

图7-90 选择曲线和顶点

图7-91 【曲面-拉伸】的属性设置

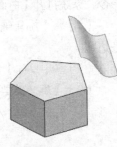

图7-92 生成拉伸曲面

 高手指点

顶点1和顶点2的距离决定了拉伸曲面的距离，但拉伸方向并不是从顶点1到顶点2，需要另行设置。

5. 生成【开始条件】为【等距】拉伸曲面的操作步骤

（1）单击【曲面】工具栏中的🔲【拉伸曲面】按钮或者选择【插入】|【曲面】|【拉伸曲面】菜单命令，弹出【拉伸】属性设置的信息框，如图7-93所示。

（2）在图形区域中选择如图7-94所示的草图（即选择1个现有草图），系统弹出【曲面-拉伸】属性管理器。在【从】选项组中，设置【开始条件】为【等距】，输入【等距值】为20mm；在【方向1】选项组中，设置【终止条件】为【给定深度】，【深度】为35mm，其他设置如图7-95所示，单击✔【确定】按钮，生成拉伸曲面，如图7-96所示。

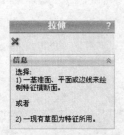

图7-93 【拉伸】属性设置的信息框

图7-94 选择草图

图7-95 【曲面-拉伸】的属性设置

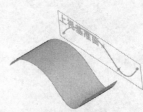

图7-96 生成拉伸曲面

 高手指点

在这4个拉伸曲面的类型中，均可以设置2个方向的拉伸曲面，并且可以生成拔模类型的曲面。

7.2.2 旋转曲面

从交叉或者非交叉的草图中选择不同的草图，并用所选轮廓生成的旋转的曲面，即为旋转曲面。

1. 旋转曲面的属性设置

单击【曲面】工具栏中的 【旋转曲面】按钮或者选择【插入】|【曲面】|【旋转曲面】菜单命令，系统打开【曲面-旋转】属性管理器，如图7-97所示。

（1）\ 【旋转轴】，设置曲面旋转所围绕的轴，所选择的轴可以是中心线、直线，也可以是1条边线。

（2） 【反向】，改变旋转曲面的方向。

（3）【旋转类型】，设置生成旋转曲面的类型，如图7-98所示。

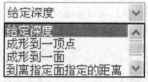

图7-97 【曲面-旋转】属性管理器　　图7-98 【旋转类型】选项

- 【给定深度】，从草图以单一方向生成旋转。
- 【成形到一顶点】，从草图基准面生成旋转到指定顶点。
- 【成形到一面】，从草图基准面生成旋转到指定曲面。
- 【到离指定面指定的距离】，从草图基准面生成旋转到指定曲面的指定等距。
- 【两侧对称】，从草图基准面以顺时针和逆时针方向生成旋转，如图7-99所示。需要注意的是，2个方向的总角度之和不会超过360°。

图7-99 设置【旋转类型】为【两侧对称】

（4） 【方向1角度】，设置旋转曲面的角度。系统默认的角度为360°，角度从所选草图基准面以顺时针方向开始。

2. 生成旋转曲面的操作步骤

（1）单击【曲面】工具栏中的 【旋转曲面】按钮或者选择【插入】|【曲面】|【旋转曲

面】菜单命令，系统弹出【曲面–旋转】属性管理器。在【旋转参数】选项组中，单击 ↘【旋转轴】选择框，在图形区域中选择如图7-100所示的中心线，其他设置如图7-101所示，单击 ✅【确定】按钮，生成旋转曲面，如图7-102所示。

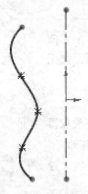

图7-100　选择中心线

图7-101　设置【旋转类型】为【给定深度】

图7-102　生成旋转曲面

（2）改变旋转类型，可以生成不同的旋转曲面。在【旋转参数】选项组中，设置【旋转类型】为【两侧对称】，如图7-103所示，单击 ✅【确定】按钮，生成旋转曲面，如图7-104所示。

图7-103　设置【旋转类型】为【两侧对称】

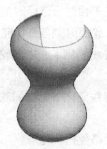

图7-104　生成旋转曲面

（3）在【旋转参数】选项组中，设置【方向2】选项组中的相关参数，如图7-105所示，单击 ✅【确定】按钮，生成旋转曲面，如图7-106所示。

图7-105　设置【方向2】选项组中的相关参数

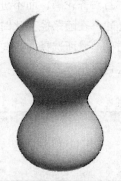

图7-106　生成旋转曲面

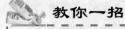 教你一招

生成旋转曲面的草图是交叉和非交叉的草图，绘制的样条曲线可以和中心线相交，但是不能穿越。

7.2.3 扫描曲面

利用轮廓和路径生成的曲面被称为扫描曲面。扫描曲面和扫描特征类似，也可以通过引导线生成。

1. 扫描曲面的属性设置

单击【曲面】工具栏中的 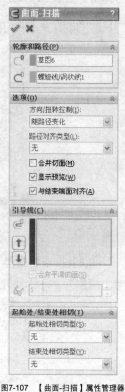 【扫描曲面】按钮或者选择【插入】|【曲面】|【扫描曲面】菜单命令，系统弹出【曲面–扫描】属性管理器，如图7–107所示。

（1）【轮廓和路径】选项组。

- 【轮廓】，设置扫描曲面的草图轮廓，在图形区域或者【特征管理器设计树】中选择草图轮廓，扫描曲面的轮廓可以是开环的，也可以是闭环的。

- 【路径】，设置扫描曲面的路径，在图形区域或者【特征管理器设计树】中选择路径。

（2）【选项】选项组。

- 【方向/扭转控制】，控制轮廓沿路径扫描的方向，其选项如图7–108所示。

【随路径变化】，轮廓相对于路径时刻处于同一角度。

【保持法向不变】，轮廓时刻与开始轮廓平行。

【随路径和第一引导线变化】，中间轮廓的扭转由路径到第一条引导线的向量决定。

【随第一和第二引导线变化】，中间轮廓的扭转由第一条引导线到第二条引导线的向量决定。

【沿路径扭转】，沿路径扭转轮廓。

【以法向不变沿路径扭曲】，通过将轮廓在沿路径扭曲时，保持与开始轮廓平行而沿路径扭转轮廓。

- 【路径对齐类型】，当路径上出现少许波动和不均匀波动、使轮廓不能对齐时，可以将轮廓稳定下来，其选项如图7–109所示。

【无】，垂直于轮廓且对齐轮廓，而不进行纠正。

【最小扭转】，阻止轮廓在随路径变化时自我相交。（只对于3D路径而言）

【方向向量】，以方向向量所选择的方向对齐轮廓。

【所有面】，当路径包括相邻面时，使扫描轮廓在几何关系可能的情况下与相邻面相切。

图7-107 【曲面-扫描】属性管理器

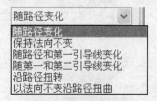

图7-108 【方向/扭转控制】选项

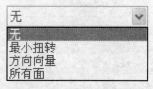

图7-109 【路径对齐类型】选项

- 【合并切面】，在扫描曲面时，如果扫描轮廓具有相切线段，可以使所产生的扫描中的相应曲面相切。保持相切的面可以是基准面、圆柱面或者锥面。在合并切面时，其他相邻面被合并，轮廓被近似处理，草图圆弧可以被转换为样条曲线。

- 【显示预览】，以上色方式显示扫描结果的预览。如果取消启用此复选框，则只显示扫描曲面的轮廓和路径。

- 【与结束端面对齐】，将扫描轮廓延续到路径所遇到的最后面。扫描的面被延伸或者缩短以与扫描端点处的面相匹配，而不要求额外几何体。（此复选框常用于螺旋线）

（3）【引导线】选项组。

- ⚙【引导线】，在轮廓沿路径扫描时加以引导。
- ⬆【上移】，调整引导线的顺序，使指定的引导线上移。
- ⬇【下移】，调整引导线的顺序，使指定的引导线下移。
- 【合并平滑的面】，改进通过引导线扫描的性能，并在引导线或者路径不是曲率连续的所有点处，进行分割扫描。
- ⚙【显示截面】，显示扫描的截面，单击⬆箭头可以进行滚动预览。

（4）【起始处/结束处相切】选项组。

- 【起始处相切类型】（如图7-110所示）。

【无】，不应用相切。

【路径相切】，路径垂直于开始点处而生成扫描。

- 【结束处相切类型】（如图7-111所示）。

【无】，不应用相切。

【路径相切】，路径垂直于结束点处而生成扫描。

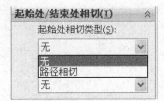

图7-110 【起始处相切类型】选项

图7-111 【结束处相切类型】选项

2. 生成扫描曲面的操作步骤

单击【曲面】工具栏中的⚙【扫描曲面】按钮或者选择【插入】|【曲面】|【扫描曲面】菜单命令，系统弹出【曲面-扫描】属性管理器。在【轮廓和路径】选项组中，单击⚙【轮廓】选择框，在图形区域中选择如图7-112所示的草图1，单击⚙【路径】选择框，在图形区域中选择如图7-112所示的草图2，其他设置如图7-113所示，单击✓【确定】按钮，生成扫描曲面，如图7-114所示。

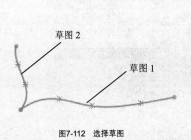

图7-112 选择草图

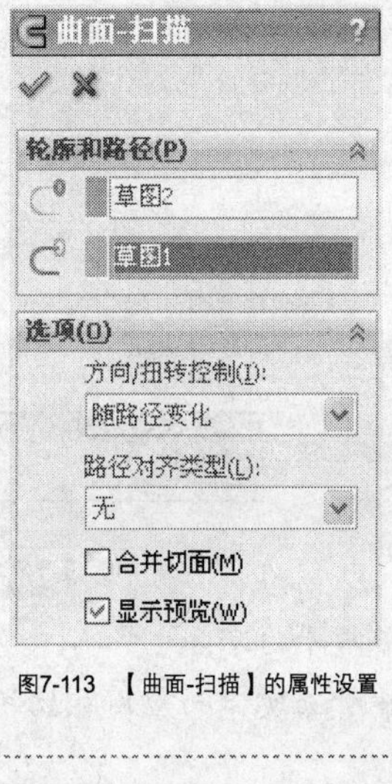

图7-113 【曲面-扫描】的属性设置

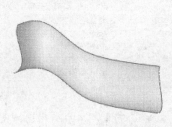

图7-114 生成扫描曲面

高手指点

在生成扫描曲面时，如果使用引导线，则引导线与轮廓之间必须建立重合或者穿透的几何关系，否则会提示错误。

7.2.4 放样曲面

通过曲线之间的平滑过渡生成的曲面被称为放样曲面。放样曲面由放样的轮廓曲线组成，也可以根据需要使用引导线。

1. 放样曲面的属性设置

单击【曲面】工具栏中的 【放样曲面】按钮或者选择【插入】|【曲面】|【放样曲面】菜单命令，系统打开【曲面-放样】属性管理器，如图7-115所示。

（1）【轮廓】选项组。

- 【轮廓】，设置放样曲面的草图轮廓，可以在图形区域或者【特征管理器设计树】中选择草图轮廓。

- 【上移】，调整轮廓草图的顺序，选择轮廓草图，使其上移。

- 【下移】，调整轮廓草图的顺序，选择轮廓草图，使其下移。

（2）【起始/结束约束】选项组，【开始约束】和【结束约束】有相同的选项，如图7-116所示。

图7-115 【曲面-放样】的属性设置

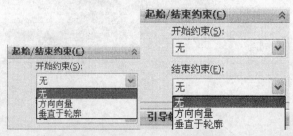

图7-116 【开始约束】和【结束约束】选项

- 【无】，不应用相切约束，即曲率为零。

- 【方向向量】，根据方向向量所选实体而应用相切约束。

- 【垂直于轮廓】，应用垂直于开始或者结束轮廓的相切约束。
- 【与面相切】，使相邻面在所选开始或者结束轮廓处相切。（仅在附加放样到现有几何体时可用）
- 【与面的曲率】，在所选开始或者结束轮廓处应用平滑、具有美感的曲率连续放样。（仅在附加放样到现有几何体时可用）

（3）【引导线】选项组。

- 🔗【引导线】，选择引导线以控制放样曲面。
- ⬆【上移】，调整引导线的顺序，选择引导线，使其上移。
- ⬇【下移】，调整引导线的顺序，选择引导线，使其下移。
- 【引导线相切类型】，控制放样与引导线相遇处的相切。
- 【无】，不应用相切约束。

【垂直于轮廓】，垂直于引导线的基准面应用相切约束。

【方向向量】，为方向向量所选实体应用相切约束。

【与面相切】，在位于引导线路径上的相邻面之间添加边侧相切，从而在相邻面之间生成更平滑的过渡。

（4）【中心线参数】选项组。

- ⚙【中心线】，使用中心线引导放样形状，中心线可以和引导线是同一条线。
- 【截面数】，在轮廓之间围绕中心线添加截面，截面数可以通过移动滑杆进行调整。
- 👁【显示截面】，显示放样截面，单击⬆箭头显示截面数。

（5）【草图工具】选项组。

用于在从同一草图（特别是3D草图）中的轮廓中定义放样截面和引导线。

- 【拖动草图】按钮，激活草图拖动模式。
- 🔄【撤销草图拖动】按钮，撤销先前的草图拖动操作并将预览返回到其先前状态。

（6）【选项】选项组。

- 【合并切面】，在生成放样曲面时，如果对应的线段相切，则使在所生成的放样中的曲面保持相切。
- 【闭合放样】，沿放样方向生成闭合实体，启用此复选框，会自动连接最后一个和第一个草图。
- 【显示预览】，显示放样的上色预览；若取消启用此复选框，则只显示路径和引导线。

2. 生成放样曲面的操作步骤

（1）选择前视基准面为草图绘制平面，绘制1条样条曲线，如图7-117所示。

（2）单击【参考几何体】工具栏中的 📐【基准面】按钮，系统弹出【基准面】属性管理器，根据需要进行设置，如图7-118所示，在前视基准面左侧生成基准面1。

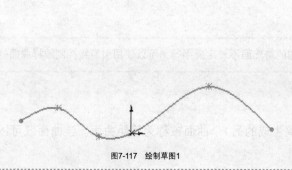

图7-117　绘制草图1　　　　　图7-118　【基准面】的属性设置

（3）单击【标准视图】工具栏中的【等轴测】按钮，将视图以等轴测方式显示，如图7-119所示。

（4）选择基准面1为草图绘制平面，绘制1条样条曲线，如图7-120所示。

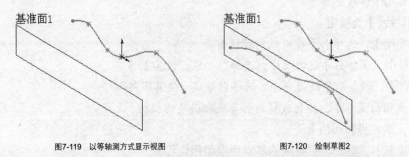

图7-119　以等轴测方式显示视图　　　　　　　图7-120　绘制草图2

（5）重复第（2）步的操作，在基准面1左侧50mm处生成基准面2，如图7-121所示。

（6）选择基准面2为草图绘制平面，绘制1条样条曲线，如图7-122所示。

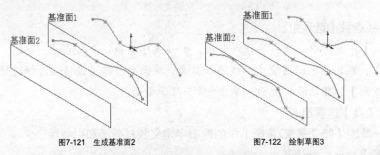

图7-121　生成基准面2　　　　　　　图7-122　绘制草图3

（7）选择【视图】|【基准面】菜单命令，取消视图中基准面的显示。

（8）单击【曲面】工具栏中的【放样曲面】按钮（或者选择【插入】|【曲面】|【放样曲面】菜单命令），系统弹出【曲面-放样】属性管理器。在【轮廓】选项组中，单击【轮廓】选择框，在图形区域中依次选择如图7-123所示的草图1～草图3，其他设置如图7-124所示，单击【确定】按钮，生成放样曲面，如图7-125所示。

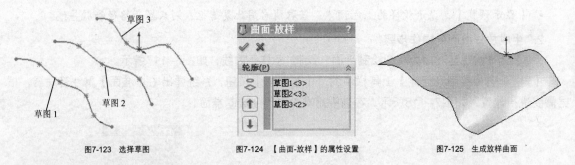

图7-123　选择草图　　　　　　　图7-124　【曲面-放样】的属性设置　　　　　　　图7-125　生成放样曲面

高手指点

在生成放样曲面时，轮廓草图的基准面不一定要平行，可以使用引导线控制放样曲面的形状。

7.2.5　等距曲面

将已经存在的曲面以指定距离生成的另1个曲面被称为等距曲面。该曲面既可以是模型的轮廓面，也可以是绘制的曲面。

1. 等距曲面的属性设置

单击【曲面】工具栏中的 【等距曲面】按钮或者选择【插入】|【曲面】|【等距曲面】菜单命令，系统打开【等距曲面】属性管理器，如图7-126所示。

图7-126　【等距曲面】的属性设置

（1）【要等距的曲面或面】，在图形区域中选择要等距的曲面或者平面。

（2）【等距距离】，可以输入等距距离数值。

（3）【反转等距方向】，改变等距的方向。

2. 生成等距曲面的操作步骤

单击【曲面】工具栏中的 【等距曲面】按钮或者选择【插入】|【曲面】|【等距曲面】菜单命令，系统弹出【等距曲面】属性管理器。在【等距参数】选项组中，单击 【要等距的曲面或面】选择框，在图形区域中选择如图7-127所示的面1，设置【等距距离】为30mm，其他设置如图7-128所示，单击 【确定】按钮，生成等距曲面，如图7-129所示。

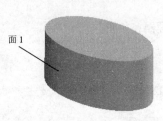

图7-127　选择面　　　　　图7-128　【等距曲面】的属性设置　　　　　图7-129　生成等距曲面

7.2.6　延展曲面

通过沿所选平面方向延展实体或者曲面的边线而生成的曲面被称为延展曲面。

1. 延展曲面的属性设置

选择【插入】|【曲面】|【延展曲面】菜单命令，系统弹出【延展曲面】属性管理器，如图7-130所示。

（1）【延展方向参考】，在图形区域中选择1个面或者基准面。

（2）【反转延展方向】，改变曲面延展的方向。

（3）【要延展的边线】，在图形区域中选择1条边线或者1组连续边线。

（4）【沿切面延伸】复选框，使曲面沿模型中的相切面继续延展。

（5）【延展距离】，设置延展曲面的宽度。

图7-130　【延展曲面】的属性管理器

2. 生成延展曲面的操作步骤

选择【插入】|【曲面】|【延展曲面】菜单命令，系统打开【延展曲面】属性管理器。在【延展参数】选项组中，单击【延展方向参考】选择框，在图形区域中选择

如图7-131所示的面1，单击【要延展的边线】选择框，在图形区域中选择如图7-131所示的边线1，设置【延展距离】为10mm，其他设置如图7-132所示，单击✔【确定】按钮，生成延展曲面，如图7-133所示。

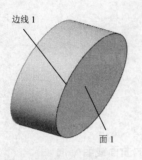
图7-131 选择面和边线

图7-132 【延展曲面】的属性设置

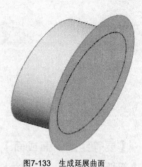
图7-133 生成延展曲面

实例——曲面设计

结果文件：\07\7-2.SLDPRT

多媒体教学路径：主界面→第7章→7.2实例

01 选择草绘面

单击【草图】工具栏中的【草图绘制】按钮，单击选择上视基准面进行绘制，如图7-134所示。

02 绘制圆

单击【草图】工具栏中的◎【圆】按钮，弹出【圆】属性管理器，如图7-135所示。

① 绘制圆形。

② 设置圆的半径。

③ 单击【确定】按钮。最后单击【草图】工具栏中的【退出草图】按钮。

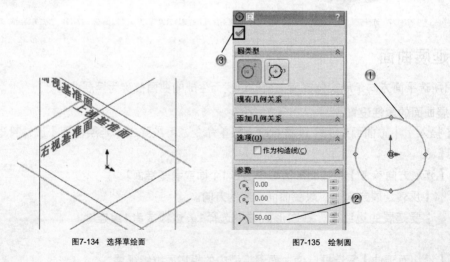
图7-134 选择草绘面　　　　图7-135 绘制圆

03 拉伸圆

单击【曲面】工具栏中的【拉伸曲面】按钮，弹出【曲面-拉伸】属性管理器，如图7-136所示。

① 设置拉伸参数。

② 单击【确定】按钮。

04 绘制中心线

单击【草图】工具栏中的 ⬚ 【中心线】按钮，绘制中心线，如图7-137所示。

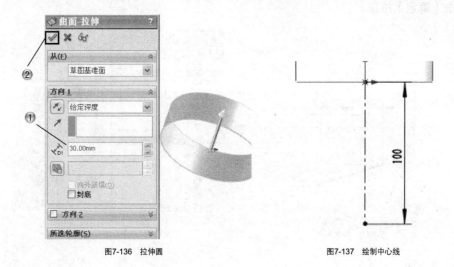

图7-136　拉伸圆　　　　　　　　　　　　图7-137　绘制中心线

05 绘制样条线

单击【草图】工具栏中的 ⌇ 【样条曲线】按钮，绘制样条线，如图7-138所示。最后单击【草图】工具栏中的 ⬚ 【退出草图】按钮。

06 曲面旋转

单击【曲面】工具栏中的 ⬚ 【旋转曲面】按钮，打开【曲面-旋转】属性管理器，如图7-139所示。

① 设置旋转参数。

② 单击【确定】按钮。

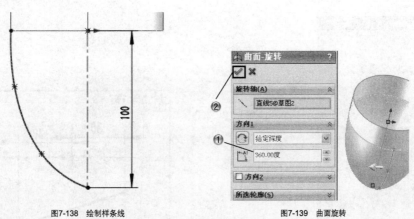

图7-138　绘制样条线　　　　　　　　　　图7-139　曲面旋转

07 绘制直线

在前视基准面上绘制草图。单击【草图】工具栏中的 ◣ 【直线】按钮，绘制直线，如图7-140所示。最后单击【草图】工具栏中的 ⬚ 【退出草图】按钮。

08 投影曲线

单击【曲线】工具栏中的 ⬚ 【投影曲线】按钮，打开【投影曲线】属性管理器，如图7-141所示。

① 选择投影类型。

② 选择草图和投影曲面。

③ 单击【确定】按钮。

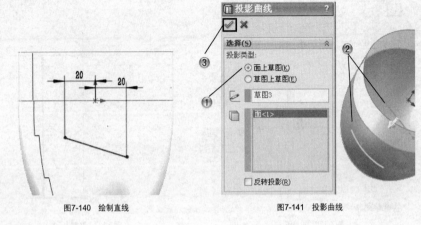

图7-140 绘制直线　　　　　　　　　图7-141 投影曲线

09 创建基准面

单击【特征】工具栏中的 【基准面】按钮，弹出【基准面】属性管理器，如图7-142所示。

① 选择参考面。

② 设置偏移参数。

③ 单击【确定】按钮。

10 绘制直线

在基准面1上绘制草图。单击【草图】工具栏中的 【直线】按钮，绘制直线，如图7-143所示。最后单击【草图】工具栏中的 【退出草图】按钮。

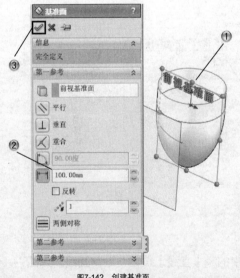

图7-142 创建基准面

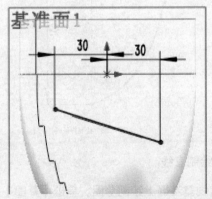

图7-143 绘制直线

11 创建放样曲面

单击【曲面】工具栏中的 【放样曲面】按钮，打开【曲面-放样】属性管理器，如图7-144所示。

① 依次选择2个轮廓。

② 单击【确定】按钮。

12 创建延展曲面

选择【插入】｜【曲面】｜【延展曲面】菜单命令，弹出【延展曲面】属性管理器，如图7-145所示。

① 选择拉伸方向和延展边线。

② 设置延展参数。

③ 单击【确定】按钮。

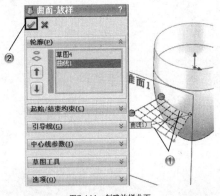

图7-144　创建放样曲面

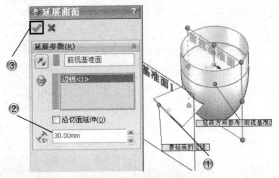

图7-145　创建延展曲面

13 创建等距曲面

单击【曲面】工具栏中的 ⓐ【等距曲面】按钮，打开【等距曲面】属性管理器，如图7-146所示。

① 选择等距参考曲面。

② 设置等距参数。

③ 单击【确定】按钮。

图7-146　创建等距曲面

7.3　圆角和填充曲面

7.3.1　圆角曲面

使用圆角将曲面实体中，以一定角度相交的2个相邻面之间的边线，进行平滑过渡生成的圆角，被称为圆角曲面。

1. 圆角曲面的属性设置

单击【曲面】工具栏中的 ⓐ【圆角】按钮或者选择【插入】｜【曲面】｜【圆角】菜单命令，系统弹出【圆角】属性管理器，如图7-147所示。

圆角曲面命令与圆角特征命令基本相同，在此不再赘述。

图7-147 【圆角】属性管理器

2. 生成圆角曲面的操作步骤

（1）单击【曲面】工具栏中的 ◎【圆角】按钮或者选择【插入】|【曲面】|【圆角】菜单命令，系统打开【圆角】属性管理器。在【圆角类型】选项组中，选中【面圆角】单选按钮；在【圆角项目】选项组中，单击【面组1】选择框，在图形区域中选择如图7-148所示的面1，单击【面组2】选择框，在图形区域中选择如图7-148所示的面2，其他设置如图7-149所示。

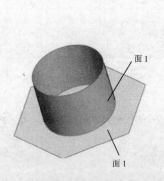

图7-148 选择曲面

图7-149 【圆角】的属性设置

（2）此时在图形区域中会显示圆角曲面的预览，注意箭头指示的反向，如果方向不正确，系统会提示错误或者生成不同效果的面圆角，单击 ✅【确定】按钮，生成圆角曲面。如图7-150所示为面圆角箭头指示的方向，如图7-151所示为其生成面圆角曲面后的图形，如图7-152所示为面圆角箭头指示的另一方向，如图7-153所示为其生成面圆角曲面后的图形。

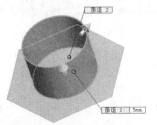
图7-150　面圆角指示的方向1

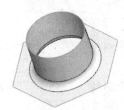
图7-151　生成面圆角曲面1

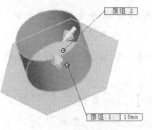
图7-152　面圆角指示的方向2

图7-153　生成面圆角曲面2

 教你一招

在生成圆角曲面时，圆角处理的是曲面实体的边线，可以生成多半径圆角曲面。圆角曲面只能在曲面和曲面之间生成，不能在曲面和实体之间生成。

7.3.2　填充曲面

在现有模型边线、草图或者曲线定义的边界内，生成带任何边数的曲面修补，被称为填充曲面。填充曲面可以用来构造填充模型中缝隙的曲面。

通常在以下几种情况中使用填充曲面。

（1）纠正没有正确输入到SolidWorks中的零件。

（2）填充用于型心和型腔造型的零件中的孔。

（3）构建用于工业设计应用的曲面。

（4）生成实体模型。

（5）用于修补作为独立实体的特征或者合并这些特征。

1. 填充曲面的属性设置

单击【曲面】工具栏中的 ◙【填充曲面】按钮或者选择【插入】|【曲面】|【填充】菜单命令，系统弹出【填充曲面】属性管理器，如图7-154所示。

（1）【修补边界】选项组。

• ◈【修补边界】，定义所应用的修补边线。对于曲面或者实体边线，可以使用2D和3D草图作为修补的边界；对于所有草图边界，只可以设置【曲率控制】类型为【相触】。

• 【交替面】按钮，只在实体模型上生成修补时使用，用于控制修补曲率的反转边界面。

• 【曲率控制】，在生成的修补上进行控制，可以在同一修补中应用不同的曲率控制，其选项如图7-155所示。

• 【应用到所有边线】，可以将相同的曲率控制应用到所有边线中。

• 【优化曲面】，用于对曲面进行优化，其潜在优势包括加快重建时间以及当与模型中的其他特征一起使用时增强稳定性。

• 【显示预览】，以上色方式显示曲面填充预览。

• 【预览网格】，在修补的曲面上显示网格线以直观地观察曲率的变化。

（2）【约束曲线】选项组。

• 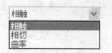【约束曲线】，在填充曲面时添加斜面控制，主要用于工业设计中，可以使用如草图点或者样条曲线等草图实体生成约束曲线。

（3）【选项】选项组。

• 【修复边界】，可以自动修复填充曲面的边界。

• 【合并结果】，如果边界至少有一个边线是开环薄边，那么启用此复选框，则可以用边线所属的曲面进行缝合。

• 【尝试形成实体】，如果边界实体都是开环边线，可以启用此复选框生成实体。在默认情况下，此复选框以灰色显示。

• 【反向】，此复选框用于纠正填充曲面时不符合填充需要的方向。

2. 生成填充曲面的操作步骤

（1）单击【曲面】工具栏中的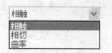【填充曲面】按钮或者选择【插入】|【曲面】|【填充】菜单命令，系统弹出【填充曲面】属性管理器。在【修补边界】选项组中，单击 【修补边界】选择框，在图形区域中选择如图7-156所示的边线1，其他设置如图7-157所示，单击 【确定】按钮，生成填充曲面1，如图7-158所示。

图7-154 【填充曲面】属性管理器　　图7-155 【曲率控制】选项

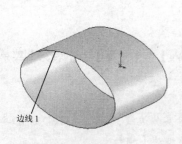

图7-156 选择边线

图7-157 【填充曲面】的属性设置

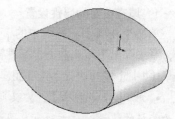

图7-158 生成填充曲面1

（2）在填充曲面时，可以选择不同的曲率控制类型，使填充曲面更加平滑。在【修补边界】选项组中，设置【曲率控制】类型为【曲率】，如图7-159所示，单击 【确定】按钮，生成填充曲面2，如图7-160所示。

（3）在【修补边界】选项组中，单击【交替面】按钮，单击 【确定】按钮，生成填充曲面3，如图7-161所示。

图7-159 设置【曲率控制】类型为【曲率】

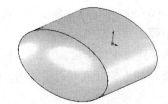

图7-160 生成填充曲面2

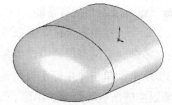

图7-161 生成填充曲面3

实例——曲面编辑

 结果文件：\07\7-2. SLDPRT

多媒体教学路径：主界面→第7章→7.3实例

01 创建圆角

单击【曲面】工具栏中的 ◎【圆角】按钮，弹出【圆角】属性管理器，如图7-162所示。

① 选择圆角面。

② 设置圆角半径。

③ 单击【确定】按钮。

02 创建填充曲面

单击【曲面】工具栏中的 ◎【填充曲面】按钮，弹出【填充曲面】属性管理器，如图7-163所示。

① 选择边线。

② 单击【确定】按钮。

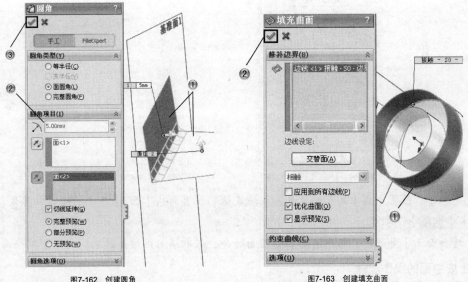

图7-162 创建圆角　　　　　　　图7-163 创建填充曲面

7.4 中面和延伸曲面

7.4.1 中面

在实体上选择合适的双对面，在双对面之间可以生成中面。合适的双对面必须处处等距，且属于同一实体。例如，2个平行的基准面或者2个同心圆柱面即是合适的双对面。中面对在有限元素造型中生成二维元素网格很有帮助。在SolidWorks中可以生成以下中面。

（1）单个，在图形区域中选择单个等距面生成中面。

（2）多个，在图形区域中选择多个等距面生成中面。

（3）所有，单击【中面】属性设置中的【查找双对面】按钮，系统会自动选择模型上所有合适的等距面以生成所有等距面的中面。

1. 中面的属性设置

选择【插入】|【曲面】|【中面】菜单命令，系统打开【中面1】属性管理器，如图7-164所示。

（1）【选择】选项组

- 【面1】，选择生成中间面的其中1个面。
- 【面2】，选择生成中间面的另1个面。
- 【查找双对面】按钮，单击此按钮，系统会自动查找模型中合适的双对面，并自动过滤不合适的双对面。
- 【识别阈值】，由【阈值运算符】和【阈值厚度】2部分组成，如图7-165所示。【阈值运算符】为数学操作符，【阈值厚度】为壁厚度数值。

图7-164 【中间面】的属性设置   图7-165 【识别阈值】参数

- 【定位】，设置生成中间面的位置。系统默认的位置为从【面1】开始的50%位置处。

（2）【选项】选项组。

- 【缝合曲面】复选框，将中间面和临近面缝合；若取消启用该复选框，则保留单个曲面。

2. 生成中面的操作步骤

选择【插入】|【曲面】|【中面】菜单命令，系统弹出【中面】属性管理器。在【选择】选

项组中，单击【面1】选择框，在图形区域中选择如图7-166所示的面1，单击【面2】选择框，在图形区域中选择如图7-166所示的面2，设置【定位】为50%，单击✔【确定】按钮，生成中面，如图7-167所示。

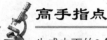

高手指点

生成中面的2个面必须位于同一实体中，【定位】从【面1】开始，位于【面1】和【面2】之间，即【定位】数值必须小于1。

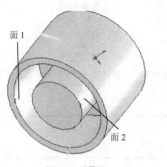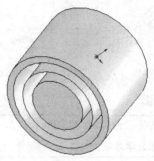

图7-166　选择面　　　　　　　　图7-167　生成中面

7.4.2　延伸曲面

将现有曲面的边缘沿着切线方向进行延伸，形成的曲面被称为延伸曲面。

1. 延伸曲面的属性设置

单击【曲面】工具栏中的 🖉【延伸曲面】按钮（或者选择【插入】｜【曲面】｜【延伸曲面】菜单命令），系统弹出【延伸曲面】属性管理器，如图7-168所示。

（1）【拉伸的边线/面】选项组。

• ◈【所选面/边线】，在图形区域中选择延伸的边线或者面。

（2）【终止条件】选项组。

• 【距离】，按照设置的 ⬠【距离】数值确定延伸曲面的距离。

• 【成形到某一点】，在图形区域中选择某一顶点，将曲面延伸到指定的点。

• 【成形到某一面】，在图形区域中选择某一面，将曲面延伸到指定的面。

（3）【延伸类型】选项组。

• 【同一曲面】，以原有曲面的曲率沿曲面的几何体进行延伸。

• 【线性】，沿指定的边线相切于原有曲面进行延伸。

图7-168　【延伸曲面】属性管理器

2. 生成延伸曲面的操作步骤

（1）单击【曲面】工具栏中的 🖉【延伸曲面】按钮或者选择【插入】｜【曲面】｜【延伸曲面】菜单命令，系统弹出【延伸曲面】属性管理器。在【拉伸的边线/面】选项组中，单击【所选面/边线】选择框，在图形区域中选择如图7-169所示的边线1；在【终止条件】选项组中，选中【距离】单选按钮，设置【距离】为40mm；在【延伸类型】选项组中，选中【同一曲面】单选按钮，其他设置如图7-170所示，单击✔【确定】按钮，生成延伸曲面1，如图7-171所示。

（2）如果在【延伸类型】选项组中，选中【线性】单选按钮，生成延伸曲面2，如图7-172所示。

边线1

图7-169 选择边线

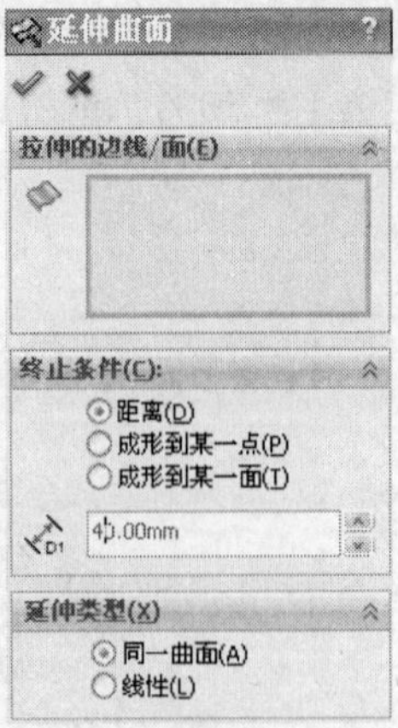

图7-170 【延伸曲面】的属性设置

图7-171 生成延伸曲面1

图7-172 生成延伸曲面2

实例——延伸曲面

 结果文件：\07\7-2. SLDPRT

多媒体教学路径：主界面→第7章→7.4实例

01 延伸曲面

单击【曲面】工具栏中的 【延伸曲面】按钮，弹出【延伸曲面】属性管理器，如图7-173所示。

① 选择延伸边。

② 设置延伸距离。

③ 单击【确定】按钮。

02 绘制直线

在前视基准面上绘制草图。单击【草图】工具栏中的 ▨【直线】按钮，绘制直线，如图7-174所示。最后单击【草图】工具栏中的 ▨【退出草图】按钮。

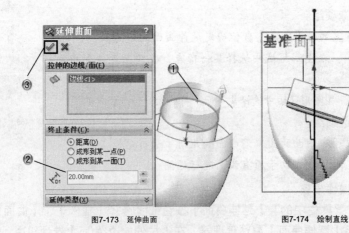

图7-173 延伸曲面

图7-174 绘制直线

03 拉伸曲面

单击【曲面】工具栏中的 ▨【拉伸曲面】按钮，弹出【曲面-拉伸】属性管理器，如图7-175所示。

① 设置拉伸参数。

② 单击【确定】按钮。

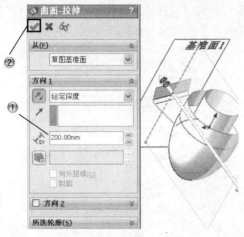

图7-175 拉伸曲面

7.5 剪裁、替换和删除面

7.5.1 剪裁曲面

可以使用曲面、基准面或者草图作为剪裁工具剪裁相交曲面，也可以将曲面和其他曲面配合使用，相互作为剪裁工具。

1. 剪裁曲面的属性设置

单击【曲面】工具栏中的 【剪裁曲面】按钮或者单击【插入】|【曲面】|【剪裁曲面】菜单命令，系统打开【剪裁曲面】属性管理器，如图7-176所示。

（1）【剪裁类型】选项组。

- 【标准】，使用曲面、草图实体、曲线或者基准面等剪裁曲面。
- 【相互】，使用曲面本身剪裁多个曲面。

（2）【选择】选项组。

- 【剪裁工具】，在图形区域中选择曲面、草图实体、曲线或者基准面作为剪裁其他曲面的工具。

图7-176 【剪裁曲面】属性管理器

- 【保留选择】，设置剪裁曲面中选择的部分为要保留的部分。
- 【移除选择】，设置剪裁曲面中选择的部分为要移除的部分。

（3）【曲面分割选项】选项组。

- 【分割所有】，显示曲面中的所有分割。
- 【自然】，强迫边界边线随曲面形状变化。
- 【线性】，强迫边界边线随剪裁点的线性方向变化。

2. 生成【标准】类型剪裁曲面的操作步骤

（1）单击【曲面】工具栏中的 【剪裁曲面】按钮或者选择【插入】|【曲面】|【剪裁曲面】菜单命令，系统弹出【剪裁曲面】属性管理器。

（2）在【剪裁类型】选项组中，选中【标准】单选按钮；在【选择】选项组中，单击 【剪裁工具】选择框，在图形区域中选择如图7-177所示的曲面2，选中【保留选择】单选按钮，再单击

【保留的部分】选择框，在图形区域中选择如图7-177所示的曲面1，其他设置如图7-178所示，单击✅【确定】按钮，生成剪裁曲面，如图7-179所示。

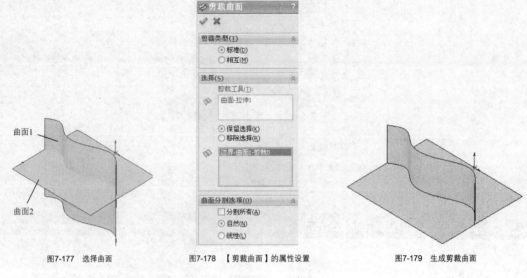

| 图7-177 选择曲面 | 图7-178 【剪裁曲面】的属性设置 | 图7-179 生成剪裁曲面 |

3. 生成【相互】类型的剪裁曲面的操作步骤

（1）单击【曲面】工具栏中的 <img> 【剪裁曲面】按钮或者选择【插入】|【曲面】|【剪裁曲面】菜单命令，系统弹出【剪裁曲面】属性管理器。

（2）在【剪裁类型】选项组中，选中【相互】单选按钮；在【选择】选项组中，单击【剪裁曲面】选择框，在图形区域中选择如图7-177所示的曲面1和曲面2，选中【保留选择】单选按钮，再单击【保留的部分】选择框，在图形区域中选择如图7-177所示的曲面1和曲面2，其他设置如图7-180所示，单击✅【确定】按钮，生成剪裁曲面，如图7-181所示。

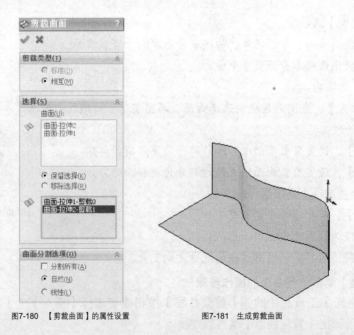

| 图7-180 【剪裁曲面】的属性设置 | 图7-181 生成剪裁曲面 |

7.5.2 替换面

利用新曲面实体替换曲面或者实体中的面，这种方式被称为替换面。替换曲面实体不必与旧的面具有相同的边界。在替换面时，原来实体中的相邻面自动延伸并剪裁到替换曲面实体。

其使用方式如下。

（1）以1个曲面实体替换另1个或者1组相连的面。

（2）在单一操作中，用1个相同的曲面实体替换1组以上相连的面。

（3）在实体或者曲面实体中替换面。

替换曲面实体可以是以下几种类型。

（1）任何类型的曲面特征，如拉伸曲面、放样曲面等。

（2）缝合曲面实体或者复杂的输入曲面实体。

（3）通常情况下，替换曲面实体比要替换的面大。当替换曲面实体比要替换的面小的时候，替换曲面实体会自动延伸以与相邻面相交。

替换曲面实体通常具有以下特点。

（1）必须相连。

（2）不必相切。

1．替换面的属性设置

单击【曲面】工具栏中的💿【替换面】按钮或者选择【插入】|【面】|【替换】菜单命令，系统打开【替换面】属性管理器，如图7-182所示。

图7-182　【替换面】属性管理器

（1）🗂【替换的目标面】。在图形区域中选择曲面、草图实体、曲线或者基准面作为要替换的面。

（2）🗂【替换曲面】。选择替换曲面实体。

2．生成替换面的操作步骤

（1）单击【曲面】工具栏中的💿【替换面】按钮或者选择【插入】|【面】|【替换】菜单命令，系统弹出【替换面】属性管理器。在【替换参数】选项组中，单击【替换的目标面】选择框，在图形区域中选择如图7-183所示的面1和面2，单击【替换曲面】选择框，在图形区域中选择如图7-183所示的曲面3，其他设置如图7-184所示，单击✔【确定】按钮，生成替换面，如图7-185所示。

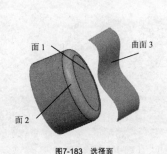

图7-183　选择面

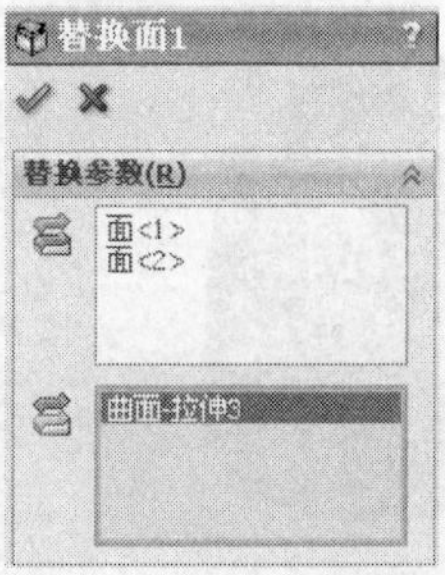

图7-184　【替换面】的属性设置

图7-185　生成替换面

（2）右键单击替换面，在弹出的快捷菜单中选择【隐藏】命令，如图7-186所示，替换的目标面被隐藏，如图7-187所示。

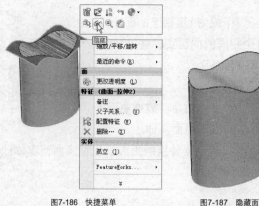

图7-186　快捷菜单　　　　　　图7-187　隐藏面

7.5.3　删除面

删除面是将存在的面删除并进行编辑。

1. 删除面的属性设置

单击【曲面】工具栏中的【删除面】按钮或者选择【插入】|【面】|
【删除】菜单命令，系统打开【删除面】属性管理器，如图7-188所示。

（1）【选择】选择组。

• 【要删除的面】，在图形区域中选择要删除的面。

（2）【选项】选项组。

• 【删除】，从曲面实体删除面或者从实体中删除1个或者多个面以生成
曲面。

• 【删除并修补】，从曲面实体或者实体中删除1个面，并自动对实体进
行修补和剪裁。

图7-188　【删除面】的属性设置

• 【删除并填补】，删除存在的面并生成单一面，可以填补任何缝隙。

2. 删除面的操作步骤

（1）单击【曲面】工具栏中的【删除面】按钮或者选择【插入】|【面】|【删除】菜单
命令，系统弹出【删除面】属性管理器。在【选择】选项组中，单击【要删除的面】选择框，在图
形区域中选择如图7-189所示的面1；在【选项】选项组中，选中【删除】单选按钮，如图7-190所
示，单击【确定】按钮，将选择的面删除，如图7-191所示。

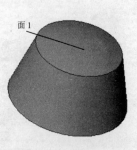

面1

图7-189　选择面　　　　　　图7-190　【删除面】的属性设置

（2）在【特征管理器设计树】中用鼠标右键单击【删除面1】图标，在弹出快捷的菜单中选择

【编辑特征】命令，如图7-192所示。

图7-191 删除面

图7-192 快捷菜单

（3）系统打开【删除面1】属性管理器，在【选项】选项组中，选中【删除并修补】单选按钮，其他设置保持不变，如图7-193所示，单击✅【确定】按钮，删除并修补选择的面，如图7-194所示。

图7-193 选中【删除并修补】单选按钮

图7-194 删除并修补面

（4）重复第（2）步的操作，系统弹出【删除面1】属性管理器，在【选项】选项组中，选中【删除并填补】单选按钮，其他设置保持不变，如图7-195所示，单击✅【确定】按钮，删除并填充选择的面，如图7-196所示。

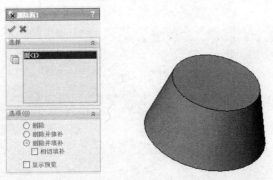
图7-195 选中【删除并填补】单选按钮 图7-196 删除并填充面

实例——剪裁曲面

结果文件：\07\7-2. SLDPRT

多媒体教学路径：主界面→第7章→7.5实例

01 剪裁曲面

单击【曲面】工具栏中的 ◢【剪裁曲面】按钮，打开【剪裁曲面】属性管理器，如图7-197所示。

① 选择剪裁曲面。
② 选择保留曲面。
③ 单击【确定】按钮。

02 隐藏曲面

右键单击特征管理器设计树中的曲面，在快键菜单中单击【隐藏】按钮，隐藏曲面，如图7-198所示。

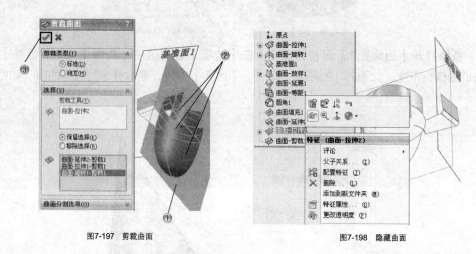

图7-197 剪裁曲面

图7-198 隐藏曲面

7.6 综合演练——创建曲面零件

 范例文件：\07\7-3.SLDPRT

多媒体教学路径：主界面→第7章→7.6综合演练

本章范例为运用曲面设计命令创建如图7-199所示的曲面零件，使用拉伸、旋转和放样曲面的命令即可完成创建。

图7-199 曲面零件

7.6.1 创建主体

操作步骤

01 新建文件

单击【标准】工具栏上的 【新建】按钮，打开【新建SolidWorks文件】对话框，如图7-200所示。

① 选择【零件】按钮。

② 单击【确定】按钮。

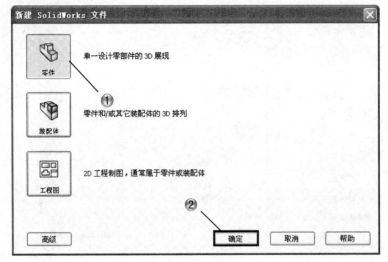

图7-200　新建文件

02　选择草绘面

单击【草图】工具栏中的【草图绘制】按钮，单击选择上视基准面进行绘制，如图7-201所示。

03　绘制圆

单击【草图】工具栏中的◎【圆】按钮，弹出【圆】属性管理器，如图7-202所示。

① 绘制圆形。

② 设置圆的半径。

③ 单击【确定】按钮。单击【草图】工具栏中的【退出草图】按钮。

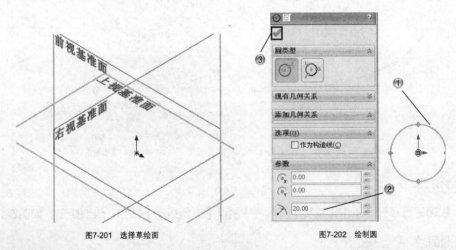

图7-201　选择草绘面　　　　　　　　　图7-202　绘制圆

04　曲面拉伸

单击【曲面】工具栏中的【拉伸曲面】按钮，弹出【曲面-拉伸】属性管理器，如图7-203所示。

① 设置拉伸参数。

② 单击【确定】按钮。

05 绘制中心线

单击【草图】工具栏中的 ⌐ 【中心线】按钮，绘制中心线，如图7-204所示。

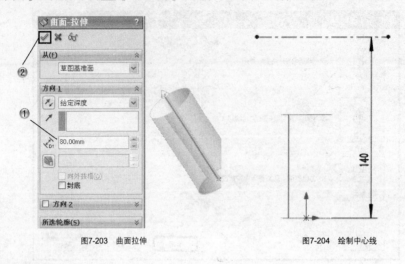

图7-203　曲面拉伸　　　　　　　　　图7-204　绘制中心线

06 绘制样条线

单击【草图】工具栏中的 ∿ 【样条曲线】按钮，绘制样条线，如图7-205所示。单击【草图】工具栏中的 ▣ 【退出草图】按钮。

07 曲面旋转

单击【曲面】工具栏中的 ⚲ 【旋转曲面】按钮，打开【曲面-旋转】属性管理器，如图7-206所示。

① 设置旋转参数。

② 单击【确定】按钮。

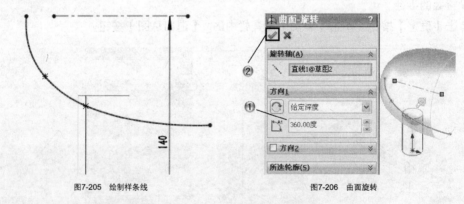

图7-205　绘制样条线　　　　　　　　　图7-206　曲面旋转

08 绘制矩形

选择上视面进行草绘。单击【草图】工具栏中的 ▢ 【边角矩形】按钮，绘制矩形，如图7-207所示。

09 绘制圆角

单击【草图】工具栏中的 ⌐ 【绘制圆角】按钮，弹出【绘制圆角】属性管理器，如图7-208所示。

① 选择要圆角的线。

② 设置圆角参数。

③ 单击【确定】按钮。最后单击【草图】工具栏中的 ▣ 【退出草图】按钮。

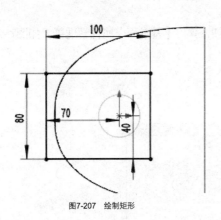

图7-207 绘制矩形

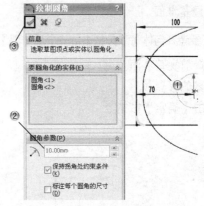

图7-208 绘制圆角

10 拉伸凸台

单击【特征】工具栏中的🔲【拉伸凸台／基体】按钮，弹出【凸台-拉伸】的属性管理器，如图7-209所示。

① 设置拉伸参数。

② 单击【确定】按钮。

11 剪裁曲面

单击【曲面】工具栏中的✎【剪裁曲面】按钮，打开【曲面-剪裁】属性管理器，如图7-210所示。

① 选择剪裁曲面。

② 选择移除曲面。

③ 单击【确定】按钮。

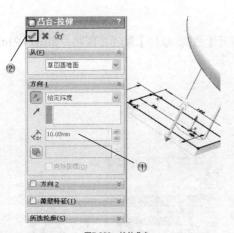

图7-209 拉伸凸台

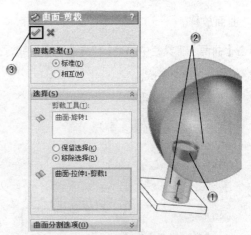

图7-210 剪裁曲面

7.6.2 创建细节

操作步骤

01 绘制圆1

在前视基准面绘制草图。单击【草图】工具栏中的⊙【圆】按钮，绘制圆1，如图7-211所示。

第 7 章　曲线与曲面设计

295

02 创建基准面

单击【参考几何体】工具栏中的⊠【基准面】按钮，弹出【基准面】属性管理器，如图7-212所示。

①选择前视基准面。

②设置偏移参数。

③单击【确定】按钮。

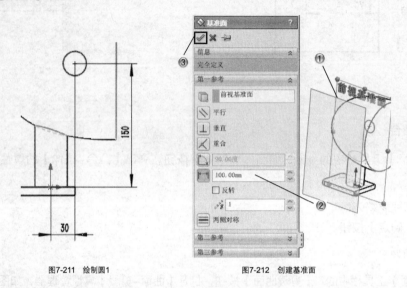

图7-211 绘制圆1   图7-212 创建基准面

03 绘制圆2

在基准面1上绘制草图。单击【草图】工具栏中的◎【圆】按钮，绘制圆2，如图7-213所示。单击【草图】工具栏中的◎【退出草图】按钮。

04 曲面放样

单击【曲面】工具栏中的◎【放样曲面】按钮，打开【曲面-放样】属性管理器，如图7-214所示。

①依次选择2个轮廓。

②单击【确定】按钮。

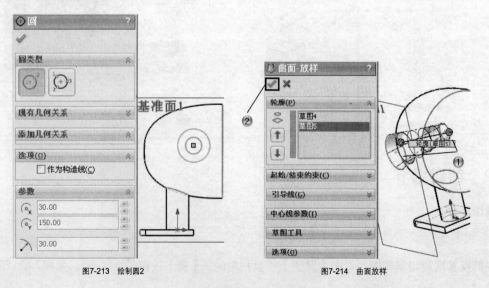

图7-213 绘制圆2   图7-214 曲面放样

7.7　知识回顾

　　曲线和曲面是三维曲面造型的基础。曲线的生成结合了二维线条及特征实体。曲面的生成与特征的生成非常类似，但特征模型是具有厚度的几何体，而曲面模型是没有厚度的几何体。中面是只在实体环境下才能使用的。曲面的生成及编辑与特征的生成及编辑比较相似，不同点在于曲面模型是没有厚度的几何体。

　　本章结合实例介绍了生成曲线、曲面的方法以及曲面编辑的各种方法，其中包括圆角、填充、中面、延伸、剪裁、替换和删除这些命令。

7.8　课后习题

　　使用曲线和曲面设计命令，创建如图7-215所示的模型。

图7-215　练习模型

第**8**章

工程图设计

工程图是用来表达三维模型的二维图样，通常包含一组视图、完整的尺寸、技术要求、标题栏等内容。在工程图设计中，可以利用SolidWorks设计的实体零件和装配体直接生成所需视图，也可以基于现有的视图生成新的视图。

工程图是产品设计的重要技术文件，一方面体现了设计成果，另一方面也是指导生产的参考依据。在产品的生产制造过程中，工程图还是设计人员进行交流和提高工作效率的重要工具，是工程界的技术语言。SolidWorks提供了强大的工程图设计功能，用户可以很方便地借助于零部件或者装配体三维模型生成所需的各个视图，包括剖视图、局部放大视图等。SolidWorks在工程图与零部件或者装配体三维模型之间提供全相关的功能，即对零部件或者装配体三维模型进行修改时，所有相关的工程视图将自动更新，以反映零部件或者装配体的形状和尺寸变化；反之，当在一个工程图中修改零部件或者装配体尺寸时，系统也自动将相关的其他工程视图及三维零部件或者装配体中相应结构的尺寸进行更新。

本章主要介绍工程图的基本设置方法，以及工程视图的创建和尺寸、注释的添加，最后介绍打印工程图的方法。

知识要点

- ✖ 工程图基本设置
- ✖ 工程视图设计
- ✖ 尺寸标注
- ✖ 注解和注释
- ✖ 打印工程图

案例解析

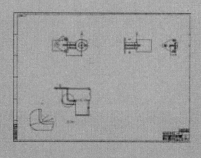

工程图1

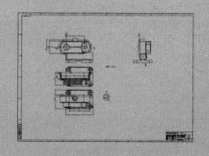

工程图2

8.1 工程图基本设置

首先讲解工程图的线型、图层以及图纸格式等的设置方法。

8.1.1 工程图线型设置

对于视图中图线的线色、线粗、线型、颜色显示模式等，可利用【线型】工具栏进行设置。【线型】工具栏如图8-1所示。

（1）📄【图层属性】，设置图层属性（如颜色、厚度、样式等），将实体移动到图层中，然后为新的实体选择图层。

（2）🎨【线色】，可对图线颜色进行设置。

（3）▤【线粗】，单击该按钮，会弹出如图8-2所示的【线粗】菜单，可对图线粗细进行设置。

图8-1 【线型】工具栏

图8-2 【线粗】菜单

（4）▦【线条样式】，单击该按钮，会弹出如图8-3所示的【线条样式】菜单，可对图线样式进行设置。

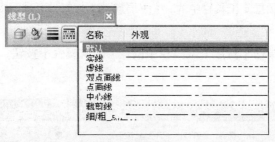

图8-3 【线条样式】菜单

（5）▯【隐藏显示边线】，切换边线的显示状态。

（6）◣【颜色显示模式】，单击该按钮，线色会在所设置的颜色中进行切换。

在工程图中如果需要对线型进行设置，一般在绘制草图实体之前，先利用【线型】工具栏中的【线色】、【线粗】和【线条样式】按钮对要绘制的图线设置所需的格式，这样可使被添加到工程图中的草图实体均使用指定的线型格式，直到重新设置另一种格式为止。

如果需要改变直线、边线或草图视图的格式，可先选择需要更改的直线、边线或草图实体，然后利用【线型】工具栏中的相应按钮进行修改，新格式将被应用到所选视图中。

8.1.2 工程图图层设置

在工程图文件中，用户可根据需求建立图层，并为每个图层上生成的新实体指定线条颜色、线条粗细和线条样式。新的实体会自动添加到激活的图层中。图层可以被隐藏或显示。另外，还可将实体从一个图层移动到另一个图层。创建好工程图的图层后，可分别为每个尺寸、注解、表格和视图标号等局部视图选择不同的图层设置。例如，可创建2个图层，将其中一个分配给直径尺寸，另一个分配给表面粗糙度注解。可在文档层设置各个局部视图的图层，无需在工程图中切换图层即可应用自定义图层。

可以将尺寸和注解（包括注释、区域剖面线、块、折断线、局部视图图标、剖面线及表格等）移动到图层上并使用图层指定的颜色。草图实体使用图层的所有属性。

可将零件或装配体工程图中的零部件移动到图层。【图层】工具栏中包括一个用于为零部件选择命名图层的清单，如图8-4所示。

图8-4 【图层】工具栏

如果将*.DXF或者*.DWG文件输入到SolidWorks工程图中，会自动生成图层。在最初生成*.DXF或*.DWG文件的系统中指定的图层信息（如名称、属性和实体位置等）将保留。

如果将带有图层的工程图作为*.DXF或*.DWG文件输出，则图层信息包含在文件中。当在目标系统中打开文件时，实体都位于相同图层上，并且具有相同的属性，除非使用映射将实体重新导向新的图层。

在工程图中，单击【图层】工具栏中的 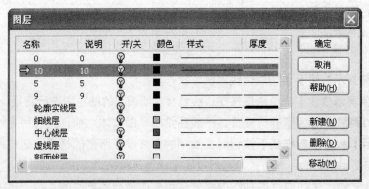【图层属性】按钮，可进行相关的图层操作。

1. 建立图层

（1）在工程图中，单击【图层】工具栏中的【图层属性】按钮，弹出如图8-5所示的【图层】对话框。

图8-5 【图层】对话框

（2）单击【新建】按钮，输入新图层的名称。

（3）更改图层默认图线的颜色、样式和粗细等。

• 【颜色】，单击【颜色】下的颜色框，弹出【颜色】对话框，可选择或设置颜色，如图8-6所示。

• 【样式】，单击【样式】下的图线，在弹出的菜单中选择图线样式，如图8-7所示。

• 【厚度】，单击【厚度】下的直线，在弹出的菜单中选择图线的粗细，如图8-8所示。

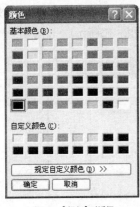

图8-6　【颜色】对话框

图8-7　选择样式

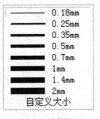

图8-8　选择粗细

（4）单击【确定】按钮，可为文件建立新的图层。

2．图层操作

（1）在【图层】对话框中，⇨ 图标所指示的图层为激活的图层。如果要激活图层，单击图层左侧，则所添加的新实体会出现在激活的图层中。

（2）💡 图标表示图层打开或关闭的状态。当灯泡为黄色时，图层可见。单击某一图层的 💡 图标，则可显示或隐藏该图层。

（3）如果要删除图层，选择图层，然后单击【删除】按钮。

（4）如果要移动实体到激活的图层，选择工程图中的实体，然后单击【移动】按钮，即可将其移动至激活的图层。

（5）如果要更改图层名称，则单击图层名称，输入新名称即可。

8.1.3　图纸格式设置

当生成新的工程图时，必须选择图纸格式。图纸格式可采用标准图纸格式，也可自定义和修改图纸格式。通过对图纸格式的设置，有助于生成具有统一格式的工程图。

图纸格式主要用于保存图纸中相对不变的部分，如图框、标题栏和明细栏等。

1．图纸格式的属性设置

（1）标准图纸格式。SolidWorks提供了各种标准图纸大小的图纸格式。可在【图纸格式/大小】对话框的【标准图纸大小】列表框中进行选择。单击【浏览】按钮，可加载用户自定义的图纸格式。【图纸格式/大小】对话框如图8-9所示。

- 【显示图纸格式】复选框，显示边框、标题栏等。

图8-9　【图纸格式/大小】对话框

（2）无图纸格式。【自定义图纸大小】选项可定义无图纸格式，即选择无边框、标题栏的空白图纸。此选项要求指定纸张大小，用户也可定义自己的格式，如图8-10所示。

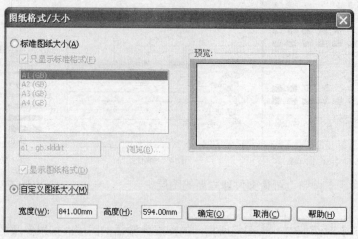

图8-10　选中【自定义图纸大小】单选按钮

2. 使用图纸格式的操作步骤

（1）单击【标准】工具栏中的 【新建】按钮，弹出如图8-11所示的【新建SolidWorks文件】对话框。

（2）单击【工程图】图标，再单击【确定】按钮，弹出【图纸格式/大小】对话框，根据需要设置参数，单击【确定】按钮。

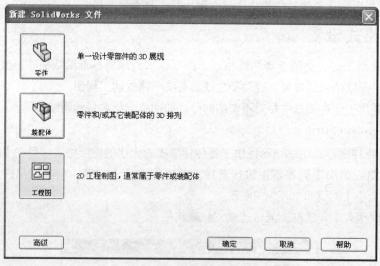

图8-11　【新建SolidWorks文件】对话框

8.1.4　编辑图纸格式

生成一个工程图文件后，可随时对图纸大小、图纸格式、绘图比例、投影类型等图纸细节进行修改。

在【特征管理器设计树】中，用鼠标右键单击 图标，或在工程图纸的空白区域单击鼠标右键，在弹出的快捷菜单中选择【属性】命令，如图8-12所示，弹出【图纸属性】对话框，如图8-13所示。

【图纸属性】对话框中各选项如下。

（1）【投影类型】，为标准三视图投影选择【第一视角】或【第三视角】（我国采用的是【第一视角】）。

（2）【下一视图标号】，指定用作下一个剖面视图或局部视图标号的英文字母。

（3）【下一基准标号】，指定用作下一个基准特征标号的英文字母。

（4）【使用模型中此处显示的自定义属性值】。如果在图纸上显示了1个以上的模型，且工程图中包含链接到模型自定义属性的注释，则选择希望使用的属性所在的模型视图；如果没有另外指定，则将使用图纸第一个视图中的模型属性。

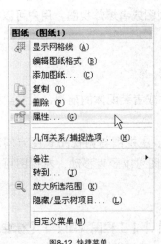

图8-12 快捷菜单

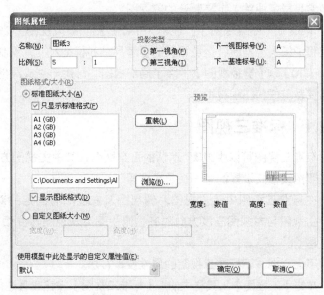

图8-13 【图纸属性】对话框

8.2　工程视图设计

工程视图是指在图纸中生成的所有视图。在SolidWorks中，用户可以根据需要生成各种零件模型的表达视图，如投影视图、剖面视图、局部放大视图、轴测视图等。

在生成工程视图之前，应首先生成零部件或者装配体的三维模型，然后根据此三维模型考虑和规划视图，如工程图由几个视图组成，是否需要剖视等，最后再生成工程视图。

新建工程图文件，完成图纸格式的设置后，就可以生成工程视图了。选择【插入】|【工程图视图】菜单命令，弹出【工程图视图】菜单，如图8-14所示，根据需要，可以选择相应的命令生成工程视图。

（1）【投影视图】，指从主、俯、左3个方向插入视图。

（2）【辅助视图】，垂直于所选参考边线的视图。

（3）【剖面视图】，可以用1条剖切线分割父视图。剖面视图可以是直切剖面或者是用阶梯剖切线定义的等距剖面。

（4）【旋转剖视图】，与剖面视图相似，但旋转剖面

图8-14 【工程图视图】菜单

的剖切线由连接到1个夹角的2条或者多条线组成。

（5）<kbd>G</kbd>【局部视图】，通常是以放大比例显示1个视图的某个部分，可以是正交视图、空间（等轴测）视图、剖面视图、裁剪视图、爆炸装配体视图或者另一局部视图等。

（6）【相对于模型】，正交视图，由模型中2个直交面或者基准面及各自的具体方位的规格定义。

（7）【标准三视图】，前视图为模型视图，其他2个视图为投影视图，使用在图纸属性中所指定的第一视角或者第三视角投影法。

（8）【断开的剖视图】，是现有工程视图的一部分，而不是单独的视图。可以用闭合的轮廓（通常是样条曲线）定义断开的剖视图。

（9）【断裂视图】，也称为中断视图。断裂视图可以将工程图视图，以较大比例显示在较小的工程图纸上。与断裂区域相关的参考尺寸和模型尺寸，反映实际的模型数值。

（10）【剪裁视图】，除了局部视图、已用于生成局部视图的视图或者爆炸视图，用户可以根据需要裁剪任何工程视图。

8.2.1 标准三视图

标准三视图可以生成3个默认的正交视图，其中主视图方向为零件或者装配体的前视，投影类型则按照图纸格式设置的第一视角或者第三视角投影法。

在标准三视图中，主视图、俯视图及左视图有固定的对齐关系。主视图与俯视图长度方向对齐，主视图与左视图高度方向对齐，俯视图与左视图宽度相等。俯视图可以竖直移动，左视图可以水平移动。

下面介绍一下标准三视图的属性设置方法。

单击【工程图】工具栏中的【标准三视图】按钮或者选择【插入】|【工程图视图】|【标准三视图】菜单命令，系统弹出【标准三视图】属性管理器，如图8-15所示，鼠标指针变为形状。

图8-15 【标准三视图】属性管理器

8.2.2 投影视图

投影视图是根据已有视图利用正交投影生成的视图。投影视图的投影方法是根据在【图纸属性】对话框中所设置的第一视角或者第三视角投影类型而确定。

下面来介绍一下投影视图的属性设置方法。

单击【工程图】工具栏中的 【投影视图】按钮或者选择【插入】│【工程图视图】│【投影视图】菜单命令，系统弹出【投影视图】属性管理器，如图8-16所示，鼠标指针变为 形状。

1. 【箭头】选项组

【标号】，表示按相应父视图的投影方向得到的投影视图的名称。

2. 【显示样式】选项组

【使用父关系样式】，取消启用该复选框，可以选择与父视图不同的显示样式，显示样式包括【线架图】、【隐藏线可见】、【消除隐藏线】、【带边线上色】和【上色】。

3. 【比例】选项组

（1）【使用父关系比例】单选按钮，可以应用为父视图所使用的相同比例。

（2）【使用图纸比例】单选按钮，可以应用为工程图图纸所使用的相同比例。

（3）【使用自定义比例】单选按钮，可以根据需要应用自定义的比例。

图8-16　【投影视图】属性管理器

8.2.3　剪裁视图

生成剪裁视图的操作步骤如下。

（1）新建工程图文件，生成零部件模型的工程视图。

（2）单击要生成剪裁视图的工程视图，使用草图绘制工具绘制1条封闭的轮廓，如图8-17所示。

（3）选择封闭的剪裁轮廓，单击【工程图】工具栏中的【剪裁视图】按钮，或者选择【插入】│【工程图视图】│【剪裁视图】菜单命令。此时，剪裁轮廓以外的视图消失，生成剪裁视图，如图8-18所示。

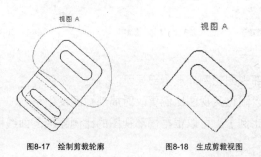

图8-17　绘制剪裁轮廓　　　　图8-18　生成剪裁视图

8.2.4　局部视图

局部视图是1种派生视图，可以用来显示父视图的某一局部形状，通常采用放大比例显示。局部视图的父视图可以是正交视图、空间（等轴测）视图、剖面视图、裁剪视图、爆炸装配体视图或者另一局部视图，但不能在透视图中生成模型的局部视图。

下面介绍一下局部视图的属性设置方法。

单击【工程图】工具栏中的【局部视图】按钮，或者选择【插入】│【工程图视图】│【局部视图】菜单命令，系统弹出【局部视图】属性管理器，如图8-19所示。

1. 【局部视图图标】选项组

（1）【样式】，可以选择1种样式，也可以选中【轮廓】（必须在此之前已经绘制好1条封闭的轮廓曲线）或者【圆】单选按钮，如图8-20所示。【样式】选项2如图8-21所示。

（2）【标号】，编辑与局部视图相关的字母。

（3）【字体】按钮，如果要为局部视图标号选择文件字体以外的字体，取消启用【文件字体】复选框，然后单击【字体】按钮。

图8-19　【局部视图】属性管理器　　　　图8-20　【样式】选项1　　　　图8-21　【样式】选项2

2. 【局部视图】选项组

（1）【完整外形】，局部视图轮廓外形全部显示。

（2）【钉住位置】，可以阻止父视图比例更改时局部视图发生移动。

（3）【缩放剖面线图样比例】，可以根据局部视图的比例缩放剖面线图样比例。

8.2.5　剖面视图

剖面视图是通过1条剖切线切割父视图而生成，属于派生视图，可以显示模型内部的形状和尺寸。剖面视图可以是剖切面或者是用阶梯剖切线定义的等距剖面视图，并可以生成半剖视图。

下面介绍一下剖面视图的属性设置方法。

单击【草图】工具栏中的 【中心线】按钮，在激活的视图中绘制单一或者相互平行的中心线（也可以单击【草图】工具栏中的 【直线】按钮，在激活的视图中绘制单一或者相互平行的直线段）。选择绘制的中心线（或者直线段），单击【工程图】工具栏中的 【剖面视图】按钮或者选择【插入】|【工程图视图】|【剖面视图】菜单命令，系统弹出【剖面视图E-E】（根据生成的剖面视图字母顺序排序）属性管理器，如图8-22所示。

1. 【剖切线】选项组

（1）【反转方向】，反转剖切的方向。

（2） 【标号】，编辑与剖切线或者剖面视图相关的字母。

（3）【字体】按钮，如果剖切线标号选择文件字体以外的字体，取消启用【文档字体】复选框，然后单击【字体】按钮，可以为剖切线或者剖面视图相关字母选择其他字体。

2. 【剖面视图】选项组

（1）【部分剖面】，当剖切线没有完全切透视图中模型的边框线时，会弹出剖切线小于视图几何体的提示信息，并询问是否生成局部剖视图。

（2）【只显示切面】，只有被剖切线切除的曲面出现在剖面视图中。

（3）【自动加剖面线】，启用此复选框，系统可以自动添加必要的剖面（切）线。

（4）【显示曲面实体】，显示实体曲面。

8.2.6　旋转剖视图

旋转剖视图可以用来表达具有回转轴的零件模型的内部形状，生成旋转剖视图的剖切线，必须由2条连续的线段构成，并且这2条线段必须具有一定的夹角。

下面介绍一下旋转剖视图的属性设置方法。

（1）在图纸区域中激活现有视图。

（2）单击【草图】工具栏中的 【中心线】按钮或者 【直线】按钮。

（3）根据需要，绘制相交的中心线（或者直线段）。一般情况下，交点与回转轴重合，如图8-23所示，同时选择1条中心线（或者直线段）。

（4）单击【工程图】工具栏中的 【旋转剖视图】按钮或者选择【插入】|【工程图视图】|【旋转剖视图】菜单命令，系统弹出【剖面视图A-A】（根据生成的剖面视图字母顺序排序）属性管理器。在图纸区域中拖动鼠标指针，显示视图的预览。单击鼠标左键，将旋转剖视图放置在合适位置，单击 【确定】按钮，生成旋转剖视图，如图8-24所示。

图8-22　【剖面视图E-E】属性管理器

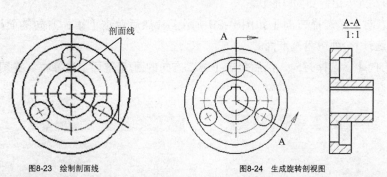

图8-23　绘制剖面线　　　　图8-24　生成旋转剖视图

8.2.7　断裂视图

对于一些较长的零件（如轴、杆、型材等），如果沿着长度方向的形状统一（或者按一定规律）变化时，可以用折断显示的断裂视图来表达，这样就可以将零件以较大比例显示在较小的工程图纸上。断裂视图可以应用于多个视图，并可根据要求撤销断裂视图。

下面介绍一下断裂视图的属性设置方法。

单击【工程图】工具栏中的 【断裂视图】按钮或者选择【插入】|【工程图视图】|【断裂视图】菜单命令，系统弹出【断裂视图】属性管理器，如图8-25所示。

（1） 【添加竖直折断线】，生成断裂视图时，将视图沿水平方向断开。

（2） 【添加水平折断线】，生成断裂视图时，将视图沿竖直方向断开。

（3）【缝隙大小】，改变折断线缝隙之间的间距量。

（4）【折断线样式】，定义折断线的类型，如图8-26所示，其效果如图8-27所示。

图8-25　【断裂视图】属性管理器

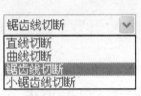

图8-26　【折断线样式】选项

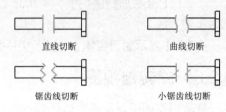

图8-27　不同折断线样式的效果

8.2.8　相对视图

如果需要零件视图正确、清晰地表达零件的形状结构，使用模型视图和投影视图生成的工程视图可能会不符合实际情况。此时可以利用相对视图自行定义主视图，解决零件视图定向与工程视图投影方向的矛盾。

相对视图是1个相对于模型中所选面的正交视图，由模型的2个直交面及各自具体方位规格定义。通过在模型中依次选择2个正交平面或者基准面并指定所选面的朝向，生成特定方位的工程视图。相对视图可以作为工程视图中的第一个基础正交视图。

下面介绍一下相对视图的属性设置的方法。

选择【插入】|【工程图视图】|【相对于模型】菜单命令，系统弹出【相对视图】属性管理器，如图8-28所示，鼠标指针变为 形状。

（1）【第一方向】，选择方向（如图8-29所示），然后单击【第一方向的面/基准面】选择框，在图纸区域中选择1个面或者基准面。

（2）【第二方向】，选择方向，然后单击【第二方向的面/基准面】选择框，在图纸区域中选择1个面或基准面。

图8-28　【相对视图】属性管理器

图8-29　【第一方向】选项

实例——创建模型视图

结果文件：\08\8-1. SLDPRT、8-1. SLDDRW

多媒体教学路径：主界面→第8章→8.2实例

01 新建文件

单击【标准】工具栏上的 ⬚ 【新建】按钮，打开【新建SolidWorks文件】对话框，如图8-30所示。

① 选择【工程图】按钮。

② 单击【确定】按钮。

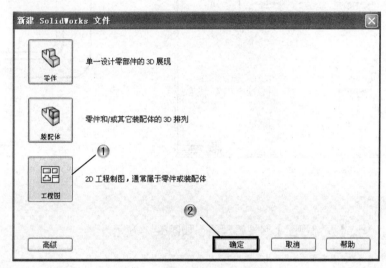

图8-30　新建文件

02 打开模型

在打开的【模型视图】属性管理器中设置，如图8-31所示。

① 单击【浏览】按钮。

② 选择要打开的模型。

③ 单击【打开】按钮。

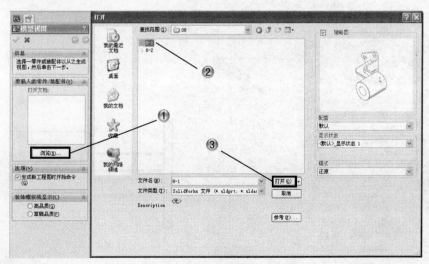

图8-31　打开模型

03 创建三视图

在图纸上单击放置三视图，如图8-32所示。

04 绘制圆形区域

单击【工程图】工具栏中的 【局部视图】按钮，在俯视图上绘制1个圆形，如图8-33所示。

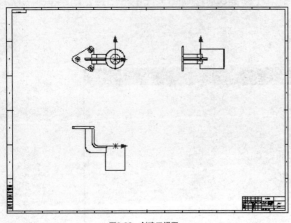

图8-32 创建三视图

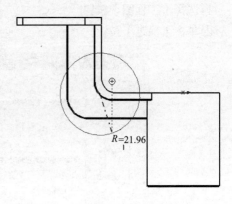

图 8-33 绘制圆形区域

05 创建局部视图

绘制完成后，弹出【局部视图】属性管理器，如图8-34所示。

① 设置比例。

② 单击放置视图。

③ 单击【关闭对话框】按钮。

06 绘制直线

单击【工程图】工具栏中的 【剖面视图】按钮，绘制截面线条，如图8-35所示。

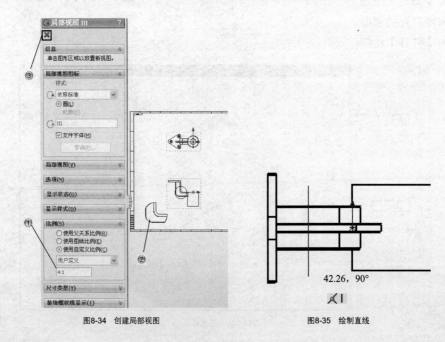

图8-34 创建局部视图

图8-35 绘制直线

07　创建剖面视图

绘制完成截面线条后，系统弹出【剖面视图D-D】属性管理器，如图8-36所示。

① 单击放置视图。

② 单击【关闭对话框】按钮。

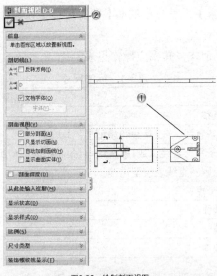

图8-36　绘制剖面视图

8.3　尺寸标注

下面对尺寸标注进行简要的介绍，并讲解添加尺寸标注的操作步骤。

8.3.1　尺寸标注概述

工程图中的尺寸标注是与模型相关联的，而且模型中的变更会反映到工程图中。

（1）模型尺寸。通常在生成每个零件特征时即生成尺寸，然后将这些尺寸插入各个工程视图中。在模型中改变尺寸会更新工程图，在工程图中改变插入的尺寸也会改变模型。

（2）为工程图标注。当生成尺寸时，可指定在插入模型尺寸到工程图中时，是否应包括尺寸在内。用右键单击尺寸并选择为工程图标注。也可指定为工程图所标注的尺寸自动插入到新的工程视图中。

（3）参考尺寸。也可以在工程图文档中添加尺寸，但是这些尺寸是参考尺寸，并且是从动尺寸；不能编辑参考尺寸的数值而更改模型。然而，当模型的标注尺寸改变时，参考尺寸值也会改变。

（4）颜色。在默认情况下，模型尺寸为黑色。还包括零件或装配体文件中以蓝色显示的尺寸（例如拉伸深度）。参考尺寸以灰色显示，并默认带有括号。可在工具、选项、系统选项、颜色中为各种类型尺寸指定颜色，并在工具、选项、文件属性、尺寸标注中指定添加默认括号。

（5）箭头。尺寸被选中时尺寸箭头上出现圆形控标。当单击箭头控标时（如果尺寸有2个控标，可以单击任1个控标），箭头向外或向内反转。右键单击控标时，箭头样式清单出现。可以使用此方法单独更改任何尺寸箭头的样式。

（6）选择。可通过单击尺寸的任何地方，包括尺寸、延伸线和箭头来选择尺寸。

（7）隐藏和显示尺寸。可使用【视图】菜单来隐藏和显示尺寸。也可以右键单击尺寸，然后选择隐藏来隐藏尺寸。也可在注解视图中隐藏和显示尺寸。

（8）隐藏和显示直线。若要隐藏一尺寸线或延伸线，右键单击直线，然后选择隐藏尺寸线或隐藏延伸线。若想显示隐藏线，右键单击尺寸或一可见直线，然后选择显示尺寸线或显示延伸线。

8.3.2　添加尺寸标注的操作步骤

（1）单击【尺寸/几何关系】工具栏中的 【智能尺寸】按钮，或单击【工具】|【标注尺寸】|【智能尺寸】菜单命令。

（2）单击要标注尺寸的几何体，其相应操作见表8-1。

表8-1　标注尺寸

标注项目	单击选择
直线或边线的长度	直线
2直线之间的角度	2条直线、或1直线和模型上的1边线
2直线之间的距离	2条平行直线，或1条直线与1条平行的模型边线
点到直线的垂直距离	点以及直线或模型边线
2点之间的距离	2个点
圆弧半径	圆弧
圆弧真实长度	圆弧及2个端点
圆的直径	圆周
1个或2个实体为圆弧或圆时的距离	圆心或圆弧/圆的圆周，及其他实体（直线，边线，点等）
线性边线的中点	右键单击要标注中点尺寸的边线，然后单击选择中点。接着选择第二个要标注尺寸的实体

（3）单击以放置尺寸。

实例——尺寸标注

结果文件：\08\8-1. SLDPRT、8-1. SLDDRW

多媒体教学路径：主界面→第8章→8.3实例

01 标注俯视图

单击【尺寸/几何关系】工具栏中的 【智能尺寸】按钮，标注俯视图，如图8-37所示。

①标注垂直尺寸1。
②标注垂直尺寸2。
③标注垂直尺寸3。

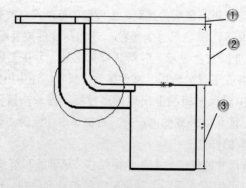

图8-37　标注俯视图尺寸

02 标注主视图尺寸

单击【尺寸/几何关系】工具栏中的⬦【智能尺寸】按钮，标注主视图，如图8-38所示。

① 标注斜尺寸。
② 标注垂直尺寸。
③ 标注水平尺寸。

03 标注放大视图尺寸

单击【尺寸/几何关系】工具栏中的⬦【智能尺寸】按钮，标注放大视图，如图8-39所示。

① 标注圆角尺寸1。
② 标注圆角尺寸2。

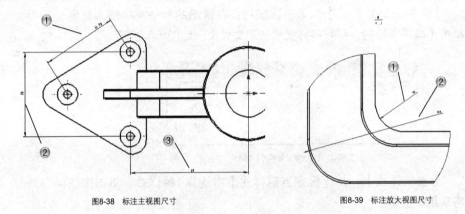

图8-38　标注主视图尺寸　　　　　　　　图8-39　标注放大视图尺寸

04 标注剖视图尺寸

单击【尺寸/几何关系】工具栏中的⬦【智能尺寸】按钮，标注剖视图尺寸，如图8-40所示。

① 标注垂直尺寸1。
② 标注水平尺寸2。
③ 标注垂直尺寸3。

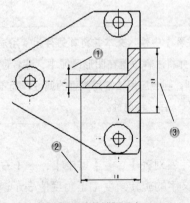

图8-40　标注剖视图尺寸

8.4　注解和注释

利用注释工具可以在工程图中添加文字信息和一些特殊要求的标注形式。注释文字可以独立浮动，也可以指向某个对象（如面、边线或者顶点等）。注释中可以包含文字、符号、参数文字或者超文本链接。如果注释中包含引线，则引线可以是直线、折弯线或者多转折引线。

8.4.1　注释的属性设置

单击【注解】工具栏中的【注释】按钮或者选择【插入】|【注解】|【注释】菜单命令，系统弹出【注释】属性管理器，如图8-41所示。

1.　【样式】选项组

（1）【将默认属性应用到所选注释】，将默认类型应用到所选注释中。

（2）【添加或更新样式】，单击该按钮，在弹出的对话框中输入新名称，然后单击【确定】按钮，即可将样式添加到文件中，如图8-42所示。

图8-42　【添加或更新样式】对话框

（3）【删除样式】，从【设定当前样式】中选择1种样式，单击该按钮，即可将常用类型删除。

（4）【保存样式】，在【设定当前样式】中显示1种常用类型，单击该按钮，在弹出的【另存为】对话框中，选择保存该文件的文件夹，编辑文件名，最后单击【保存】按钮。

（5）【装入样式】，单击该按钮，在弹出的【打开】对话框中选择合适的文件夹，然后选择1个或者多个文件，单击【打开】按钮，装入的常用尺寸出现在【设定当前样式】列表中。

图8-41　【注释】属性管理器

高手指点

注释有2种类型。如果在【注释】中输入文本并将其另存为常用注释，则该文本会随注释属性保存。当生成新注释时，选择该常用注释并将注释放置在图形区域中，注释便会与该文本一起出现。如果选择文件中的文本，然后选择1种常用类型，则会应用该常用类型的属性，而不更改所选文本；如果生成不含文本的注释并将其另存为常用注释，则只保存注释属性。

2.　【文字格式】选项组

（1）文字对齐方式，包括【左对齐】、【居中】、【右对齐】和【套合文字】。

（2）【角度】，设置注释文字的旋转角度（正角度值表示逆时针方向旋转）。

（3）【插入超文本链接】，单击该按钮，可以在注释中包含超文本链接。

（4）【链接到属性】，单击该按钮，可以将注释链接到文件属性。

（5）【添加符号】，将鼠标指针放置在需要显示符号的【注释】文字框中，单击【添加符号】按钮，弹出【符号】对话框，选择1种符号，单击【确定】按钮，符号显示在注释中，如图8-43所示。

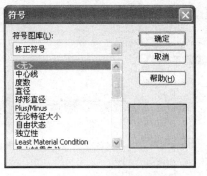

图8-43 选择符号

（6）【锁定/解除锁定注释】，将注释固定到位。当编辑注释时，可以调整其边界框，但不能移动注释本身（只可用于工程图）。

（7）圆【插入形位公差】，可以在注释中插入形位公差符号。

（8）✓【插入表面粗糙度符号】，可以在注释中插入表面粗糙度符号。

（9）⚏【插入基准特征】，可以在注释中插入基准特征符号。

（10）【使用文档字体】，启用该复选框，使用文件设置的字体；取消启用该复选框，【字体】按钮处于可选择状态。单击【字体】按钮，弹出【选择字体】对话框，可以选择字体样式、大小及效果。

3. 【引线】选项组

（1）单击⟋【引线】、⟋⟋【多转折引线】、⟋【无引线】或者⟋【自动引线】按钮，确定是否选择引线。

（2）单击⟋【引线靠左】、⟋【引线向右】、⟋【引线最近】按钮，确定引线的位置。

（3）单击⟋【直引线】、⟋【折弯引线】、⟋【下划线引线】按钮，确定引线样式。

（4）从【箭头样式】中选择1种箭头样式，如图8-44所示。如果选择———▶【智能箭头】样式，则应用适当的箭头（如根据出详图标准，将————●应用到面上、————▶应用到边线上等）到注释中。

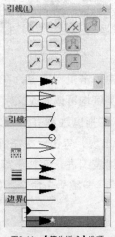

图8-44 【箭头样式】选项

（5）【应用到所有】，将更改应用到所选注释的所有箭头。如果所选注释有多条引线，而自动引线没有被选择，则可以为每个单独引线使用不同的箭头样式。

4. 【边界】选项组

（1）【样式】，指定边界（包含文字的几何形状）的形状或者无，如图8-45所示。

（2）【大小】，指定文字是否为【紧密配合】或者固定的字符数，如图8-46所示。

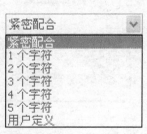

图8-45 【样式】选项　　　　　　　　图8-46 【大小】选项

5. 【图层】选项组

用来指定注释所在的图层。

8.4.2　添加注释的操作步骤

添加注释的操作步骤如下。

（1）单击【注解】工具栏中的 A【注释】按钮或者选择【插入】|【注解】|【注释】菜单命令，鼠标指针变为 形状，系统弹出【注释】属性管理器。

（2）在图纸区域中拖动鼠标指针定义文字框，在文字框中输入相应的注释文字。

（3）如果有多处需要注释文字，只需在相应位置单击鼠标左键，如图8-47所示，即可添加新注释，单击 【确定】按钮，注释添加完成。

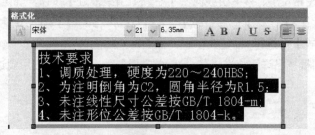

图8-47 添加注释

添加注释还可以在工程图图纸区域中单击鼠标右键，在弹出的快捷菜单中选择【注解】|【注释】命令。注释的每个实例均可以修改文字、属性和格式等。

如果需要在注释中添加多条引线，在拖曳注释并放置之前，按住键盘上的Ctrl键，注释停止移动，第二条引线即会出现，单击鼠标左键放置引线。

如果需要更改项目符号或者编号的列表缩进，在处于编辑状态时用鼠标右键单击注释，在弹出的菜单中选择【项目符号与编号】命令，如图8-48所示。

实例——创建注释

图8-48 快捷菜单

 结果文件：\08\8-1. SLDPRT、8-1. SLDDRW

多媒体教学路径：主界面→第8章→8.4实例

01 创建注释

单击【注解】工具栏中的 A【注释】按钮，弹出【注释】属性管理器，如图8-49所示。

① 输入文字。

② 单击【确定】按钮。

02 添加基准

单击【注解】工具栏中的█【基准特征】按钮，弹出【基准特征】属性管理器，如图8-50所示。

① 单击放置基准。

② 单击【确定】按钮。

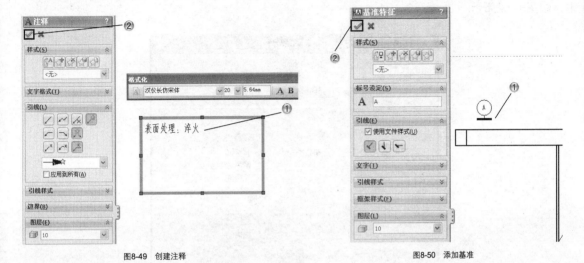

图8-49　创建注释　　　　　　　　　　　　　图8-50　添加基准

03 添加总表

选择【插入】|【表格】|【总表】菜单命令，弹出【表格】属性管理器，如图8-51所示。

① 单击放置表格。

② 单击【确定】按钮。

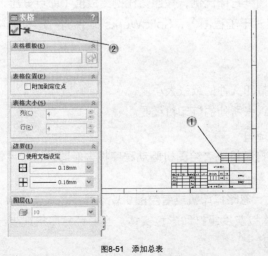

图8-51　添加总表

8.5　打印工程图

在SolidWorks中，可以打印整个工程图纸，也可以只打印图纸中所选的区域。如果使用彩色打印机，可以打印彩色的工程图（默认设置为使用黑白打印），也可以为单独的工程图纸指定不同的设置。

在打印图纸时，要求用户正确安装并设置打印机、页面和线粗等。

8.5.1　页面设置

打印工程图前，需要对当前文件进行页面设置。

打开需要打印的工程图文件。选择【文件】|【页面设置】菜单命令，弹出【页面设置】对话框，如图8-52所示。

图8-52　【页面设置】对话框

1.【分辨率和比例】选项组

（1）【调整比例以套合】（仅对于工程图），按照使用的纸张大小自动调整工程图的尺寸。

（2）【比例】，设置图纸打印比例，按照该比例缩放值（即百分比）打印文件。

（3）【高品质】（仅对于工程图），SolidWorks 软件为打印机和纸张大小组合决定最优分辨率，输出并进行打印。

2.【纸张】选项组

（1）【大小】，设置打印文件的纸张大小。

（2）【来源】，设置纸张所处的打印机纸匣。

3.【工程图颜色】选项组

（1）【自动】，如果打印机或者绘图机驱动程序报告能够进行彩色打印，发送彩色数据，否则发送黑白数据。

（2）【颜色/灰度级】，忽略打印机或者绘图机驱动程序的报告结果，发送彩色数据到打印机或者绘图机。黑白打印机通常以灰度级打印彩色实体。当彩色打印机或者绘图机使用自动设置进行黑白打印时，选中此单选按钮。

（3）【黑白】，不论打印机或者绘图机的报告结果如何，发送黑白数据到打印机或者绘图机。

8.5.2　线粗设置

选择【文件】|【打印】菜单命令，弹出【打印】对话框，如图8-53所示。

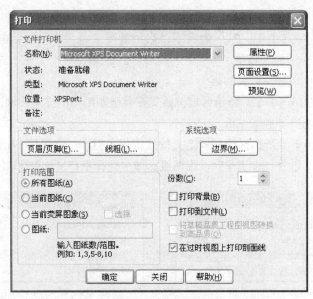

图8-53 【打印】对话框

在【打印】对话框中，单击【线粗】按钮，在弹出的【文档属性–线粗】对话框中设置打印时的线粗，如图8–54所示。

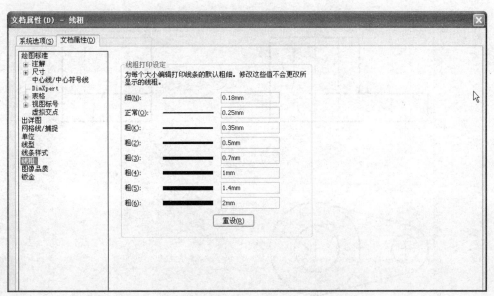

图8-54 【文档属性-线粗】对话框

8.5.3 打印出图

完成页面设置和线粗设置后，就可以进行打印出图的操作了。

1. 整个工程图图纸

选择【文件】|【打印】菜单命令，弹出【打印】对话框。在对话框中的【打印范围】选项组中，选中相应的单选按钮并输入想要打印的页数，单击【确定】按钮打印文件。

2. 打印工程图所选区域

（1）选择【文件】|【打印】菜单命令，弹出【打印】对话框。在对话框中的【打印范围】选项组中，选中【当前荧屏图象】单选按钮，启用其后的【选择】复选框，弹出【打印所选区域】对话

框，如图8-55所示。

（2）【模型比例（1:1）】。默认情况下，启用该复选框，表示所选的区域按照实际尺寸打印，即mm（毫米）的模型尺寸按照mm（毫米）打印。因此，对于使用不同于默认图纸比例的视图，需要使用自定义比例以获得需要的结果。

（3）【图纸比例（10:1）】。所选区域按照其在整张图纸中的显示比例进行打印。如果工程图大小和纸张大小相同，将打印整张图纸。

（4）【自定义比例】。所选区域按照定义的比例因子打印，如图8-56所示，输入比例因子数值，单击【确定】按钮。改变比例因子时，在图纸区域中选择框将发生变化。

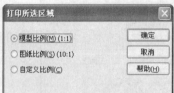

图8-55　【打印所选区域】对话框

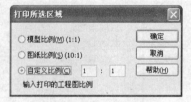

图8-56　选中【自定义比例】单选按钮

　　拖动选择框到需要打印的区域。可以移动、缩放视图，或者在选择框显示时更换图纸。此外，选择框只能整框拖动，不能拖动单独的边来控制所选区域，如图8-57所示，单击【确定】按钮，完成所选区域的打印。

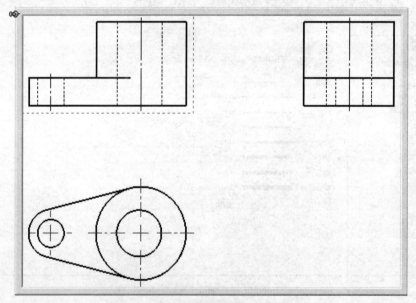

图8-57　拖动选择框

8.6　综合演练——创建零件图纸

 范例文件：\08\8-2. SLDPRT、8-2. SLDDRW

多媒体教学路径：主界面→第8章→8.6综合演练

　　本章范例为创建1个模型的图纸，如图8-58所示，需要添加三视图、放大视图和剖视图以及尺寸标注。

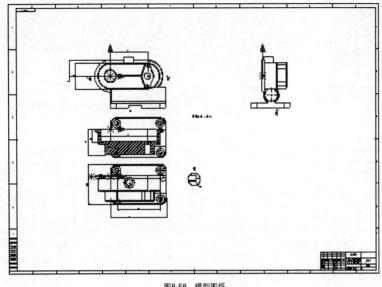

图8-58 模型图纸

8.6.1 创建工程图

操作步骤

01 打开文件

新建图纸文件，在打开的【模型视图】属性管理器中设置，如图8-59所示。

① 单击【浏览】按钮。

② 选择要打开的模型。

③ 单击【打开】按钮。

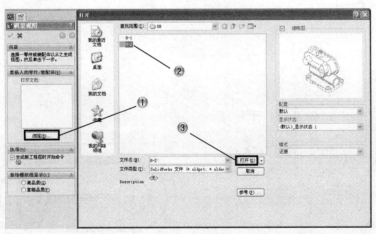

图8-59 打开文件

02 创建三视图

在图纸上单击放置三视图，如图8-60所示。

03 绘制圆形区域

单击【工程图】工具栏中的⑥【局部视图】按钮，在俯视图上绘制1个圆形，如图8-61所示。

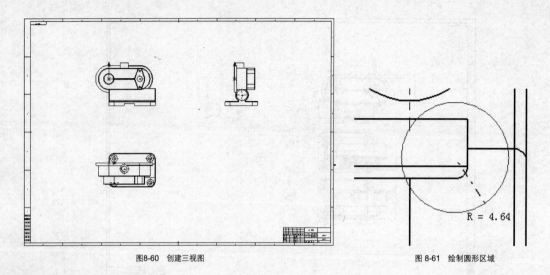

图8-60　创建三视图　　　　　　　　　　　　　　　图 8-61　绘制圆形区域

04 创建局部视图

绘制完成后，弹出【局部视图】属性管理器，如图8-62所示。

① 设置比例。

② 单击放置视图。

③ 单击【关闭对话框】按钮。

05 绘制直线

单击【工程图】工具栏中的 【剖面视图】按钮，绘制截面线条，如图8-63所示。

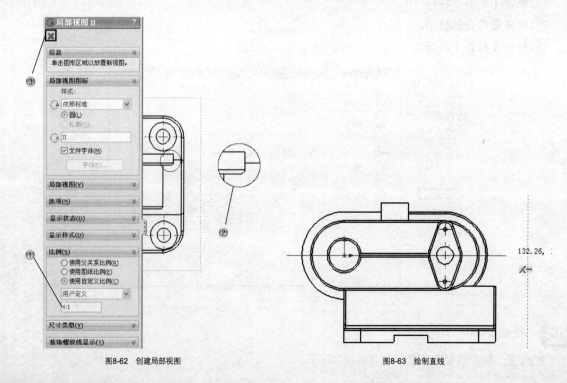

图8-62　创建局部视图　　　　　　　　　　　　　　图8-63　绘制直线

06 创建剖面视图

绘制完成截面线条后，弹出【剖面视图D-D】属性管理器，如图8-64所示。

①单击放置视图。

②单击【关闭对话框】按钮。

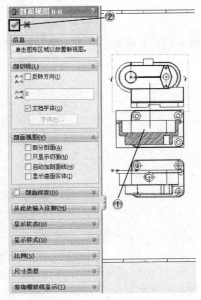

图8-64 绘制剖面视图

8.6.2 创建图纸附件

操作步骤

01 标注俯视图尺寸

单击【尺寸/几何关系】工具栏中的 ⊘【智能尺寸】按钮，标注俯视图，如图8-65所示。

①标注垂直尺寸1。

②标注水平尺寸2。

③标注水平尺寸3。

02 标注主视图尺寸

单击【尺寸/几何关系】工具栏中的 ⊘【智能尺寸】按钮，标注主视图，如图8-66所示。

①标注垂直尺寸1。

②标注垂直尺寸2。

③标注水平尺寸3。

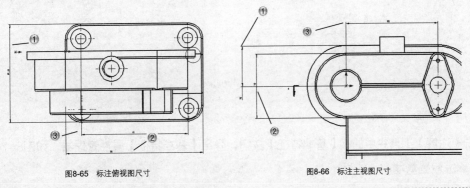

图8-65 标注俯视图尺寸 　　　　　　　　　　 图8-66 标注主视图尺寸

03 标注放大视图尺寸

单击【尺寸/几何关系】工具栏中的 ✎【智能尺寸】按钮，标注放大视图，如图8-67所示。

04 标注剖视图尺寸

单击【尺寸/几何关系】工具栏中的 ✎【智能尺寸】按钮，标注剖面视图，如图8-68所示。

① 标注垂直尺寸1。

② 标注垂直尺寸2。

③ 标注水平尺寸3。

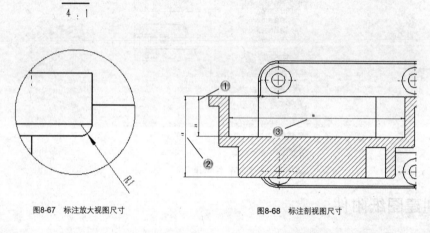

图8-67　标注放大视图尺寸　　　　　　图8-68　标注剖视图尺寸

05 创建注释

单击【注解】工具栏中的 A【注释】按钮，弹出【注释】属性管理器，如图8-69所示。

① 输入文字。

② 单击【确定】按钮。

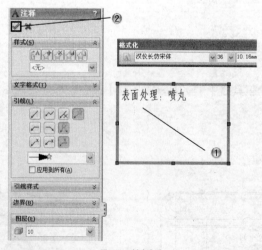

图8-69　创建注释

06 添加基准

单击【注解】工具栏中的 ▣【基准特征】按钮，弹出【基准特征】属性管理器，如图8-70所示。

① 单击放置基准。

② 单击【确定】按钮。

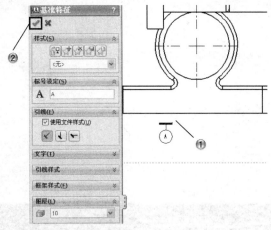

图8-70　添加基准

8.7　知识回顾

　　生成工程图是SolidWorks一项非常实用的功能，掌握好生成工程视图和工程图文件的基本操作，可以快速、正确地为零件的加工等工程活动提供合格的工程图样。需要注意的是，用户在使用SolidWorks软件时，一定要注意与我国技术制图国家标准的联系和区别，以便正确使用软件提供的各项功能。

8.8　课后习题

　　使用工程图的相关知识，创建如图8-71所示的模型折弯处的断裂视图，以及孔的旋转剖视图。

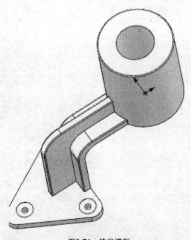

图8-71　练习模型

第 **9** 章

公差和应力分析

公差就是实际参数值的允许变动量。对于机械制造来说，制定公差的目的就是为了确定产品的几何参数，使其变动量在一定的范围之内，以便达到互换或配合的要求。

SimulationXpress插件为SolidWorks用户提供了易于使用的应力分析工具，可以在电脑中测试设计的合理性，无需进行昂贵而费时的现场测试，因此可以有助于减少成本、缩短时间。SimulationXpress的向导界面引导完成5个步骤，用以指定材料、约束、载荷，并进行分析和查看结果。SimulationXpress支持对单实体的分析；对于多实体零件，可以1次分析1个实体；对于装配体，可以1次分析1个实体的物理模拟效应；曲面实体不受支持。

本章首先介绍SolidWorks公差分析的内容、零件的DimXpert、TolAnalyst工具的应用，之后介绍SimulationXpress插件的应用，以便分析零件所受的应力，并讲解应力分析的基础知识和SimulationXpress插件的使用方法，完成分析后可以保存分析结果。

知识要点

- ✖ 公差概述
- ✖ 零件的DimXpert
- ✖ TolAnalyst
- ✖ 应力分析基础
- ✖ SimulationXpress介绍
- ✖ 退出保存结果

案例解析

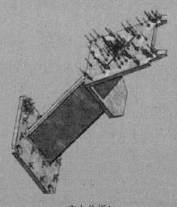

应力分析1

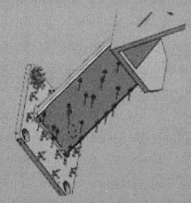

应力分析2

9.1 公差概述

下面介绍公差的基础知识和主要的使用方法。

9.1.1 公差的优点

形位尺寸和公差 (GD&T) 具有如下优点。

（1）实现了设计语言的标准化。

（2）对客户、供应商和生产小组而言，设计意图更加清晰、精确。

（3）可以计算最糟情形下的配合限制。

（4）通过使用基准点，可以保证生产和检验过程的可重复性。

（5）优质的生产零件为装配体提供了品质保证。

9.1.2 两个基于 GD&T 的应用程序

系统提供了两个基于GD&T的应用程序：

1. 零件的DimXpert

零件的DimXpert用于在零件上标注尺寸和公差。

2. TolAnalyst

TolAnalyst应用程序专门用于公差分析，可确定尺寸和公差对零件和装配体的影响。使用TolAnalyst工具可以对装配体进行最糟情形下的公差向上层叠分析。

首先使用DimXpert工具对零件或装配体中的零部件应用尺寸和公差，然后通过TolAnalyst工具对这些数据进行向上层叠分析。

高手指点

TolAnalyst 只可在 SolidWorks Premium 中使用。

9.1.3 TolAnalyst 使用4步骤

为了确保具有有效的公差数据，TolAnalyst使用具有如下4个步骤程序的向导界面。

（1）生成被定义为2个DimXpert特征间距离的测量值。

（2）生成装配体顺序。它在测量特征之间，建立公差链的装配体零件的按序选择，这个"子装配体"被称为"简化装配体"。

（3）向每个零件应用约束，约束定义每个零件如何放置或配合到简化装配体内。

（4）评估测量值。

9.2 零件的DimXpert

零件的DimXpert是常用的一组工具，下面来具体介绍这组工具的设置和使用方法。

9.2.1 零件的DimXpert概述

零件的DimXpert是1组工具，这些工具可依据ASME Y18.41–2003和ISO 16792:2006标准的要求对零件应用尺寸和公差。然后，可以在TolAnalyst中使用公差对装配体进行堆栈分析，或在下游

CAM、其他公差分析或测量应用程序中进行分析。

1. 特征

对DimXpert而言，特征指制造特征。例如，在CAD领域所生成的"壳"特征，在制造领域是一种"袋套"特征。

DimXpert工具支持如下制造特征。

倒角、圆锥体、圆柱、离散特征类型、相交圆、圆角、柱形沉头孔、基准面、凹口、锥形沉头孔、曲面、袋套、简单直孔、相交点、槽口、相交直线、宽度、凸台、相交基准面和球体等。

2. 特征识别

对制造特征应用DimXpert尺寸时，DimXpert会先后使用下面两种方法来识别特征：模型特征识别和拓扑识别。

（1）模型特征识别。模型特征识别的优势是，如果修改了模型特征，尤其是添加了特征或面，识别出的特征便会进行更新。DimXpert可识别以下设计特征：

倒角、装饰螺纹线、某些拉伸（用于提取阵列）、圆角、异型孔向导孔、简单直孔和某些阵列（用于提取阵列的凸台、圆锥、宽度、线性阵列、圆周阵列和镜向阵列）。

（2）拓扑识别。如果模型识别未能识别出特征，DimXpert将会使用拓扑识别。拓扑识别的优势是，它能够识别出模型识别无法识别的制造特征，例如槽口、凹口和袋套。对于输入的实体上的特征，只使用拓扑识别。如果更改了几何体，但未向阵列特征添加新的实例，拓扑特征便会进行更新。

3. 使用 DimXpert

使用DimXpert的基本步骤如下。

（1）打开1个零件，使用DimXpert标注尺寸。

（2）设定DimXpert选项。选择【工具】|【选项】菜单命令，切换到【文档属性】选项卡。设定各种DimXpert选项，例如形位公差，如图9-1所示。

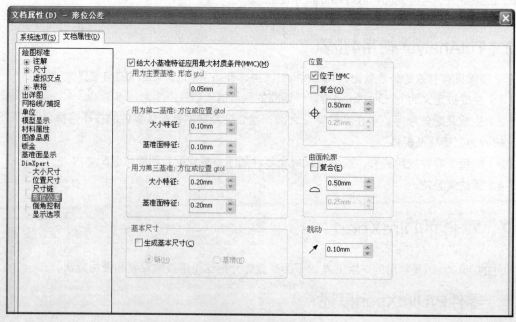

图9-1 【形位公差】选项

（3）手动或自动插入尺寸和形位公差。

- 首先介绍手动插入尺寸和形位公差的方法。

使用【基准】工具设置基准。

使用DimXpert工具（例如🗂【大小尺寸】、🗂【位置尺寸】、🗂【阵列特征】和🗂【形位公差】）添加公差和尺寸。

单击🗂【显示公差状态】按钮，查看特征的大小和位置（欠约束或过约束）。

根据需要应用附加尺寸和公差，以完全约束零件。

教你一招

要设定 DimXpert尺寸的颜色，选择【工具】|【选项】菜单命令，选择系统选项中的颜色。在颜色方案设置下，选择注解、DimXpert。

- 自动插入尺寸和形位公差的方法。

单击【DimXpert】工具栏中的🗂【自动尺寸方案】按钮或者选择【工具】|【DimXpert 工具栏】|【自动尺寸】菜单命令。

设定【自动尺寸方案】属性管理器中的参数。

单击✔【确定】按钮。

9.2.2　DimXpert特征

1. 概述

零件的DimXpert支持很多制造特征。下面介绍这些特征。

（1）凸台，如图9-2所示。拓扑外部圆柱面具有完整的360°圆弧。

（2）倒角，如图9-3所示。拓扑平面、圆锥面或扫描直线。

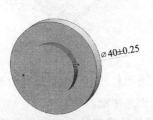

图9-2　凸台

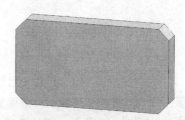

图9-3　倒角

（3）圆锥体，如图9-4所示。拓扑内部或外部圆锥面。

（4）圆柱，如图9-5所示。拓扑部分或完整的内部或外部圆柱面，带有完整360°圆弧的外部面可被分类为凸台特征。

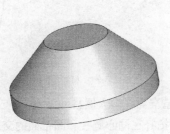

图9-4　圆锥体

图9-5　圆柱

高手指点

图9-5所示的30°和50°的半径代表圆柱特征。

（5）圆角，如图9-6所示。

（6）柱形沉头孔，如图9-7所示。拓扑包含2个同心圆柱的孔系列。

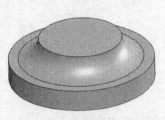

图9-6 圆角

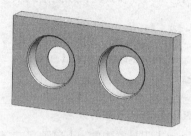

图9-7 柱形沉头孔

（7）锥形沉头孔，如图9-8所示。拓扑包含带有同心圆柱的圆锥的孔系列，带有或不带基准面或圆锥类型的"给定深度"的终止条件。

（8）简单直孔，如图9-9所示。拓扑包含圆柱面的孔系列，圆柱面具有大于180°的圆弧，孔系列带有或不带基准面或圆锥类型的"给定深度"的终止条件。

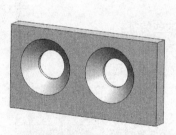

图9-8 锥形沉头孔

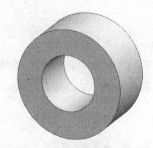

图9-9 简单直孔

（9）相交圆，如图9-10所示。拓扑圆派生自圆锥面和基准面的相交处。圆锥面必须与基准面垂直，而且不能从椭圆生成。圆锥面和基准面可被圆角或倒角中断。

（10）相交直线，如图9-11所示。交叉直线在零件的底部基准面和斜交基准面的交叉点处形成。拓扑在两个基准面交叉点处派生的直线。

图9-10 相交圆

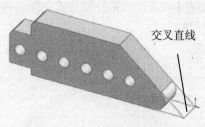

交叉直线

图9-11 相交直线

（11）相交基准面，如图9-12所示。相交基准面在较大圆柱和圆锥面的交叉点处派生。相交基准面通常用于定位锥形曲面的开始和结束位置，拓扑在同心圆柱和圆锥面的交叉点处派生的基准面。

（12）相交点，如图9-13所示。相交点显示为原点，它在基准面（蓝色）和圆柱（橙色）的交叉点处派生，拓扑在基准面和圆柱或圆锥面的轴的交叉点处派生的点。

图9-12 相交基准面

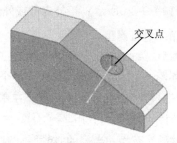

交叉点

图9-13 相交点

（13）凹口，如图9-14所示。拓扑受到与侧基准面垂直的基准面，或与侧基准面相切的圆柱约束的两个平行基准面，带有或不带平面的"给定深度"的终止条件。

（14）基准面，如图9-15所示。每个平面都代表一个基准面特征，可以组合其他平行的面，以定义复合基准面。

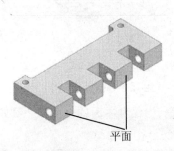

平面

图9-14 凹口

图9-15 基准面

（15）袋套，图9-16所示为穿通袋套嵌入于盲袋套的范例。拓扑内部拉伸型闭合轮廓，带有或不带平面的"给定深度"终止条件。

（16）槽口，图9-17所示为盲方形槽口（左侧）和带有径向端的穿通槽口（右侧）。拓扑受到与侧基准面垂直的2个基准面，或与侧基准面相切的2个圆柱约束的2个平行基准面，带有或不带平面的"给定深度"终止条件。

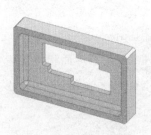

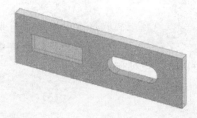

图9-16 袋套

图9-17 槽口

（17）曲面，如图9-18所示。拓扑非棱柱形面。

（18）宽度，如图9-19所示。拓扑带有相对的法向向量的2个平行基准面。

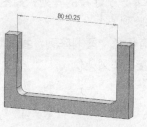

80±0.25

图9-18 曲面

图9-19 宽度

（19）球体，如图9-20所示。拓扑内部或外部球面。

2. 离散DimXpert特征类型

离散DimXpert特征类型是基于DimXpert特征的。下面介绍其类型。

（1）收藏，如图9-21所示。包含2个或多个制造特征的1组特征。组成零件外围的特征被组合为1个收藏特征。在需要同时向1组特征和面应用曲面轮廓公差时，收藏最为有用。

图9-20　球体

（2）复合圆柱是具有相同半径的1组同轴圆柱。例如，图9-22中所示零件顶部的2个圆柱面。

图9-21　收藏特征

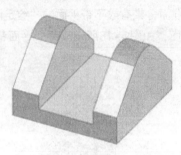

图9-22　复合圆柱

（3）复合基准面，1组共平面的基准面。例如，图9-23中所示此零件右侧上的4个面，支持特征为基准面。

（4）复合孔，具有相同直径的1组同轴孔。例如，图9-24中所示被此零件中凹槽分割的2个内部圆柱面。支持的特征是简单直孔。

（5）阵列，具有相同类型（孔、槽口、凹口等）和大小参数的1组DimXpert特征，如图9-25所示。它们一般与共用尺寸和公差相关。例如，向孔阵列应用直径尺寸和几何位置公差。支持的特征有倒角、柱形沉头孔、锥形沉头孔、圆柱、圆角、凹口、简单直孔、槽口。

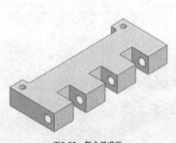

图9-23　复合基准面

图9-24　复合孔

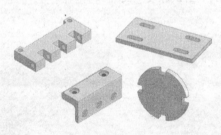

图9-25　阵列

（6）连接的阵列。DimXpert阵列基于并保持与SolidWorks模型特征或特征的关联。在更改模型特征时，连接至模型特征的DimXpert阵列特征将自动更新。在 ⊕ DimXpertManager（公差分析管理器）中通过连接图标 ⊛ 识别连接的阵列，如图9-26所示。其中"槽口阵列1"是连接的阵列，"槽口阵列2"不是连接的阵列。

支持的模型特征有倒角、圆周阵列、拉伸切除、圆角、异型孔向导、线性阵列、镜像、简单直孔。图9-27所示为连接的阵列范例。

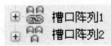

图9-26 连接阵列识别

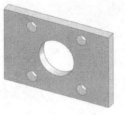

图9-27 连接的阵列范例

3. 使用特征选择器

特征选择器是浮动的、上下文相关的工具栏，可以使用它区分不同的DimXpert特征类型。可用的特征选择器取决于所选的面和激活的命令，如图9-28所示。特征选择器可用于所有特征的选择：尺寸、基准点、形位公差、自动公差方案、阵列生成。

图9-28 特征选择器

特征选择器中特征的顺序基于它们的复杂度。

- 基准面、圆柱和圆锥等基本特征位于左边。
- 柱形沉头孔、凹口、槽口和阵列等组合特征位于中间。
- 复合孔和相交点等复合特征位于右边，复合特征需要额外选择。

使用特征选择器为孔阵列生成单独的大小尺寸的步骤如下。

（1）打开1个零件，以使用零件的 DimXpert 标注尺寸。

（2）单击【DimXpert】工具栏中的 【大小尺寸】按钮或者选择【工具】|【DimXpert】|【大小尺寸】菜单命令。

（3）选择左侧孔的面。特征选择器默认为"2X"孔阵列，如图9-29所示。

（4）单击特征选择器上的 【孔】按钮。

（5）在图形区域中单击以放置尺寸，如图9-30所示。

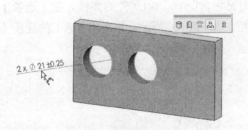

图9-29 孔阵列大小尺寸

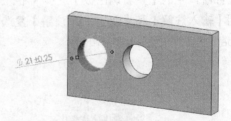

图9-30 放置单个孔大小

（6）在【DimXpert】属性管理器中，在【公差/精度】选项组中设置 +【最大变量】为0.5mm，如图9-31所示。

（7）单击 【关闭】按钮，如图9-32所示。

（8）使用默认的公差值为右侧孔重复此程序，如图9-33所示。

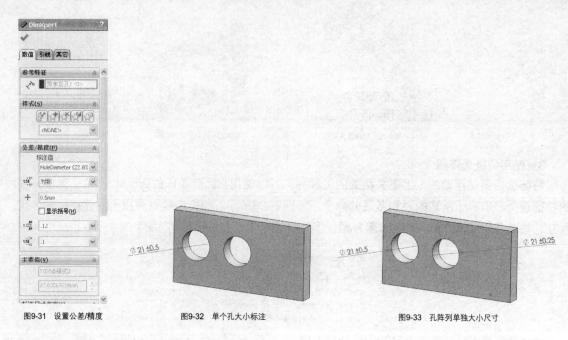

图9-31 设置公差/精度　　　　图9-32 单个孔大小标注　　　　图9-33 孔阵列单独大小尺寸

9.2.3 DimXpert 尺寸和工程图

可以在工程图（包括剖面视图）中输入使用DimXpert生成的尺寸和公差。

1. 向工程图输入DimXpert尺寸

（1）打开1个包含有DimXpert生成的零件尺寸和公差的零件。

（2）生成1个工程图文档。

（3）使用下列方法插入DimXpert尺寸。

- 使用工程图视图PropertyManager。

选择1个工程图视图。在【工程图视图】属性管理器中，在【输入选项】选项组中启用【输入注解】和【DimXpert注解】复选框，如图9-34所示。

- 使用【查看调色板】。

在任务窗口中的【查看调色板】选项卡中，浏览包含DimXpert尺寸的零件。在【选项】选项组中，启用【输入注解】和【DimXpert注解】复选框，如图9-35所示。将标有（A）的视图（其中包含DimXpert注解）拖至工程图图纸上。

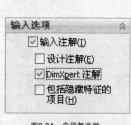

图9-34 启用复选框

图9-35 【查看调色板】选项卡

- 使用菜单命令。

单击【插入】|【工程图视图】|【模型】菜单命令，在【模型视图】属性管理器中，在【要插入的零件/装配体】选项组中，单击【浏览】按钮，选择包含DimXpert尺寸的零件，并单击【下一步】按钮，如图9-36所示。

在【方向】选项组中，选择要输入的视图（如果选取【生成多视图】，可插入1个以上的视图）。带有A的视图中包含注解视图，如图9-37所示。在【输入选项】选项组中，启用【输入注解】和【DimXpert注解】复选框，如图9-38所示。

（4）单击 ✔【确定】按钮。

图9-36　【模型视图】属性管理器

图9-37　【方向】选项组

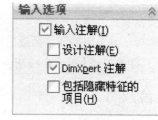
图9-38　【输入选项】选项组

2．向工程图中的剖面视图输入DimXpert尺寸

（1）在工程图中，生成包含DimXpert尺寸的工程图视图。

（2）单击【工程图】工具栏中的 🔲【剖面视图】或选择【插入】|【工程图视图】|【剖面】菜单命令。

（3）在工程图视图上绘制直线草图，以生成剖面视图。

（4）在属性管理器中，在【从此处输入注解】选项组中，选择注解视图，启用【输入注解】和【DimXpert 注解】复选框，如图9-39所示。

图9-39　剖面视图输入注解

（5）单击以放置视图。最后单击 ✔【确定】按钮。

3．注释

（1）使用以上步骤向局部视图和投影视图中输入注解。

（2）用鼠标右键单击特征管理器设计树中的 🄰【注解】文件夹，然后选择【显示DimXpert 注解】命令以显示或隐藏先前导入的DimXpert尺寸和公差。

（3）在工程图中，可以仅更改使用DimXpert为零件生成的尺寸和公差显示特性。

4．比例

要使注解视图中显示的注解和几何体之间保持相同平衡，可在输入工程图视图时应选择【使用自定义比例】，接下来选择【使用模型文字比例】。

（1）在工程图窗口中，选择【工具】|【选项】菜单命令，选择【文档属性】|【尺寸】选项，在【等距距离】选项组中，启用【注解视图布局】复选框，以保留在注解视图中定义的布局。取消启用该复选框以使用工程图布局放置尺寸。

（2）如果向已为其生成工程图视图的注解视图添加新的DimXpert尺寸，显示注解更新的属性管理器就会出现。该属性管理器仅在每次添加新DimXpert尺寸时出现1次。如果在此时不更新注解，则必须单击【视图】|【隐藏/显示注解】菜单命令来显示更新的注解。

（3）DimXpert尺寸和公差默认为品红色。要更改默认的颜色，应选择【工具】|【选项】菜单命令，选择【系统选项】|【颜色】选项。在【颜色方案设置】选项组中选择【注解，DimXpert】选项并设置颜色。

9.2.4 更改注解基准面和尺寸的方向

1. 更改注解基准面

通常可以选择延伸线末端的拖动控标，并将其放在另1条边线上，以更改注解基准面的深度。

2. 更改方向

使用快捷键菜单可更改尺寸的方向。右键单击尺寸，选择更改注解视图，并从快捷键菜单中选择新视图，如图9-40所示。

（1）指定的注解视图。将选择的视图更改为指定的视图，包括上视、前视等。

图9-40 更改注解视图

（2）未指派项。未指定视图。

（3）按选择。用于附加到平面或曲面的形位公差。显示定向注解 PropertyManager，选取一个基准面或平面，并单击 ✅【确定】按钮。

9.2.5 组合尺寸

要完全约束1个零件，通常需要对2个或更多特征应用相同的尺寸和形位公差。可以使用快捷键菜单将尺寸和形位公差组合为1个规格。

1. 组合位置尺寸

（1）打开带有尺寸的模型进行组合。例如，可以将3个尺寸组合为1个。当组合位置尺寸时，它们必须具有相同的原点特征，如图9-41所示。

（2）在按住Ctrl键的同时从左到右选择3个尺寸。

（3）右键单击并选择组合尺寸。在选择最后1个尺寸时，这些尺寸被组合为1个，并自动添加实例记数，如图9-42所示。

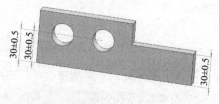

图9-41 具有相同原点特征的位置尺寸

图9-42 组合后尺寸

2. 组合大小尺寸和形位公差

（1）打开要组合的大小尺寸和形位公差所在的模型。例如，可以将3个尺寸组合为1个，如图9-43所示。

（2）在按住Ctrl键的同时从左到右选择2个大小尺寸。

（3）在绘图区域单击右键，并选择【组合尺寸】命令。这些尺寸在选择最后1个尺寸处被组合为1个尺寸，并自动添加实例记数，如图9-44所示。

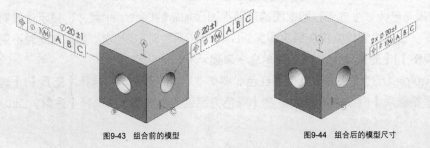

图9-43 组合前的模型　　　　　　　　　　　　图9-44 组合后的模型尺寸

9.2.6 【尺寸】属性管理器

【尺寸】属性管理器用于选择要向特征应用的尺寸的类型。使用【尺寸】属性管理器的方法如下。

（1）打开带有特征的模型。

（2）单击【尺寸/几何关系】工具栏中的 ◆【智能尺寸】按钮，或选择【工具】|【尺寸】|【智能】菜单命令。

（3）单击1个尺寸类型，弹出【尺寸】属性管理器，其中有 ◨【DimXpert位置尺寸】按钮、◨【DimXpert大小尺寸】按钮和 ◆【参考尺寸】按钮，如图9-45所示。

图9-45 尺寸类型

（4）放置尺寸。

（5）设置属性管理器中的参数。如果选择【DimXpert位置尺寸】或【DimXpert大小尺寸】类型，将出现【DimXpert】属性管理器；如果选择【参考尺寸】类型，将出现【尺寸】属性管理器。

（6）单击 ✔【确定】按钮。

9.3 TolAnalyst

TolAnalyst作为公差分析工具在SolidWorks中经常应用，下面介绍其具体的使用方法。

9.3.1 TolAnalyst概述

TolAnalyst是1种公差分析工具，用于研究公差和装配体方法对1个装配体的2个特征间的尺寸向上层叠所产生的影响。每次研究的结果为1个最小与最大公差层叠、1个最小与最大和方根(RSS)公差层叠及基值特征和公差的列表。

1. TolAnalyst执行1种名为算例的公差分析，下面介绍生成TolAnalyst算例的具体步骤

（1）利用零件的DimXpert工具将公差及尺寸添加到装配体零件。

（2）打开装配体。

（3）在【办公室产品】工具栏上单击 ⊞【TolAnalyst】按钮，加载插件。在【DimXpert】工具栏上单击 ⊞【TolAnalyst 算例】按钮或选择【工具】|【DimXpert】|【TolAnalyst算例】菜单命令。此时会打开属性管理器，其中有4个步骤。

（4）设置测量。生成测量，测量指2个DimXpert特征之间的直线距离。

（5）设置装配体顺序。选择1组已列好顺序的零件，以生成2个测量特征之间的公差链。所选零件构成"简化装配体"。

（6）设置装配体约束。定义每个零件如何放置或约束到简化装配体内。

（7）执行分析结果。评估和审阅最小和最大的最糟情形公差层叠。

2. 编辑TolAnalyst算例的方法

（1）打开包含该算例的装配体。

（2）在 ◆DimXpertManager（公差分析管理器）中，右键单击算例，然后选择【编辑特征】选项即可进行编辑。

9.3.2　设置测量

生成TolAnalyst算例的第一步是将测量指定为2个DimXpert特征之间的线性尺寸。可以在以下任何DimXpert特征之间定义测量，但是当选定的特征是基准面、直线或基准轴类型的组合时，它们必须彼此平行。

点类型：球形、交叉点；

基准轴类型：凸台、圆锥、圆柱、简单直孔、柱孔、锥孔、切口；

直线类型：交叉线；

基准面类型：凹口、基准面、宽度；

曲面类型：曲面。

1．定义测量的步骤

（1）打开【测量】属性管理器，如图9-46所示。选取2个特征的面，分别作为【从此处测量】和【测量到】以生成测量。此时1个线性尺寸出现在图形区域中。

（2）单击放置尺寸。此时信息框会从黄色变为绿色，表示测量已定义。

（3）必要时请设置属性管理器中的参数。

（4）单击 【下一步】按钮。

2．【测量】对话框参数设置

（1）【从此处测量】和【测量到】选项组，如图9-47所示。

图9-46　【测量】属性管理器

图9-47　【从此处测量】和【测量到】选项组

- 　【所选面】，选择2个特征的面以生成测量。
- 【指定准确点】，将测量指定至1个或2个特征的特定点。这样可以将最槽情形的计算限定在特定点，而不是特征轴的整个边界。

该指定点可以是顶点也可以是参考点（使用【插入】|【参考几何体】和【点】定义）。指定点与特征的基准面或轴重合，但不一定要在特征的边界或轴端点内。选择【指定准确点】选项可控制作为【从此处测量】和【测量到】特征的测量的位置。确切点覆盖默认点选择项，此为选取产生最槽情形的特征上的点。

- 【中心】、【最小】和【最大】，将测量指定至特征的中心或边线。这些选项在选择特征大小时可用。以下特征类型支持最小和最大侧选项：凸台、圆柱、凹口、简单直孔、槽口和宽度。

图9-48 【测量方向】选项组

（2）【测量方向】选项组，在将测量应用于两个轴（包括切口轴）之间时，设定尺寸的方向，如图9-48所示。

- X、Y和Z，这些选项与坐标系相对，适用于每个与特征轴相垂直的轴。
- N，法向。确定垂直于2个轴的最短距离尺寸。
- U，用户定义。确定沿所选直线方向或垂直于所选平面区域的尺寸。

9.3.3 设置装配体顺序

生成TolAnalyst算例的第二步是定义简化装配体。简化装配体至少包括生成2个测量特征之间的公差链所需的零件。这一步还将生成零件放入简化装配体的次序或顺序，TolAnalyst在计算最糟情形条件时会复制这一次序或顺序。装配顺序将会直接影响到结果。

1. 定义装配体顺序步骤

（1）选择1个基体零件🖎。

（2）使用以下方法之一将零件添加到顺序中。

- 在图形区域中选取零件。
- 在【相邻内容】列表框中选择零件，然后单击【添加】按钮。

（3）单击⊘【下一步】按钮，如图9-49所示。

2. 【公差装配体】下拉列表的参数设置

（1）🖎基体零件。定义简化装配体中的第一个DimXpert零件。基体零件是固定的，需设定要评估的测量的原点。

在公差分析中，基体零件已固定，其余零件均从基体零件开始装配。在装配体顺序PropertyManager中选择基体零件时，需考虑哪个零件应生成最糟情形装配的坐标系以及测量方向。选择基体零件时：

- 基体零件会被指定颜色。
- 所有相邻DimXpert零件均会变成半透明。
- 所有其他零件以线架图形式显示，如图9-50所示。

图9-49 【装配体顺序】属性管理器

（2）零部件和顺序。定义简化装配体中的其余零件。按实际或计划的装配流程的顺序选择零件。

（3）相邻内容。此列表框将用作向简化装配体添加零件的备选方式。清单包括与基体零件相邻的零件或先前存在于简化装配体中的零件。

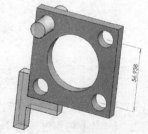

图9-50 选择基体零件

相邻是指1个具有DimXpert数据的零件，其边界框与简化装配体中另一所选零件重叠。2个最常见的相邻内容范例是2个重合基准面或1根轴穿越1个具有间隙的孔。

9.3.4 设置装配体约束

生成TolAnalyst算例的第三步是将每个零件约束在简化装配体中。

装配体约束与配合类似，约束是依据DimXpert特征之间的几何关系，而配合则是依据几何实体之间的几何关系。此外，约束按顺序应用，应用顺序非常重要，将对结果产生重大影响。

可以在绘图区域的约束标注处设定约束。约束标注显示了约束类型以及要约束的特征。仅约束类型可用。

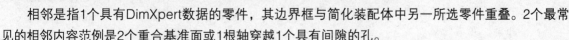

1. 定义装配体约束的步骤

（1）在【公差装配体】下拉列表中，选择要在简化装配体中约束的零件。例如，假设在下面的装配体中，已按装配体顺序选择了带孔的平板作为基体零件✎。现在，选择T形零件以约束它，如图9-51所示。

T形零件约束选项为：与带孔平板前、后或下基准面重合的基准面。

图9-51　约束装配体

（2）通过单击基准面设定主要约束。该约束会添加到约束列表中。图形区域的约束标注会显示更新的主要约束和可能的第二约束（如果适用）。

（3）设定另1个约束。

（4）单击凸台标注约束中的"1"设定主要约束，如图9-52所示。

（5）单击◉【下一步】按钮，如图9-53所示。

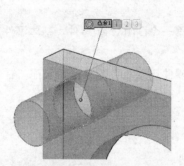

图9-52　凸台1约束标注

图9-53　装配体约束

2. 【装配体约束】对话框参数设置

（1）【约束过滤器】选项组。使用约束过滤器可隐藏或显示约束类型，如图9-54所示。其类型如下。

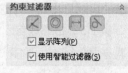

图9-54　约束过滤器

- ⊿重合，重合约束。
- ◎同轴心，同轴心约束。
- ⊢距离，距离约束。
- ⊿相切，相切约束。

【显示阵列】复选框，选择后显示阵列约束。取消选择后显示阵列中每个实例的约束。

【使用智能过滤器】复选框，选择后隐藏与所考虑特征距离较远的约束。

（2）【公差装配体】下拉列表主要列出零件及其约束状态。

？。表示零件需要约束。

✔。表示零件至少有1个约束，如图9-55所示。

【约束】选项组，列出应用于各个零件的约束的细节，如图9-56所示。

图9-55 公差装配体

图9-56 约束

9.3.5 分析结果

分析结果用来生成TolAnalyst算例的最后一步，可以用来设定和审阅结果。当结果PropertyManager处于活动状态时，将用默认或保存的设置自动计算结果。

1. 使用【分析结果】属性管理器的方法

（1）审阅【分析摘要】选项组中的结果，如图9-57所示。

（2）必要时：

- 修改【分析参数】选项组中的参数；

- 在【分析数据和显示】选项组中的【最小/最大促进值】列表框中，双击所列出的尺寸和公差，以修改其公差值。单击【确定】按钮关闭该对话框，如图9-58所示。

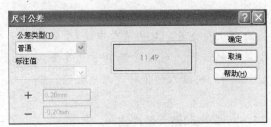

图9-58 修改公差值

（3）单击【重算】按钮计算新结果。

（4）必要时，单击【输出结果】按钮输出分析结果。

（5）单击✔【确定】按钮。

2. 【分析结果】对话框的参数设置

（1）【分析参数】选项组，【分析参数】选项组中的分析参数用于设定评估准则和结果的精度，如图9-59所示。

- 【方位公差】，将几何方位公差（尖角性、平行性和垂直度）以及角度加减位置公差加入最糟情形条件的评估中。结果会在每次选择或清除选项时自动重算。

通过【方位公差】复选框，TolAnalyst可应用专门控制特征方向的公差。当与【浮动扣件和销钉】选项组合时，【方位公差】复选框可让TolAnalyst使用特征之间的间隙以将零件旋转到其最糟情形。受支持的公差包括尖角性、平行性、垂直度、通过位置尺寸🔧工具定义的角度尺寸。

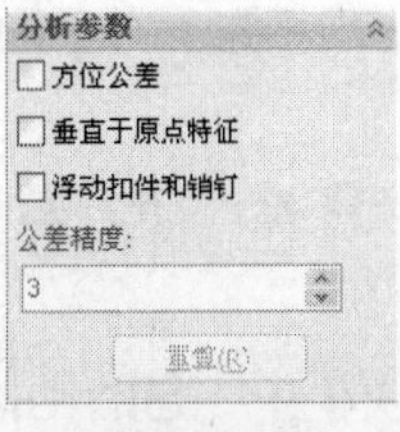

- 【垂直于原点特征】，更新测量向量。这里的测量向量是指将垂直于基准面或测量 Property Manager 中从此处测量特征的轴的向量。结果会在每次选择或清除选项时自动重算。

- 【浮动扣件和销钉】，使用孔和扣件之间的间隙，来增大最糟情形的最小和最大结果。每个

图9-57 分析结果

图9-59 分析参数

零件可以在等于孔与扣件之间径向距离的范围内移动。

- 【公差精度】，设定分析摘要给出的结果的精度。可以在计算结果之前或之后设定精度，结果不会重算。

- 【重算】按钮，运行分析。在变更1个或多个基值公差的公差值（最小/最大促进值下）后，单击重算。

（2）【分析摘要】选项组，【分析摘要】选项组用来显示结果。这些结果是可以输出的，如图9-60所示。

在结果下的单独文件夹列出以下项目：

- 测量的名义值。

- 最小和最大最糟情形条件。

- 和方根（RSS）最小和最大最糟情形条件。

- 【输出结果】按钮，单击此按钮可以将结果保存为 Excel、XML或HTML文件。

图9-60　分析摘要

（3）【分析数据和显示】选项组，在【分析数据和显示】选项组中列出了促进值并管理图形区域的显示。可以设定最小和最大促进值，以及在该情形条件下的数据和显示，如图9-61所示。

- 【促进值】列表框，促进值清单根据测量名义值和最糟情形结果之间的差值，说明各个基值特征及其对最糟情形最小或最大条件的促进百分比。在每个特征下面，会显示得出促进值所依据的尺寸和公差列表。当在清单中选择1个项目时，图形区域将显示相应的尺寸和公差。双击清单中的1个项目可打开【尺寸公差】或【更改形位公差】对话框，可在对话框中更改公差值。在这2个对话框中，可以对零件进行编辑。所输入的值将覆盖原数值。修改公差值后，单击重新计算新结果。

图9-61　分析数据和显示

（4）图形区域显示，在图形区域中显示最小和最大最糟情形。

- 标注，表明结果发生的点对应的结果。红色表示最小 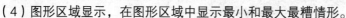，蓝色表示最大 。

- 生成的实际特征的轮廓，以黄色显示。

- 从名义特征指向实际特征的箭头。在分析数据和显示下，选择最大或最小可切换显示。

- 将指针停留在箭头上，可显示表明相对位移 (D)、向量 (V) 和点 (P) 坐标的工具提示，如图9-62所示。

（5）警告，TolAnalyst评估算例时，如果存在安装和评估方面的潜在问题，将发出警告信息。当2个测量特征之间不存在完全的公差链时，将出现不完全的公差链警告。

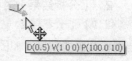

图9-62　工具提示

9.4　应力分析基础

9.4.1　SimulationXpress分析

在SolidWorks中完成设计之后，可能需要处理和分析如下问题。

（1）模型会不会断裂？

（2）模型会如何变形？

（3）能否可以使用较少材料而又不影响性能？

在缺少分析工具时，只有经过昂贵且费时的产品开发才能回答这些问题。产品开发通常包括以下步骤。

（1）在SolidWorks CAD系统中生成模型。

（2）制作该设计的原型。

（3）现场测试原型。

（4）评估现场测试的结果。

（5）根据现场测试结果修改设计。

继续上述过程，直至获得满意的解决方案。

SimulationXpress分析可以完成以下工作。

（1）使用电脑测试代替昂贵的现场测试，从而降低成本。

（2）减少产品开发周期的次数，从而缩短面市时间。

（3）快速模拟多个概念与情景，可以在作出最终决定之前有更多思考新设计的时间，从而优化设计。

根据材料、约束和载荷，利用应力或者静态分析计算模型中的位移、应变和应力。材料在应力达到某个程度时将失效，不同材料可以承受不同程度的应力。SimulationXpress根据有限元法，使用线性静态分析从而计算应力。

9.4.2　有限元法

有限元法（即FEA，以下统称为FEA）是分析工程设计可靠的数学方法，可以将1个复杂的问题分解为多个简单的问题。FEA将模型分为多个形状简单的块，这些块被称为元素，如图9-63所示。

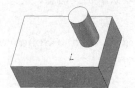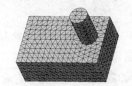

（a）支架的CAD模型　　　　　（b）细分为小块（元素）的模型

图9-63　将模型划分为元素

元素的公共点被称为节点，如图9-64所示。每个节点的运动都通过x、y、z方向的位移来确定，这被称为自由度（即DOF）。使用FEA的分析被称为有限元分析。

在四面体元素中，点表示元素的节点，元素边线可能是曲线，也可能是直线。SimulationXpress以方程表示每个元素的性能，其中考虑了每个元素与其他元素的连接，这些方程将位移与已知材料属性、约束及载荷相关联。程序将方程组织为1个大的联立的代数方程组，解出各个节点在x、y、z方向上的位移。程序使用这些位移计算各个方向上的应变。

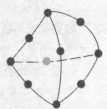

图9-64　四面体及其元素

9.4.3　线性静态分析的假定

1. 线性假定

线性假定所引起的反应与应用的载荷成正比。例如，如果载荷量加倍，则模型的反应（如位移、应变和应力等）也将加倍。如果满足以下条件，就可以作出线性假定。

（1）最大应力位于应力与应变曲线的线性范围之内，该曲线是1条从原点开始的直线。

（2）计算所得的最大位移远远小于模型的特性尺寸。例如，板的最大位移必定远远小于其厚度，柱的最大位移也远远小于其横截面的最小尺寸。

如果不满足此假定，则必须使用非线性分析。

2. 弹性假定

如果去掉载荷，模型将回复其原始形状（即非永久变形）。如果不满足此假定，则必须使用非线性分析。

3. 静态假定

逐渐并缓慢地施加载荷直至达到最大量，期间突然施加的载荷会产生额外的位移、应力等。如果不满足此假定，则必须使用动态分析。

 高手指点

如果不满足这些假定，则SimulationXpress计算得出的结果无效。

9.5　SimulationXpress介绍

9.5.1　SimulationXpress

【SolidWorks SimulationXpress】对话框向导可以定义材料、约束、载荷、分析模型，还可以查看结果。每完成1个步骤，SimulationXpress会立即将其保存。如果关闭并重新启动SimulationXpress，但不关闭相关模型文件，则可以获取相关信息，必须保存模型文件才能保存分析数据。

选择【工具】|【SimulationXpress】菜单命令，弹出【SolidWorks SimulationXpress】对话框，如图9-65所示。

（1）【夹具】选项卡，应用夹具到模型的面。

（2）【载荷】选项卡，应用力和压力到模型的面。

（3）【材料】选项卡，指定材料到模型。

（4）【运行】选项卡，可以选择使用默认设置进行分析或者更改设置。

（5）【结果】选项卡，按以下方法查看分析结果。

（6）【优化】选项卡，根据特定准则优化模型尺寸。

如果约束与载荷问题均已解出，则运行SimulationXpress分析。否则，会显示提示信息，必须解除无效的约束或者载荷。

使用SimulationXpress完成分析需要以下5个步骤。

（1）应用夹具；

（2）应用载荷；

（3）定义材料；

（4）分析模型；

（5）查看结果。

图9-65　【SolidWorks SimulationXpress】对话框

9.5.2　夹具

在【夹具】选项卡中，可以定义约束。每个约束可以包含多个面，受约束的面在所有方向上都受到约束，至少约束模型的1个面，以防止由于刚性实体运动而导致分析失败。

（1）在【SolidWorks SimulationXpress】对话框中，单击【添加夹具】按钮，如图9-66所示。

（2）在图形区域中单击希望约束的面，如图9-67所示，单击✔【确定】按钮。

（3）在屏幕左侧的模型树中出现夹具的列表，如图9-68所示。

图9-66　【夹具】选项卡　　　　　图9-67　设置【约束】选项卡　　　　　图9-68　出现夹具组的列表

9.5.3　载荷

在【载荷】选项卡中，可以应用力和压力载荷到模型的面。

1. 力

可以将多个力加到单个或者多个面。

（1）在【SolidWorks SimulationXpress】对话框中，单击【下一步】按钮，打开【载荷】选项卡，如图9-69所示。

（2）单击【添加力】按钮，打开【力】属性管理器，在图形区域中单击需要应用载荷的面，选择力的单位，输入力的数值，如果需要，启用【反向】复选框以反转力的方向，如图9-70所示。

图9-69　【载荷】选项卡　　　　　图9-70　【力】属性管理器

（3）在屏幕左侧的模型树中出现外部载荷的列表1，如图9-71所示。

2. 压力

可以应用多个压力到单个或者多个面。SimulationXpress垂直于每个面应用压力载荷。

（1）单击【添加压力】按钮，弹出【压力】属性管理器，在图形区域中单击需要应用载荷的面，选择压力的单位，输入压力的数值，如果需要，启用【反向】复选框以反转压力的方向，如图9-72所示，✔单击【确定】按钮。

（2）在屏幕左侧的模型树中出现外部载荷的列表2，如图9-73所示。

图9-71 出现载荷组的列表1

图9-72 设置【载荷】选项卡

图9-73 出现载荷组的列表2

9.5.4 材料

模型的反应取决于构成模型的材料。SimulationXpress必须获得模型材料的弹性属性，可以通过材料库给模型指定材料。SolidWorks中的材料有2组属性，即视觉和物理（机械）属性。SimulationXpress只使用物理属性，SolidWorks包含1个具有已定义的材料属性的材料库，可以在使用SimulationXpress时或者之前将材料指定给模型。如果指定给模型的材料不在材料库中，退出SimulationXpress，将所需材料添加到库，然后重新打开 SimulationXpress。

如果使用材料库指定材料到模型，材料将在SimulationXpress中出现。

材料可以是各向同性、正交各向异性或者各向异性。SimulationXpress只支持各向同性材料。

（1）【各向同性材料（Isotropic Material）】，如果材料在所有方向上的机械属性均相同，则此材料被称为各向同性材料。各向同性材料可以具有均匀或者非均匀的微观结构。各向同性材料的弹性属性由弹性模量（即EX）和泊松比（即NUXY）定义。如果不定义泊松比的值，SimulationXpress 会视其为0。

（2）【正交各向异性材料（Orthotropic Material）】，如果材料的机械属性是唯一的，并且不受3条相互垂直轴的方向影响，则此材料被称为正交各向异性材料。木材、晶体和轧制金属就是典型的正交各向异性材料。例如，木材某点的机械属性以纵向、径向及切向3个方向进行说明，纵向轴与纹理平行，径向轴与年轮垂直，而切向轴则与年轮相切。

（3）【各向异性材料（Anisotropic Material）】，如果在不同方向上材料的机械属性不同，则此材料被称为各向异性材料。一般而言，各向异性材料的机械属性对于任何平面和轴都不对称。

指定和修改材料的方法如下。

（1）在【材料】选项卡中展开所需材料，如图9-74所示。

（2）选择1个材料，单击【应用】按钮，当前材料显示新的材料名称，在【材料】选项卡中出现选中符号。

 高手指点

如果选择没有屈服力（即SIGYLD）的材料，将出现1个信息，提示所选材料的屈服力未定义。

图9-74 【材料】选项卡

9.5.5 分析

（1）在【SolidWorks SimulationXpress】对话框中，打开【运行】选项卡，如图9-75所示。可以选择【更改设定】来指定网格密度，即单击【更改设定】按钮，然后在打开的另一个【分析】选项卡中单击【更改网格密度】按钮，打开【网格】属性管理器。

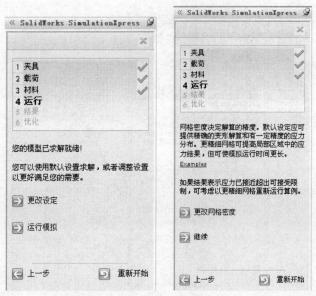

图9-75 【运行】选项卡

（2）如果希望获取更精确的结果，可以向右拖动滑杆；如果希望进行快速估测，可以向左拖动滑杆，如图9-76所示。

（3）单击【运行模拟】按钮，将动态显示分析进度，如图9-77所示。随后系统将进行分析运算，如图9-78所示。

图9-76　设置【分析】选项卡

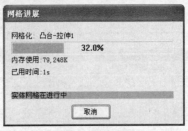
图9-77　显示分析进度

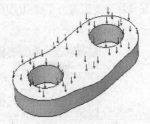
图9-78　分析运算

实体模型的网格化由2个基本阶段组成。在第一个阶段，网格程序将节点放置于边界上，此阶段被称为曲面网格化。如果第一个阶段成功，则网格程序开始第二个阶段，在内部生成节点，以四面体元素填充体积。

这两个阶段都会遭遇失败。SimulationXpress 在报告网格化失败之前，会使用几种不同的单元大小自动尝试对模型进行网格化。当模型的网格化失败时，SimulationXpress 打开网格失败诊断工具以帮助找出并解决网格化问题。网格失败诊断工具可以列举出引起失败的面和边线。如果希望高亮显示网格化失败的面或者边线，可以在其清单中进行选择。

实例——创建应力分析

结果文件：\09\9-1. SLDPRT

多媒体教学路径：主界面→第9章→9.5实例

01 创建应力分析

打开零件，选择【工具】|【SimulationXpress】菜单命令，弹出【SolidWorks Simulation Xpress】对话框，如图9-79所示。单击【下一步】按钮。

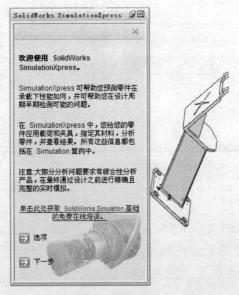
图9-79　创建应力分析

02 设置夹具

在【SolidWorks SimulationXpress】对话框的【夹具】选项卡中，单击【添加夹具】按钮，如图9-80所示。

03 选择固定平面

在弹出的【夹具】属性管理器中进行设置，如图9-81所示。

① 选择固定平面。

② 单击【确定】按钮。

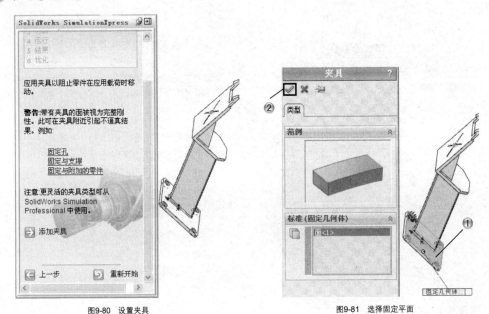

图9-80 设置夹具　　　　　　　　　　　　图9-81 选择固定平面

04 设置载荷

在【SolidWorks SimulationXpress】对话框的【载荷】选项卡中，单击【添加压力】按钮，如图9-82所示。

图9-82 设置载荷

05 设置压强值

在弹出的【压力】属性管理器中进行设置，如图9-83所示。

① 选择压力所在的平面。

② 设置压强值。

③ 单击【确定】按钮。

06 设置材料

在【SolidWorks SimulationXpress】对话框的【材料】选项卡中，单击【选择材料】按钮，如图9-84所示。

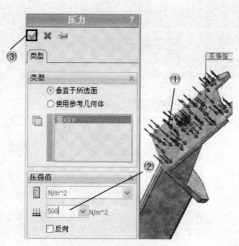

图9-83 设置压强值

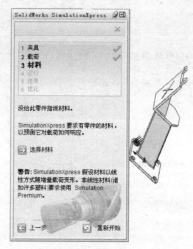

图9-84 设置材料

07 选择电镀钢材质

在弹出的【材料】选项卡中进行设置，如图9-85所示。

① 选择【电镀钢】材质。

② 单击【应用】按钮。

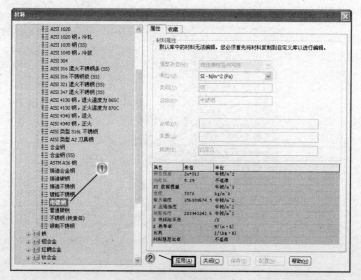

图9-85 选择电镀钢材质

08 运行模拟

在【SolidWorks SimulationXpress】对话框的【运行】选项卡中，单击【运行模拟】按钮，查看模拟结果，如图9-86所示。

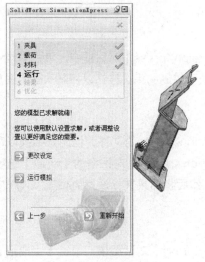

图9-86　运行模拟

9.6　退出保存结果

9.6.1　退出

单击【SolidWorks SimulationXpress】对话框中的【关闭】按钮，可以退出SimulationXpress分析。SimulationXpress在结果文件夹中生成名为partname-SimulationXpressStudy.CWR的文件以保存分析结果，材料、约束和载荷均保存在模型文件中。

完成分析后，可以查看结果。在【结果】选项卡上的显示出计算的结果，并且可以查看当前的材料、约束和载荷等内容，【结果】选项卡如图9-87所示。

【结果】选项卡可以显示模型所有位置的最小安全系数。标准工程规则通常要求安全系数为1.5或者更大。对于给定的最小安全系数，SimulationXpress会将可能的安全与非安全区域分别绘制为蓝色和红色，如图9-88所示，根据指定安全系数划分的非安全区域显示为红色（图中浅色区域）。

图9-87　【结果】选项卡

图9-88　按安全区域绘图

1. 查看模型中的应力分布

（1）在【SolidWorks SimulationXpress】对话框中，单击【显示von Mises应力】按钮。

（2）生成等量应力图解，单击以下按钮可以控制动画效果。

- ▶【播放】。以动画显示等量应力图。
- ■【停止】。停止动画播放。

2. 查看模型中的位移分布

（1）在【SolidWorks SimulationXpress】对话框中，单击【显示位移】按钮。

（2）生成位移图解，单击动画控制的相关按钮以控制动画的播放和停止。

9.6.2 保存结果

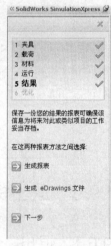

如果打开已经使用过SimulationXpress的文件，但无法继续以前的分析过程，则在【SolidWorks SimulationXpress】对话框的【欢迎】选项卡中单击【选项】按钮，选择相应选项，然后将结果文件设置为相应*.CWR文件所在的文件夹。

1. 生成HTML报告

在【SolidWorks SimulationXpress】对话框中，单击【生成报表】按钮，如图9-89所示，可以自动生成Word格式的报告。

2. 生成分析结果的eDrawings文件

eDrawings文件可以查看并以动画显示分析结果，也可以生成便于发送至他人的文件。

在【SolidWorks SimulationXpress】对话框中，单击【生成eDrawings文件】按钮，弹出【另存为】对话框。

图9-89　生成 HTML报告

 高手指点

必须在电脑中安装了eDrawings应用程序才可以完成此步骤。

在【另存为】对话框中，输入eDrawings文件的名称，选择保存的目录，然后单击【保存】按钮。

9.7　综合演练——模型的应力分析

范例文件：\09\9-1. SLDPRT

多媒体教学路径：主界面→第9章→9.7综合演练

本章范例为创建1个模型的应力分析，如图9-90所示。

图9-90　应力分析

9.7.1 创建应力分析

操作步骤

01 创建应力分析

打开零件，选择【工具】|【SimulationXpress】菜单命令，弹出【SolidWorks Simulation Xpress】对话框，如图9-91所示。单击【下一步】按钮。

02 设置夹具

在【SolidWorks SimulationXpress】对话框的【夹具】选项卡中，单击【添加夹具】按钮，如图9-92所示。

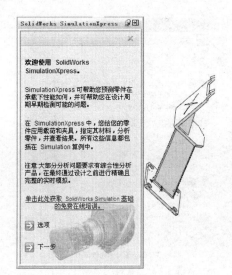

图9-91　创建应力分析

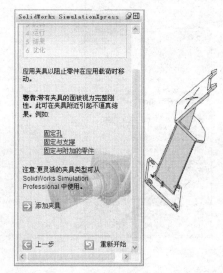

图9-92　设置夹具

03 选择固定平面

在弹出的【夹具】属性管理器中进行设置，如图9-93所示。

①选择固定平面。
②单击【确定】按钮。

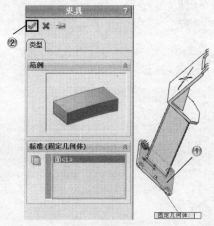

图9-93　选择固定平面

04 设置载荷

在【SolidWorks SimulationXpress】对话框的【载荷】选项卡中，单击【添加压力】按钮，如图9-94所示。

05 设置压强值

在弹出的【压力】属性管理器中进行设置，如图9-95所示。

① 选择压力所在的平面。

② 设置压强值。

③ 单击【确定】按钮。

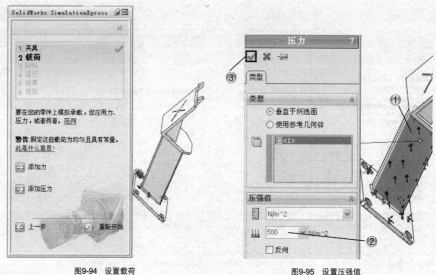

图9-94 设置载荷   图9-95 设置压强值

06 设置材料

在【SolidWorks SimulationXpress】对话框的【材料】选项卡中，单击【选择材料】按钮，如图9-96所示。

图9-96 设置材料

07 选择电镀钢材质

在弹出的【材料】选项卡中进行设置，如图9-97所示。

① 选择合金钢材质。

② 单击【应用】按钮。

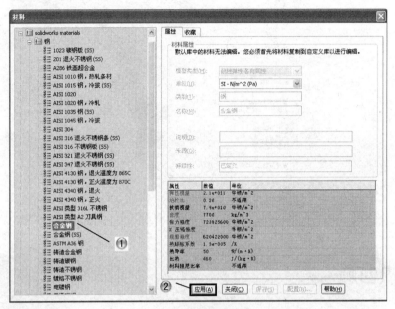

图9-97 选择电镀钢材质

9.7.2 模拟应力分析

操作步骤

01 运行模拟

在【SolidWorks SimulationXpress】对话框的【运行】选项卡中，单击【运行模拟】按钮，查看模拟结果，如图9-98所示。

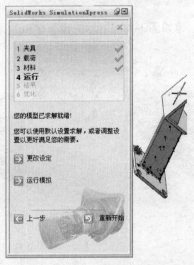

图9-98 运行模拟

02 查看模拟结果

在图形区观察模型的变形效果，如图9-99所示。

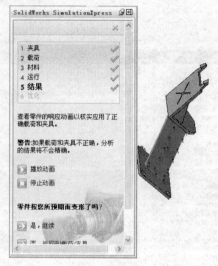

图9-99 播放模拟动画

9.8 知识回顾

公差分析是SolidWorks一项非常实用的功能。DimXpert和TolAnalyst功能插件是很好的公差分析工具，它可以让我们避免去研究公差的范围而延迟项目的进程。大家都清楚，公差选择的差异将对我们后面的加工，以及产品的实际精度产生重要的意义。

本章介绍的SimulationXpress的应力分析，是对模型零件进行电脑模拟应力分析的插件，分5个步骤，分别指定材料、约束、载荷，并进行分析和查看结果。使用应力分析可以在加工之前节省大量的时间和经费。

9.9 课后习题

使用应力分析的相关知识，创建如图9-100所示的模型模拟效果。

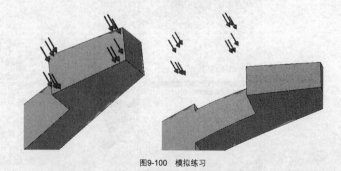

图9-100 模拟练习

第10章

渲染输出

PhotoView 360插件是SolidWorks中的标准逼真渲染解决方案。渲染技术已经更新，以改善用户体验和最终成果。可在SolidWorks Professional和SolidWorks Premium中使用。用户在加装PhotoView 360插件之后，可从PhotoView 360菜单或从CommandManager（命令管理器）的渲染工具栏中选择所需的操作。

本章首先介绍渲染的基本概述，之后介绍如何设置需要渲染零件的布景、光源、外观和贴图，完成设置后，可以进行渲染输出逼真图像。

知识要点

✖ 渲染概述
✖ 设置光源、材质、贴图
✖ 渲染输出图像

案例解析

渲染杆件

渲染玩具

10.1　渲染概述

PhotoView 360是1个SolidWorks插件，可产生SolidWorks模型具有真实感的渲染。渲染的图像组合包括在模型中的外观、光源、布景及贴图。PhotoView 360可用于SolidWorks Professional和SolidWorks Premium中。

使用PhotoView渲染的流程如下。

（1）选择【工具】|【插件】菜单命令，打开【插件】对话框，单击活动插件【PhotoView 360】前面或后面的方框。

（2）插入PhotoView 360后，在图形区域中开启预览或者打开预览窗口查看对模型所作的更改如何影响渲染。

（3）设置布景、光源、材质以及贴图。

（4）编辑光源。

（5）设置PhotoView PhotoView 360选项。

（6）当准备就绪时，要么随即进行最终渲染（选择【PhotoView 360】|【最终渲染】菜单命令）或以后进行渲染(选择【PhotoView 360】|【排定渲染】菜单命令)。

（7）在【最终渲染】对话框中保存图象。

高手指点

在默认情况下，PhotoView中的照明关闭。在关闭光源时，可以使用布景所提供的逼真光源，该光源通常足够进行渲染。在PhotoView中，通常需要使用其他照明措施来照亮模型中的封闭空间。

10.2　设置光源、材质、贴图

10.2.1　设置布景

布景是由环绕SolidWorks模型的虚拟框或球形组成，可以调整布景壁的大小和位置。此外，可以为每个布景壁切换显示状态和反射度，并将背景添加到布景。布景功能经过增强，现在能够完全控制出现在模型后面的布景。外观管理器列出应用于当前激活模型的背景和环境。新编辑布景的特征管理器可从外观管理器中调用，可供调整地板尺寸、控制背景或环境，并保存自定义布景。

选择【工具】|【插件】菜单命令，弹出【插件】对话框，单击【PhotoView 360】前面或者后面的方框，单击【确定】按钮，调用PhotoView 360插件。

选择【视图】|【工具栏】|【渲染工具】菜单命令，调出【渲染工具】工具栏。单击【渲染工具】工具栏中的　【编辑布景】按钮，或选择【PhotoView 360】|【编辑布景】菜单命令，弹出【编辑布景】属性管理器，如图10-1所示。

1．【基本】选项卡

单击【基本】标签，切换到【基本】选项卡，下面介绍该选项卡中的参数。

（1）【背景】选项组。随布景使用背景图像，这样在模型背后可见的内容与由环境所投射的反射不同。例如，在使用庭院布景中的反射时可能想在模型后出现素色。

• 【背景类型】。从中选择需要的背景类型，如图10-2所示。

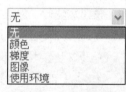

图10-1 【编辑布景】属性管理器　　　　　　　　图10-2 【背景类型】选项

【无】，将背景设定到白色。

【颜色】，将背景设定到单一颜色。

【梯度】，将背景设定到由顶部渐变颜色和底部渐变颜色所定义的颜色范围。

【图像】，将背景设定到您选择的图像。

【使用环境】，移除背景，从而使环境可见。

• ✎【背景颜色】，将背景设定到单一颜色（在将【背景类型】设定为【颜色】时可供使用）。

• 【顶部渐变颜色】和【底部渐变颜色】，将背景设定到由您选定的颜色所定义的颜色范围。（在将【背景类型】设定为【梯度】时可供使用）。

• 【浏览】按钮，在背景类型设定到图像时可供使用。

• 【保留背景】，在背景类型是彩色、渐变或图像时可供使用。在您替换布景时保留背景。

（2）【环境】选项组，选取任何球状映射为布景环境的图像。

• 【浏览】按钮，单击该按钮，将背景设定到用户所选定的图像的球状映射版本。

（3）【楼板】选项组。

• 【楼板反射度】，在楼板上显示模型反射。在楼板阴影选定时可供使用。

• 【楼板阴影】，在楼板上显示模型所投射的阴影。

• 【将楼板与此对齐】，将楼板与基准面对齐。选取 xy、yz、xz 之一或选定的基准面。当更改对齐时，视向更改，从而将楼板保留在模型之下。

【选取平面来放置楼板】，在【将楼板与此对齐】设定为【所选基准面】时可供使用。

• ▧【反转楼板方向】，绕楼板移动虚拟天花板180°。用来纠正在布景中看起来颠倒的模型。

• 【楼板等距】，将模型高度设定到楼板之上或之下。

• ▧【反转等距方向】，交换楼板和模型的位置。

教你一招

（1）当调整【楼板等距】时，图形区域中的操纵杆也相应移动。

（2）要拖动等距，将鼠标悬空在操纵杆的一端上，当光标变成 ✛ 时，拖动操纵杆。

（3）要反转等距方向，右键单击操纵杆的一端，然后单击反向。

2. 【高级】选项卡

单击【高级】标签，切换到【高级】选项卡，该选项卡为为布景设定高级控件，下面介绍该选项卡中的参数。

（1）【楼板大小/旋转】选项组。

- 【固定高宽比例】，当您更改宽度或高度时均匀缩放楼板。
- 【自动调整楼板大小】，根据模型的边界框调整楼板大小。
- 日【宽度】和[□【深度】，调整楼板的宽度和深度。
- 【高宽比例】，只读，显示当前的高宽比例。
- ◇【旋转】，相对环境旋转楼板。旋转环境以改变模型上的反射。当出现反射外观且背景类型是使用环境时，即表现出这种效果。

（2）【环境旋转】选项组。

- 【环境旋转】，相对于模型水平旋转环境。影响到光源、反射及背景的可见部分。

（3）【布景文件】选项组。

- 【浏览】按钮，选取另一布景文件以供使用。
- 【保存布景】按钮，将当前布景保存到文件。会提示将保存了布景的文件夹在任务窗格中保持可见。

 高手指点

当保存布景时，与模型关联的物理光源也被保存。

3. 【照明度】选项卡

单击【照明度】标签，切换到【照明度】选项卡（在添加PhotoView 360插件后，将可使用【照明度】选项卡），该选项卡为布景设定光源属性，对其参数的说明如下。

（1）【背景明暗度】，只在PhotoView中设定背景的明暗度。在基本选项卡上的背景是无或白色时没有效果。

（2）【渲染明暗度】，设定由HDRI（高动态范围图象）环境在渲染中所促使的明暗度。

（3）【布景反射度】，设定由HDRI环境所提供的反射量。

10.2.2 设置光源

SolidWorks提供3种光源类型：线光源、点光源及聚光源。下面来介绍3种光源的使用和设置方法。

DisplayManager是对照明的各个方面进行管理的中央位置，管理的内容包括只有在PhotoView作为插件时才可用的照明控件。DisplayManager列出应用于当前激活模型的光源。现在，可通过集成阴影和雾灯控件获得更强大的PhotoView功能。光线强度通过功率控制。

SolidWorks和PhotoView 360的照明控件相互独立。

SolidWorks：在默认情况下，SolidWorks中的点光源、聚光源和线光源打开。在RealView中无法使用布景照明，因此通常需要手动照亮模型。

PhotoView 360：在默认情况下，PhotoView中的照明关闭。在关闭光源时，可以使用布景所提供的逼真光源，该光源通常足够进行渲染。在PhotoView中，通常需要使用其他照明措施来照亮模型中的封闭。

1. 线光源

切换到 【外观属性管理器】选项卡，单击 【查看布景、光源和相机】按钮，用鼠标右键单击 【光源】文件夹，在弹出的快捷菜单中选择【添加线光源】命令，如图10-3所示。弹出【线光源3】属性管理器（根据生成的线光源数字顺序排序），如图10-4所示。

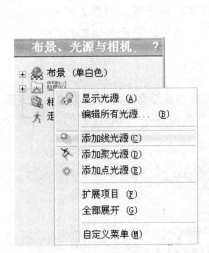

图10-3 选择【添加线光源】命令

图10-4 【线光源3】属性管理器

（1）【基本】选项卡。单击【基本】标签，切换到【基本】选项卡，下面介绍该选项卡中的参数。

• 【基本】选项组。

【在SolidWorks中打开】，打开或者关闭模型中的光源。

【编辑颜色】按钮，单击此按钮，弹出【颜色】对话框，这样就可以选择带颜色的光源，而不是默认的白色光源。

【环境光源】，设置光源的强度。移动滑杆或者在0～1之间输入数值。数值越高，光源强度越强。在模型各个方向上，光源强度均等地被改变。

【明暗度】，设置光源的明暗度。移动滑杆或者在0～1之间输入数值。数值越高，在最靠近光源的模型一侧投射越多的光线。

【光泽度】，设置光泽表面在光线照射处显示强光的能力。移动滑杆或者在0～1之间输入数值。数值越高，强光越显著且外观更为光亮。

• 【光源位置】选项组。

【锁定到模型】，启用此复选框，相对于模型的光源位置被保留；取消启用此复选框，光源在模型空间中保持固定。

● 【经度】，光源的经度坐标。

● 【纬度】，光源的纬度坐标。

（2）【PhotoView】选项卡，单击【PhotoView】标签，切换到【PhotoView】选项卡（在添加PhotoView 360插件后，将可使用PhotoView选项卡），如图10-5所示，下面介绍该选项卡中的参数。

• 【PhotoView控件】选项组。

【在PhotoView中打开】，在PhotoView中打开光源。光源在默认情况下关闭。同时，启用PhotoView照明选项。

【明暗度】，在PhotoView中设置光源明暗度。

• 【阴影】选项组。

【阴影柔和度】，增强或柔和光源的阴影投射。此数值越低，阴影越深。此数值越高，阴影越浅，但可能会影响渲染时间。要模拟太阳的效果，可试验使用3~5之间的值。

【阴影品质】，减少柔和阴影中的颗粒度。当您增加阴影柔和度时，可试验使用该设定较高值以降低颗粒度。增加此设定可增加渲染时间。

图10-5 线光源的【PhotoView】选项卡

2. 点光源

用鼠标右键单击【光源】文件夹，在弹出的快捷菜单中选择【添加点光源】命令，如图10-6所示，在【属性管理器】中弹出【点光源1】属性管理器（根据生成的点光源数字顺序排序），如图10-7所示。

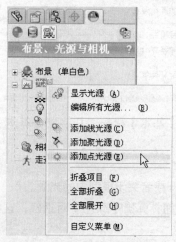

图10-6 选择【添加点光源】命令

（1）【基本】选项卡，单击【基本】标签，切换到【基本】选项卡，下面介绍该选项卡中的参数。

• 【基本】选项组与【线光源1】的属性设置相同，在此不再赘述。

• 【光源位置】选项组。

【球坐标】，使用球形坐标系指定光源的位置，如图10-8所示。其中，● 【经度】，光源的经度坐标；● 【纬度】，光源的纬度坐标；● 【距离】，光源的距离。

【笛卡尔式】，使用笛卡尔式坐标系指定光源的位置。其中，● 【X坐标】，光源的x坐标；● 【Y坐标】，光源的y坐标；● 【Z坐标】，光源的z坐标。

图10-7 【点光源1】属性管理器　　　图10-8 选中【球坐标】单选按钮

【锁定到模型】，启用此复选框，相对于模型的光源位置被保留；取消启用此复选框，则光源在模型空间中保持固定。

（2）【PhotoView】选项卡，切换到点光源的【PhotoView】选项卡（在添加PhotoView 360插件后，将可使用PhotoView选项卡），如图10-9所示，下面介绍该选项卡中的参数。

• 【阴影】选项组。

【点光源半径】，在 PhotoView中设定点光源半径，可影响到阴影的柔和性。此数值越低，阴影越深。此数值越高，阴影越浅，但可能会影响渲染时间。

【阴影品质】，当阴影半径增加时可提高品质。

• 【雾】选项组。

【雾灯半径】，设置光源周围的雾灯范围。

【雾灯品质】，当雾灯半径增加时可降低颗粒度。增加此设定可增加渲染时间。

图10-9 点光源的【PhotoView】选项卡

3. 聚光源

用鼠标右键单击【光源】文件夹，在弹出的快捷菜单中选择【添加聚光源】命令，打开【聚光源1】属性管理器，如图10-10所示。下面介绍各参数的设置。

（1）【基本】选项卡，单击【基本】标签，切换到【基本】选项卡，下面介绍该选项卡中的参数。

- 【基本】选项组。

【基本】选项组与【线光源1】的属性设置相同，在此不再赘述。

- 【光源位置】选项组。

【球坐标】，使用球形坐标系指定光源的位置。

◉【经度】，光源的经度坐标。

◎【纬度】，光源的纬度坐标。

⚡【距离】，光源的距离。

【笛卡尔式】，使用笛卡尔式坐标系指定光源的位置。

↗【X坐标】，光源的x坐标。

↗【Y坐标】，光源的y坐标。

↗【Z坐标】，光源的z坐标。

↗【目标X坐标】，聚光源在模型上所投射到的点的x坐标。

↗【目标Y坐标】，聚光源在模型上所投射到的点的y坐标。

↗【目标Z坐标】，聚光源在模型上所投射到的点的z坐标。

⊔【圆锥角】，设置光束传播的角度，较小的角度生成较窄的光束。

【锁定到模型】，启用此复选框，相对于模型的光源位置被保留；取消启用此复选框，光源在模型空间中保持固定。

（2）【PhotoView】选项卡。

图10-10 【聚光源1】属性管理器

单击【PhotoView】标签，切换到聚光源的【PhotoView】选项卡（在添加PhotoView 360插件后，将可使用PhotoView选项卡），如图10-11所示。下面介绍该选项卡中的一些参数。

图10-11 聚光源的【PhotoView】选项卡

- 【聚光源半径】，在PhotoView中设定聚光源半径，可影响到阴影的柔和性。此数值越低，阴影越深；此数值越高，阴影越浅，但可能会影响渲染时间。

- 【柔边】，将过渡范围设定到光源之外以给予光源的边线更柔和外观。要生成粗硬边线，设定到0。要生成柔和边线，增加数值。

10.2.3 设置外观

外观是模型表面的材料属性，添加外观是使模型表面具有某种材料的表面感官属性。

单击【渲染工具】工具栏中的  【编辑外观】按钮，或者选择【PhotoView 360】|【编辑外观】菜单命令，打开【颜色】属性管理器，单击【高级】按钮，转换到高级模式，其中包含4个选项卡，下面逐一进行介绍。

1. 【颜色/图象】选项卡

首先介绍【高级】模式下的【颜色/图象】选项卡，如图10-12所示，下面介绍该选项卡中的参数。

（1）【所选几何体】选项组。

• 【过滤器】，可以帮助选择模型中的几何实体，包括 【选择零件】、 【选取面】、 【选择曲面】、 【选择实体】、 【选择特征】。

• 【移除外观】按钮，单击该按钮可以从选择的对象上移除设置好的外观。

（2）【外观】选项组，可以显示所应用的外观。

• 【外观文件路径】，显示外观名称和位置。

• 【浏览】，浏览材质文件。

• 【保存外观】按钮，单击该按钮即可保存外观文件。

（3）【颜色】选项组，可以添加颜色到所选实体的所选几何体中所列出的外观。

• 【主要颜色】，单击颜色区域以使用下列方法应用颜色，也可以拖动颜色成分滑杆或者输入颜色成分数值。

图10-12 【颜色/图象】选项卡

高手指点

如果材质是混合颜色（例如汽车漆），则预览将显示当前颜色 1 和当前颜色 2 等的混合。最多可以有3层颜色。

• 生成新样块，生成自定义样块或添加颜色到预定义的样块。

图10-13 颜色调色板选项

• 颜色调色板下拉列表。其选项如图10-13所示。

【标准】，使用标准颜色调色板。

【暗淡】、【光亮】和【透明】，使用标准颜色调色板，直到您为每个图层都添加了颜色为止。您可添加多种颜色，但外观限制到3个图层。

• 【RGB】，以红色、绿色和蓝色数值定义颜色，包括 【颜色的红色成分】、 【颜色的绿色成分】、 【颜色的蓝色成分】。

• 【HSV】，以色调、饱和度和数值定义颜色，包括 【颜色的色调成分】、 【颜色的饱和成

365

分】、■【颜色的数值成分】。

2.【映射】选项卡

单击【高级】模式下的【映射】标签，切换到【映射】选项卡，如图10-14所示。下面介绍该选项卡中的参数。

（1）【所选几何体】，可以帮助选择模型中的几何实体，包括🔘【选择零件】、🔲【选取面】、🔶【选择曲面】、🔳【选择实体】、🔷【选择特征】。

（2）【移除外观】按钮，单击该按钮可以从选择的对象上移除设置好的外观。

3.【照明度】选项卡

【照明度】选项卡如图10-15所示。在【照明度】选项卡中，可以选择显示其照明属性。

图10-14　【映射】选项卡

图10-15　【照明度】选项卡

（1）【照明度】选项组。

- 【动态帮助】，扩展的工具提示，说明各个属性，展示各种效果，并列出所有从属关系。
- 【漫射量】，控制面上的光线强度。值越高，面上显得越亮。
- 【光泽量】，控制高亮区，使面显得更为光亮。如果使用较低的值，则会减少高亮区。
- 【光泽颜色】，控制光泽零部件内反射高亮显示的颜色。双击以选择颜色。
- 【光泽传播】，控制面上的反射模糊度，使面显得粗糙或光滑。值越高，高亮区越大越柔和。
- 【反射量】，以 0～1 的比例控制表面反射度。如果设置为 0，则看不到反射。如果设置为 1，表面将成为完美的镜面。
- 【模糊反射度】，在面上启用反射模糊。模糊水平由光泽传播控制。当光泽传播为 0 时，不发生模糊。从属关系，光泽传播和反射光量必须大于 0。
- 【透明量】，控制面上的光通透程度。该值降低，不透明度升高；如果设置为 0，则完全不透明。该值升高，透明度升高；如果设置为 100，则完全透明。

高手指点

当用户更改外观照明度时，如果使用PhotoView预览或最终渲染，则所有更改都可看见。如果使用RealView或OpenGL，则只有某些更改才可看见。

（2）【PhotoView照明度】选项组（在添加PhotoView 360插件后，将可使用PhotoView照明度选项卡）。

· 【折射指数】，在透明量大于 0 时可供使用。决定光线在穿越材料时折弯多远。高值会增加折射项目中的歪曲。设置到 1.0 可模拟光线穿越真空，光线不会折弯。1.333 数值近似于由光线穿越水而引起的歪曲(假定表面具有透明度)。

· 【折射粗糙度】，在透明量大于0时可供使用。决定通过表面查看的项目的模糊等级。设为零会禁用该效果。增加数值可模拟毛玻璃，对于这种玻璃，离表面最近的项目较清晰，更远的项目则有柔和边线和细节。

· 【双边】，对面的两侧启用上色。禁用时，未朝向相机的面将不可见。

 高手指点

在有些情况下，双侧的面可能会导致渲染错误。谨慎使用【双边】。

4. 【表面粗糙度】选项卡

【表面粗糙度】选项卡如图10-16所示。在【表面粗糙度】选项卡中，可以选择表面粗糙度类型，如图10-17所示，根据所选择的类型，其属性设置发生改变。

图10-16 【表面粗糙度】选项卡　　　图10-17 【表面粗糙度】选项

（1）【表面粗糙度】选项组。

· 表面粗糙度类型，在下拉列表框中选择相应的类型。下面介绍一些选项的含义。

【无】，未应用表面粗糙度。

【从文件】，选择图像文件以应用图案。

【铸造】，应用不规则的铸造图案。

【粗质】，应用粗糙、不均匀的图案。

【防滑板】，应用规则的防滑沟纹平板图案。

【酒窝形】，应用规则的酒窝形图案。

【节状凸纹】，应用规则的节状凸纹图案。

【圆形孔网格】，应用重复的圆形图案。

- 动态帮助，在设计中提供实时帮助。

（2）【PhotoView表面粗糙度】选项组。

- 【隆起映射】，通过修改阴影和反射模仿凹凸不平的表面，但不更改几何体，渲染的速度比位移映射快。

- 【隆起强度】，将隆起高度设定到从隆起表面最高点到模型表面之间的距离。

- 【位移映射】，给渲染的模型表面添加纹理，从而改变几何形状，渲染的速度比位移映射慢。

- 【位移距离】，控制从标称表面到位移映射的表面光洁度。

10.2.4 设置贴图

贴图是在模型的表面附加某种平面图形，一般多用于商标和标志的制作。

选择【PhotoView 360】|【编辑贴图】菜单命令或者单击【渲染工具】工具栏中的【编辑贴图】按钮，打开【贴图】属性管理器，如图10-18所示。下面进行具体的介绍。

图10-18 【贴图】属性管理器

1.【图象】选项卡

单击【图像】标签，切换到【图像】选项卡，下面介绍该选项卡中的参数。

（1）【贴图预览】选项组。

- 预览区域，显示贴图预览。

- 【图象文件路径】，显示图象文件路径。单击浏览选择其他路径和文件。

- 【保存贴图】按钮，单击此按钮，可以将当前贴图及其属性保存到文件。

（2）【掩码图形】选项组。

- 【无掩码】，不应用掩码。

- 【图形掩码文件】，在掩码为白色的位置处显示贴图，在掩码为黑色的位置处贴图会被遮盖，其参数如图10-19所示。

【反转掩码】，可以将先前被遮盖的贴图区域变为可显示区域。

- 【可选颜色掩码】，在贴图中减去选择为要排除的颜色，其参数如图10-20所示。

图10-19 选中【图形掩码文件】单选按钮　　图10-20 选中【可选颜色掩码】单选按钮

【选择颜色】，可以在贴图预览中选择颜色，该颜色在贴图中被移除。

- 【使用贴图图像alpha通道】，使用包含贴图和掩码的复合图像。要生成图像，在 PhotoView 渲染帧对话框中单击保存带图层的图象，然后在外部图形程序中生成组合图像。受支持的文件类型为".tif"和".png"。

2. 【映射】选项卡

【映射】选项卡如图10-21所示，下面介绍该选项卡中的参数。

（1）【映射】选项组。

- 【映射类型】，根据所选类型（如图10-22所示）的不同，其属性设置发生改变。

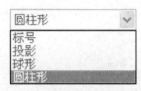

图10-21 【映射】选项卡　　　　图10-22 【映射类型】选项

【标号】，也称UV，以1种类似于在实际零件上放置黏合剂标签的方式，将贴图映射到模型表面（包括多个相邻非平面曲面），此类型不会产生伸展或者紧缩现象。

【投影】，将所有点映射到指定的基准面，然后将贴图投影到参考实体。

→【水平位置】，相对于参考轴，将贴图沿基准面水平移动指定的距离。

↑【竖直位置】，相对于参考轴，将贴图沿基准面竖直移动指定的距离。

【球形】（如图10-23所示），将所有点映射到球面。

↷【等距纬度】，指定贴图的角度，环绕球面从零纬度直到360°。

↺【等距经度】，指定贴图的角度，从零经度直到180°（从一极到另一极）。

【圆柱形】（如图10-24所示），将所有点映射到圆柱面。

↷【绕轴心】，相对于参考轴，以指定角度围绕圆柱移动贴图。

↑【沿轴心】，沿参考轴将贴图竖直移动指定的距离。

图10-23 选择【球形】选项　　　图10-24 选择【圆柱形】选项

- ◱【投影方向】（或者【轴方向】）（如图10-25所示），将贴图参考轴的方向指定为【XY】、【ZX】、【YZ】、【当前视图】或者【所选参考】。

（2）【大小/方向】选项组，可以启用【固定高宽比例】、【将宽度套合到选择】、【将高度套合到选择】3种不同方式。

- 🔲【宽度】，指定贴图宽度。
- 🔲【高度】，指定贴图高度。
- 【高宽比例】（只读），显示当前的高宽比例。
- ◇【旋转】，指定贴图的旋转角度。
- 【水平镜向】，水平反转贴图图像。
- 【竖直镜向】，竖直反转贴图图像。
- 【重设到图象】按钮，将高宽比例恢复为贴图图像的原始高宽比例。

如果在【映射】选项卡中选择了【球形】为【映射类型】，则在【大小/方向】选项组中增加了🔲【轴方向1】和🔲【轴方向2】2个参数，如图10-26所示。

图10-25　【投影方向】选项

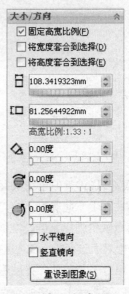

图10-26　【大小/方向】选项组

- 🔲【轴方向1】，围绕z轴旋转经度线。
- 🔲【轴方向2】，围绕y轴旋转纬度线。

3.　【照明度】选项卡

【照明度】选项卡如图10-27所示。可以选择贴图对照明度的反应，根据选择的选项不同，其属性设置发生改变，下面介绍该选项卡中的参数。

（1）【照明度】选项组。

- 【动态帮助】，扩展的工具提示，说明各个属性，展示各种效果，并列出所有从属关系。
- 【使用内在外观】，将贴图下外观的照明度设定应用到贴图。在消除选取时，该选项直接为贴图设定照明度并在此PropertyManager中启用剩余的选项。
- 【漫射量】，控制面上的光线强度。值越高，面上显得越亮。
- 【光泽量】，控制高亮区，使面显得更为光亮。如果使用较低的值，则会减少高亮区。
- 【光泽颜色】，控制光泽零部件内反射高亮显示的颜色。双击以选择颜色。
- 【光泽传播】，控制面上的反射模糊度，使面显得粗糙或光滑。值越高，高亮区越大越柔和。

• 【反射量】，以 0～1 的比例控制表面反射度。如果设置为 0，则看不到反射。如果设置为 1，表面将成为完美的镜面。

• 【模糊反射度】，在面上启用反射模糊。模糊水平由光泽传播控制。当光泽传播为 0 时，不发生模糊。从属关系：光泽传播和反射光量必须大于 0。

• 【透明量】，控制面上的光通透程度。该值降低，不透明度升高；如果设置为 0，则完全不透明。该值升高，透明度升高；如果设置为 100，则完全透明。

（2）【PhotoView照明度】选项组（在添加PhotoView 360插件后，将可使用【PhotoView照明度】选项组）。

• 【折射指数】，在透明量大于 0 时可供使用。决定光线在穿越材料时折弯多远。高值会增加折射项目中的歪曲。设置到 1.0 可模拟光线穿越真空；光线不会折弯。1.333 数值近似于由光线穿越水而引起的歪曲（假定表面具有透明度）。

• 【折射粗糙度】，在透明量大于 0 时可供使用。决定通过表面查看的项目的模糊等级。设为零会禁用该效果。增加数值可模拟毛玻璃，对于这种玻璃，离表面最近的项目较清晰，更远的项目则有柔和边线和细节。

• 【双边】，对面的两侧启用上色。禁用时，未朝向相机的面将不可见。在有些情况下，双侧的面可能会导致渲染错误，谨慎使用。

实例——创建材质

图10-27 【照明度】选项卡

结果文件：\010\10-1. SLDPRT

多媒体教学路径：主界面→第10章→10.2实例

01 设置螺纹颜色

单击【渲染工具】工具栏中的 ● 【编辑外观】按钮，打开【颜色】属性管理器，如图10-28所示。

① 选择螺纹曲面。

② 单击【浏览】按钮。

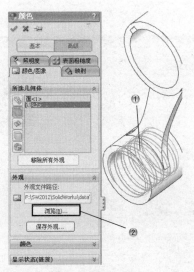

图10-28 添加瓶盖颜色

02 设置螺纹材质

在弹出的【打开】对话框中，进行材质选择，如图10-29所示。

① 选择"金色"材质。

② 单击【打开】按钮。

03 添加模型颜色

单击【渲染工具】工具栏中的 ◉ 【编辑外观】按钮，打开【颜色】属性管理器，如图10-30所示。

① 选择模型曲面。

② 单击【浏览】按钮。

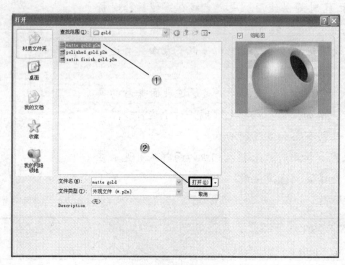

图10-29 设置瓶盖材质

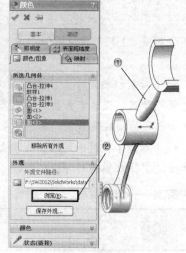

图10-30 添加瓶身颜色

04 设置瓶身材质

在弹出的【打开】对话框中，进行材质选择，如图10-31所示。

① 选择"拉丝锌"材质。

② 单击【打开】按钮。

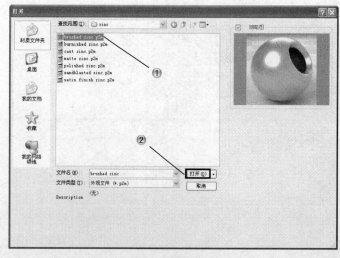

图10-31 设置瓶身材质

05 设置布景

在【应用布景】下拉列表中，选择【工厂背景】选项，如图10-32所示。

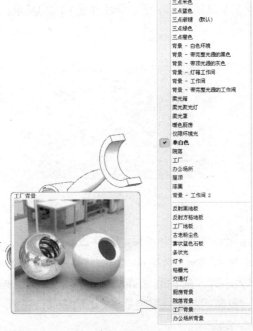

图10-32　设置布景

10.3　渲染输出图像

一般情况下，改进渲染能力的方法如下。

（1）预览窗口。

• 在进行完整渲染之前使用预览渲染窗口评估更改的效果。

• 重设预览渲染窗口以使之更小。

（2）渲染品质。在PhotoView选项PropertyManager中将最终渲染品质设定到所需的最低
等级。

 教你一招

通常而言，最佳和最大之间区别很小，最大设定在渲染封闭空间或内部布景时最有效。

（3）阴影。对于线光源、点光源和聚光源，可在每个光源属性管理器中的PhotoView选项卡上
设定阴影品质，高值可增加渲染时间。

10.3.1　预览渲染

PhotoView提供2种方法预览渲染：在图形区域内（整合预览）及在单独窗口内（预览窗口）。
2种方法都可在进行完整渲染之前，帮助快速评估更改。由于更新具有连续性，可试验影响渲染的控
件，但不必完全理解每个控件的目的。当对设定满意时，可进行完整渲染。

在更改模型时，预览连续更新，从而递增完善预览。对外观、贴图、布景和渲染选项所作的更

改实时进行更新。如果更改模型某部分，预览将只为这些部分进行更新，而非整个显示。

1. PhotoView整合预览

可在SolidWorks图形区域内预览当前模型的渲染。要开始预览，插入PhotoView插件后，选择【PhotoView 360】|【整合预览】菜单命令。显示界面如图10-33所示。

图10-33　整合预览

2. PhotoView预览窗口

PhotoView预览窗口是区别于SolidWorks主窗口的单独窗口。

要显示该窗口，首先插入PhotoView 360插件，然后选择【PhotoView 360】|【预览渲染】菜单命令。窗口保持在重新调整窗口大小时，在【PhotoView 360选项】属性管理器中所设定的高宽比例。

当更改要求重建模型时，更新间断。在重建完成后，更新继续。也可以通过单击【暂停】按钮来中断更新。显示界面如图10-34所示。

图10-34　预览窗口

- 【暂停】按钮，停止预览窗口的所有更新。
- 【重设】按钮，更新预览窗口并恢复SolidWorks更新传送。

10.3.2　PhotoView 360 选项

【PhotoView 360选项】属性管理器为PhotoView 360控制设定，包括输出图像品质和渲染品质。

在插入了PhotoView 360后，在 ● DisplayManager（外观管理器）中单击 【PhotoView 360选项】按钮以打开【PhotoView 360选项】属性管理器，如图10-35所示。

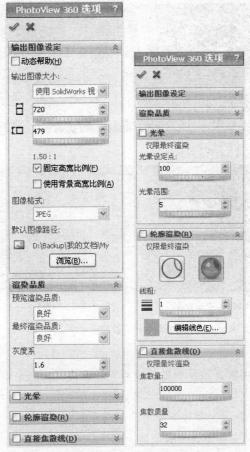

图10-35 【PhotoView 360选项】属性管理器

1. 【输出图像设定】选项组

（1）【动态帮助】，显示每个特性的弹出工具提示。

（2）【输出图像大小】包含如下选项。

• 【预设图像大小】，将输出图像的大小设定到标准宽度和高度。也可选取指派到当前相机的设定或设置自定义值。

• □【图象宽度】，以像素设定输出图像的宽度。

• □□【图象高度】，以像素设定输出图像的高度。

• 【固定高宽比例】，保留输出图像中宽度到高度的当前比率。

• 【使用背景高宽比例】，将最终渲染的高宽比设定为背景图像的高宽比。如果已取消启用该复选框，背景图像可能会扭曲。在当前布景使用图像作为其背景时可供使用。当使用相机高宽比例激活时会忽略该设定。

（3）【图像格式】，为渲染的图像更改文件类型。

（4）【默认图像路径】，为使用"Task Scheduler"所排定的渲染设定默认路径。

2. 【渲染品质】选项组

（1）【预览渲染品质】，为预览设定品质等级。高品质图像需要更多时间才能渲染。

（2）【最终渲染品质】，为最终渲染设定品质等级。高品质图像需要更多时间才能渲染。

（3）【灰度系】，调整图像的明暗度。

渲染品质和渲染时间范例如图10-36所示。

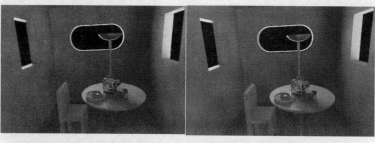

(a)【良好】, 29 秒　　　　　　　　(b)【更佳】, 54 秒

(c)【最佳】, 2 分 19 秒　　　　　　(d)【最大】, 6 分 45 秒

图10-36　渲染品质和渲染时间范例

3.【光晕】选项组

添加光晕效果, 使图像中发光或反射的对象周围发出强光。光晕仅在最终渲染中可见, 预览中不可见。

(1)【光晕设定点】, 标识光晕效果应用的明暗度或发光度等级。降低百分比可将该效果应用到更多项目, 增加则将该效果应用于更少的项目。

(2)【光晕范围】, 设定光晕从光源辐射的距离。

4.【轮廓渲染】选项组

给模型的外边线添加轮廓线。

(1)◐【只随轮廓渲染】, 只以轮廓线进行渲染, 保留背景或布景显示和景深设定。

(2)◑【渲染轮廓和实体模型】, 以轮廓线渲染图像。

(3)≡【线粗】, 以像素设定轮廓线的粗细。

(4)【编辑线色】按钮, 设定轮廓线的颜色。

10.3.3　【最终渲染】对话框

【最终渲染】对话框在进行最终渲染时出现。它显示统计及渲染结果。

单击【渲染工具】工具栏中的◉【最终渲染】按钮或者选择【PhotoView 360】|【最终渲染】菜单命令。打开如图10-37所示的【最终渲染】对话框。

(1) 0～9数目显示十个最近渲染。

(2)【保存图像】, 在所指定的路径中保存渲染的图象。

(3)【保存带图层的图象】, 在所指定的路径将渲染的输出内容及其对应的 alpha 图象保存为单独文件。可从这

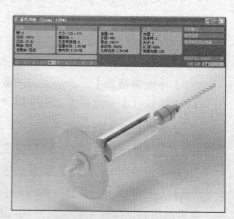

图10-37　【最终渲染】对话框

些文件在外部图形程序中生成组合图象，例如，在新环境中显示模型。

（4）【Final Color Output（最终颜色输出）】，在最终结果和alpha图象（作为掩码之用）之间切换。

（5）【灰度系数】，在荧屏上调整图象的明暗度以与输出图象相符。

10.3.4 排定的渲染

1. 批量渲染

可以计划批处理任务以渲染PhotoView 360文档和运动算例动画。对于其他批处理任务，可以使用SolidWorks Task Scheduler应用程序来调整任务顺序、生成报表等。

高手指点

如果计划的文档对于系统的可用内存而言过于复杂，则批处理任务会跳过此文档并转而处理所计划的下一个文档。

2. 【排定渲染】对话框

用【排定渲染】对话框在指定时间进行渲染并将之保存到文件。

在插入PhotoView 360插件后，单击【渲染工具】工具栏中的 ⊚【排定渲染】按钮或者选择【PhotoView 360】|【排定渲染】菜单命令，打开【排定渲染】对话框，如图10-38所示。

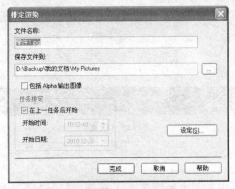

图10-38 【排定渲染】对话框

（1）【文件名称】，设定输出文件的名称。【PhotoView 360选项】属性管理器中的图像格式内指定默认文件类型。

（2）【保存文件到】，设定要在其中保存输出文件的目录。【PhotoView 360选项】属性管理器中的默认图像路径内指定默认目录。

（3）【设定】按钮，打开与渲染相关的只读设定列表。

（4）【任务排定】选项组。

- 【在上一任务后开始】，在排定了另一渲染时可供使用。在先前排定的任务结束时开始此任务。
- 【开始时间】，在消除选取在上一任务后开始时可供使用。指定开始渲染的时间。
- 【开始日期】，在消除选取在上一任务后开始时可供使用。指定开始渲染的日期。

3. 渲染/动画设置

当排定渲染模型（单击【渲染工具】工具栏中的 ⊚【排定渲染】按钮）或保存动画（在【运动算例】工具栏中单击 圖【保存动画】按钮）时，使用【渲染/动画设置】对话框来审阅应用程序参数。两者的区别体现在以下2个方面。

（1）文档属性。

PhotoView 360。通过单击【渲染工具】工具栏的 【选项】按钮来设置参数，如渲染品质。

运动算例动画。无法从运动算例显示设置。

（2）输出设置。

PhotoView 360。从【排定渲染】对话框（如文件格式和图像大小）显示设置。

运动算例动画。从【视频压缩】对话框（如压缩程序和压缩品质）显示设置。

实例——零件渲染

结果文件：\010\10-1. SLDPRT

多媒体教学路径：主界面→第10章→10.3实例

01 预览渲染

选择【PhotoView 360】|【预览渲染】菜单命令，进行预览，如图10-39所示。

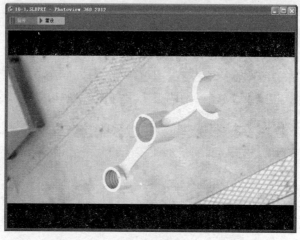

图10-39　预览渲染

02 最终渲染

单击【渲染工具】工具栏中的 【最终渲染】按钮，打开如图10-40所示的【最终渲染】对话框，进行查看。

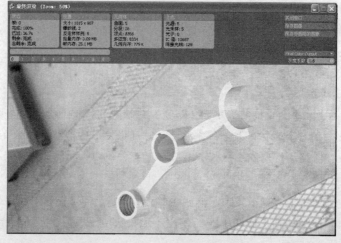

图10-40　最终渲染

03　保存渲染图片

① 单击【最终渲染】对话框中的【保存图像】按钮，弹出【Save Image】对话框，如图10-41所示。

② 设置文件名称。

③ 单击【保存】按钮。

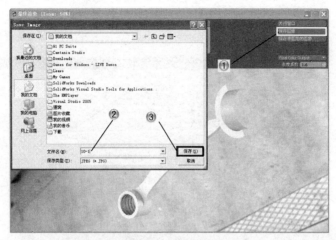

图10-41　保存渲染图片

10.4　综合演练——玩具模型的渲染

范例文件：\10\10-2. SLDPRT

多媒体教学路径：主界面→第10章→10.4综合演练

本章范例为创建1个玩具模型的渲染效果，如图10-42所示，需要添加材质和环境。

图10-42　玩具渲染

10.4.1　创建材质

操作步骤

01　添加面板颜色

单击【渲染工具】工具栏中的【编辑外观】按钮，打开【颜色】属性管理器，如图10-43所示。

① 选择水面和挡风板特征。

②单击【浏览】按钮。

02 设置透明材质

在弹出的【打开】对话框中,进行材质选择,如图10-44所示。

①选择"透明塑料"材质。

②单击【打开】按钮。

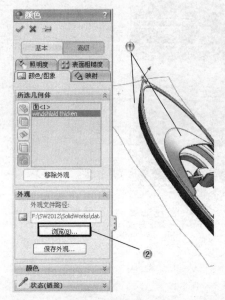

图10-43 添加面板颜色

图10-44 设置透明材质

03 添加艇身颜色

单击【渲染工具】工具栏中的 【编辑外观】按钮,打开【颜色】属性管理器,如图10-45所示。

①选择艇身曲面。

②单击【浏览】按钮。

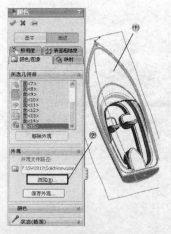

图10-45 添加艇身颜色

04 设置艇身材质

在弹出的【打开】对话框中,进行材质选择,如图10-46所示。

①选择"枫木"材质。

②单击【打开】按钮。

05 添加椅子颜色

单击【渲染工具】工具栏中的 ● 【编辑外观】按钮，打开【颜色】属性管理器，如图10-47所示。

①选择椅子特征。

②单击【浏览】按钮。

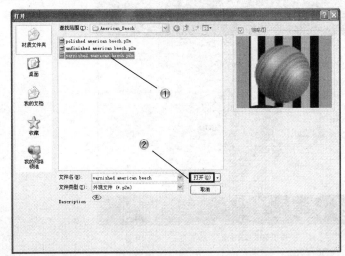

图10-46 设置艇身材质

图10-47 添加椅子颜色

06 设置椅子材质

在弹出的【打开】对话框中，进行材质选择，如图10-48所示。

①选择"红色塑料"材质。

②单击【打开】按钮。

07 设置布景

在【应用布景】下拉列表中，选择【院落背景】选项，如图10-49所示。

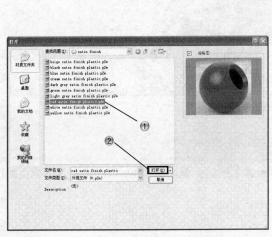

图10-48 设置椅子材质

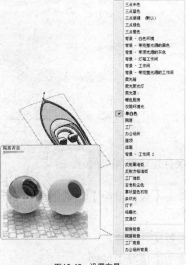

图10-49 设置布景

10.4.2　模型渲染

操作步骤

01　预览渲染

选择【PhotoView 360】|【预览渲染】菜单命令，进行预览，如图10-50所示。

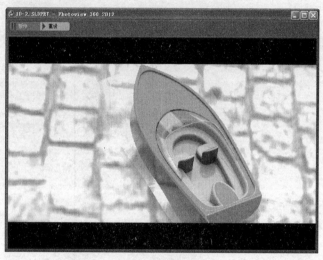

图10-50　预览渲染

02　最终渲染

单击【渲染工具】工具栏中的 【最终渲染】按钮，打开如图10-51所示的【最终渲染】对话框，进行查看。

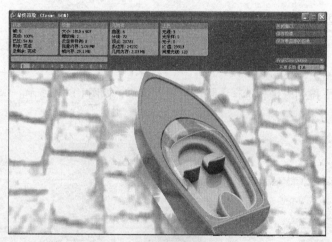

图10-51　最终渲染

03　保存渲染结果

① 单击【最终渲染】对话框中的【保存图像】按钮，弹出【Save Image】对话框，如图10-52所示。

② 设置文件名称。

③ 单击【保存】按钮。

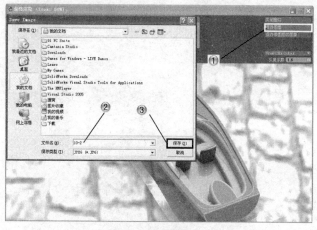

图10-52 保存渲染结果

10.5 知识回顾

本章介绍了零件的渲染输出，其中包括设置布景、光源、材质和贴图的方法，然后着重讲解以PhotoView 360插件进行渲染的相关内容，读者可以结合范例进行学习。

10.6 课后习题

使用本章介绍的渲染相关知识，创建如图10-53所示的模型渲染效果。

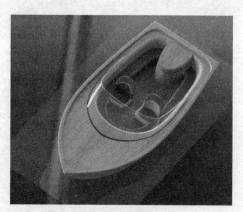

图10-53 练习模型

第11章

SolidWorks 2012机械设计综合范例

本章将通过电机模型和冲压模具模型的综合范例，对前面讲解的内容进行巩固，增强实际应用能力。模型创建的时候灵活使用拉伸凸台、旋转、孔、阵列等命令，是对软件综合运用的很好练习。

知识要点
- ✕ 电机模型创建
- ✕ 冲压模具模型创建

案例解析

电机模型

冲压模具模型

11.1 综合范例1——创建电机模型

11.1.1 范例介绍

 结果文件：\11\11-1. SLDPRT

多媒体教学路径：主界面→第11章→11.1综合范例

本节主要讲解电机模型的创建过程，这个模型的效果如图11-1所示。本范例的目的是使读者熟悉创建实体模型的操作流程。加工过程还有创建孔、散热筋这些细节，并对模型倒角。

通过对模型的分析，需要进行如下的创建步骤。

（1）创建法兰。

（2）创建壳体。

（3）创建端盖。

（4）创建接线盒。

（5）模型渲染。

图11-1 电机模型

11.1.2 范例制作

1. 创建法兰

01 新建文件

单击【标准】工具栏上的 【新建】按钮，打开【新建SolidWorks文件】对话框，如图11-2所示。

① 选择【零件】按钮。

② 单击【确定】按钮。

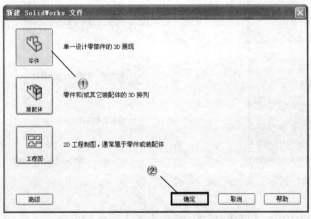

图11-2 新建文件

02 选择草绘面1

单击【草图】工具栏中的 【草图绘制】按钮，单击选择前视基准面进行绘制，如图11-3所示。

03 绘制同心圆1

单击【草图】工具栏中的 【圆】按钮，绘制同心圆，如图11-4所示。最后单击【草图】工具栏中的 【退出草图】按钮。

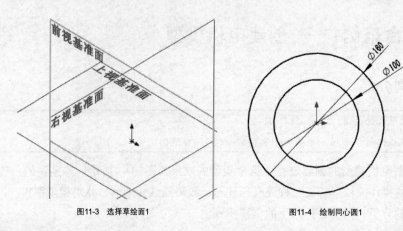

图11-3 选择草绘面1　　　　　　　　图11-4 绘制同心圆1

04 拉伸凸台1

单击【特征】工具栏中的 【拉伸凸台／基体】按钮，弹出【凸台-拉伸】的属性管理器，如图11-5所示。

① 设置拉伸参数。

② 单击【确定】按钮。

05 选择草绘面2

单击【草图】工具栏中的 【草图绘制】按钮，单击选择平面进行绘制，如图11-6所示。

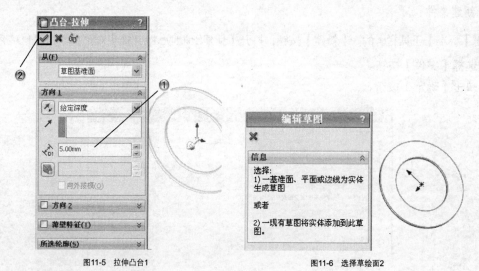

图11-5 拉伸凸台1　　　　　　　　图11-6 选择草绘面2

06 绘制圆1

单击【草图】工具栏中的 【圆】按钮，弹出【圆】属性管理器，如图11-7所示。

① 绘制圆形。

② 设置圆的半径。

③ 单击【确定】按钮。单击【草图】工具栏中的 【退出草图】按钮。

07 拉伸凸台2

单击【特征】工具栏中的 【拉伸凸台／基体】按钮，弹出【凸台-拉伸】的属性管理器，如图11-8所示。

①设置拉伸参数。

②单击【确定】按钮。

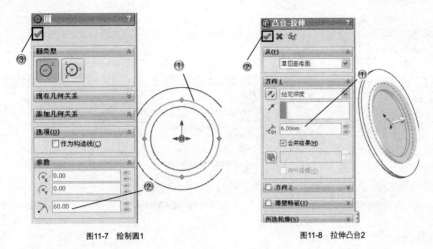

图11-7 绘制圆1   图11-8 拉伸凸台2

08 选择草绘面3

单击【草图】工具栏中的◎【草图绘制】按钮，单击选择平面进行绘制，如图11-9所示。

09 绘制同心圆2

单击【草图】工具栏中的◎【圆】按钮，绘制同心圆，如图11-10所示。单击【草图】工具栏中的◎【退出草图】按钮。

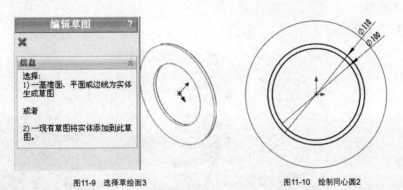

图11-9 选择草绘面3   图11-10 绘制同心圆2

10 拉伸凸台3

单击【特征】工具栏中的◎【拉伸凸台／基体】按钮，弹出【凸台-拉伸】的属性管理器，如图11-11所示。

①设置拉伸参数。

②单击【确定】按钮。

11 选择草绘面4

单击【草图】工具栏中的◎【草图绘制】按钮，单击选择平面进行绘制，如图11-12所示。

12 绘制同心圆3

单击【草图】工具栏中的◎【圆】按钮，绘制同心圆，如图11-13所示。

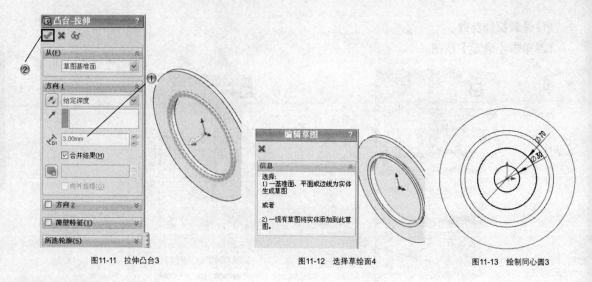

图11-11　拉伸凸台3　　　　　　图11-12　选择草绘面4　　　　　　图11-13　绘制同心圆3

13 绘制直线

单击【草图】工具栏中的 \ 【直线】按钮，绘制平行线，如图11-14所示。

14 圆周阵列

单击【草图】工具栏中的 ⚙ 【圆周草图阵列】按钮，弹出【圆周阵列】属性管理器，如图11-15所示。

① 选择阵列对象和中心。

② 设置阵列参数。

③ 单击【确定】按钮。

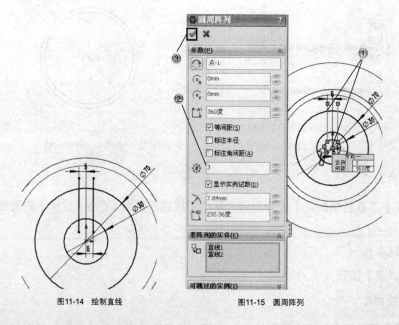

图11-14　绘制直线　　　　　　　　图11-15　圆周阵列

15 剪裁草图

单击【草图】工具栏中的 ✄ 【剪裁实体】按钮，剪裁草图，如图11-16所示。最后单击【草图】工具栏中的 ✎ 【退出草图】按钮。

16 切除拉伸

单击【特征】工具栏中的 [图标]【拉伸切除】按钮，弹出【切除-拉伸】属性管理器，如图11-17所示。

① 设置拉伸参数。

② 单击【确定】按钮。

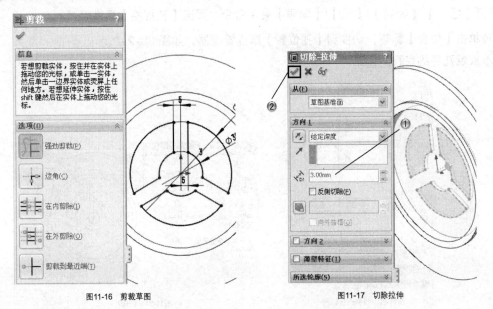

图11-16 剪裁草图   图11-17 切除拉伸

17 选择草绘面5

单击【草图】工具栏中的 [图标]【草图绘制】按钮，单击选择平面进行绘制，如图11-18所示。

18 绘制圆2

单击【草图】工具栏中的 [图标]【圆】按钮，弹出【圆】属性管理器，如图11-19所示。

① 绘制圆形。

② 设置圆的半径。

③ 单击【确定】按钮。最后单击【草图】工具栏中的 [图标]【退出草图】按钮。

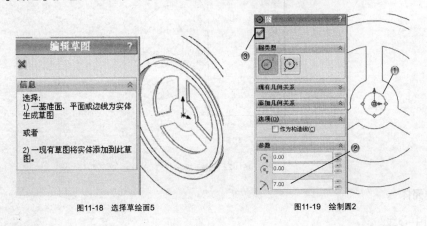

图11-18 选择草绘面5   图11-19 绘制圆2

19 拉伸凸台4

单击【特征】工具栏中的 [图标]【拉伸凸台／基体】按钮，弹出【凸台-拉伸】的属性管理器，如图

11-20所示。

① 设置拉伸参数。

② 单击【确定】按钮。

20 创建孔

选择【插入】|【特征】|【孔】|【向导】菜单命令，弹出【孔规格】属性管理器。

① 单击【位置】标签，切换到【孔位置】属性管理器，如图11-21所示。

② 放置孔并约束孔的位置。

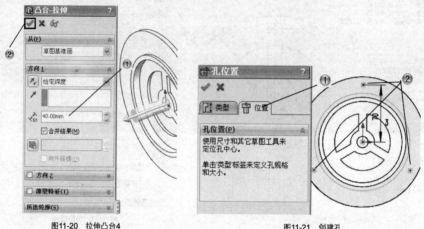

图11-20 拉伸凸台4   图11-21 创建孔

21 设置孔规格

单击【类型】标签，切换到【孔规格】属性管理器，如图11-22所示。

① 设置孔的参数

② 单击【确定】按钮。

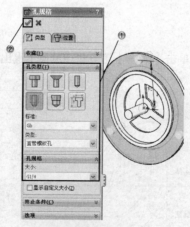

图11-22 设置孔规格

2. 创建壳体

01 绘制中心线

在右视基准面上绘制草图。单击【草图】工具栏中的 【中心线】按钮，绘制中心线，如图11-23所示。

02 绘制草图

单击【草图】工具栏中的 ⬀ 【直线】按钮，绘制草图，如图11-24所示。最后单击【草图】工具栏中的 ⬀ 【退出草图】按钮。

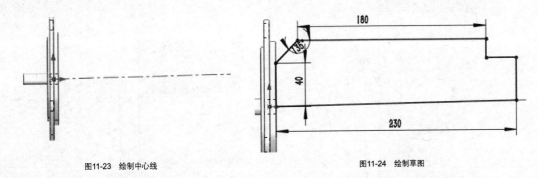

图11-23　绘制中心线　　　　　　　　　　　图11-24　绘制草图

03 旋转草图

单击【特征】工具栏中的 ⬀ 【旋转凸台/基体】按钮，打开【旋转】属性管理器，如图11-25所示。

① 设置旋转参数。

② 单击【确定】按钮。

04 绘制矩形1

选择右视基准面进行草绘。单击【草图】工具栏中的 ▫ 【边角矩形】按钮，绘制矩形，如图11-26所示。最后单击【草图】工具栏中的 ⬀ 【退出草图】按钮。

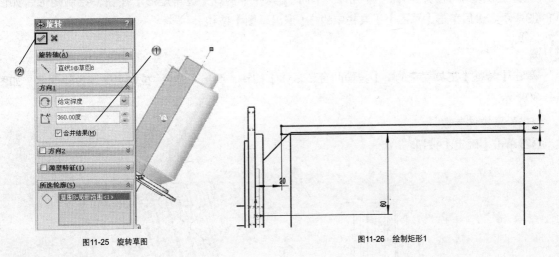

图11-25　旋转草图　　　　　　　　　　　图11-26　绘制矩形1

05 拉伸凸台1

单击【特征】工具栏中的 ▦ 【拉伸凸台／基体】按钮，弹出【凸台-拉伸】的属性管理器，如图11-27所示。

① 设置拉伸参数。

② 单击【确定】按钮。

06 圆周阵列

单击【特征】工具栏中的 ⬀ 【圆周阵列】按钮，弹出【圆周阵列】属性管理器，如图11-28所示。

① 选择阵列对象和边线。
② 设置阵列参数。
③ 单击【确定】按钮。

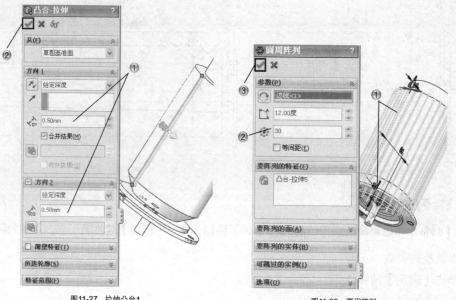

图11-27 拉伸凸台1　　　　　　　　　　　图11-28 圆周阵列

07 绘制矩形2

选择上视基准面进行草绘。单击【草图】工具栏中的 ❑【边角矩形】按钮，绘制矩形，如图11-29所示。最后单击【草图】工具栏中的 ❑【退出草图】按钮。

08 拉伸凸台2

单击【特征】工具栏中的 ❑【拉伸凸台／基体】按钮，弹出【凸台-拉伸】的属性管理器，如图11-30所示。

① 设置拉伸参数。
② 单击【确定】按钮。

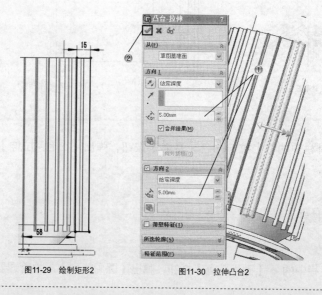

图11-29 绘制矩形2　　　　　　　图11-30 拉伸凸台2

09 圆周阵列

单击【特征】工具栏中的 ✿【圆周阵列】按钮，弹出【圆周阵列】属性管理器，如图11-31所示。

① 选择阵列对象和边线。

② 设置阵列参数。

③ 单击【确定】按钮。

3. 创建端盖

01 绘制中心线

在上视基准面上绘制草图。单击【草图】工具栏中的 ┊【中心线】按钮，绘制中心线，如图11-32所示。

02 绘制直线1

单击【草图】工具栏中的 ╲【直线】按钮，绘制草图，如图11-33所示。

03 创建圆角1

单击【草图】工具栏中的 ╮【绘制圆角】按钮，弹出【绘制圆角】属性管理器，如图11-34所示。

① 选择要圆角的线。

② 设置圆角参数。

③ 单击【确定】按钮。

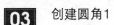

图11-31 圆周阵列

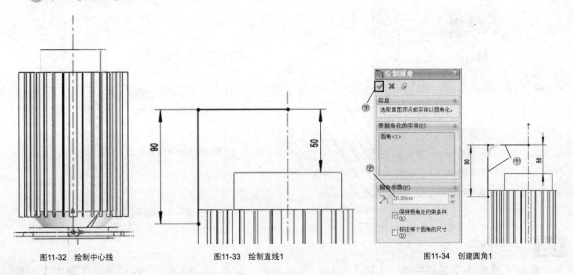

图11-32 绘制中心线　　　　　　图11-33 绘制直线1　　　　　　图11-34 创建圆角1

04 创建等距实体

单击【草图】工具栏中的 ⚏【等距实体】按钮，弹出【等距实体】属性管理器，如图11-35所示。

① 依次单击边线。

② 设置偏移参数。

③ 单击【确定】按钮。

05 绘制直线2

单击【草图】工具栏中的 ╲【直线】按钮，绘制直线，如图11-36所示。最后单击【草图】工具栏中的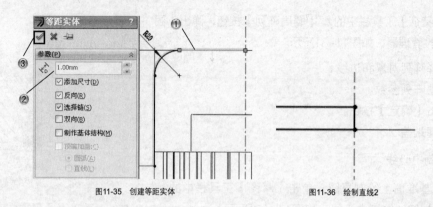【退出草图】按钮。

图11-35　创建等距实体　　　　　　　　　　　　　图11-36　绘制直线2

06　旋转草图

单击【特征】工具栏中的<img>【旋转凸台/基体】按钮，打开【旋转】属性管理器，如图11-37所示。

①设置旋转参数。

②单击【确定】按钮。

07　选择草绘面1

单击【草图】工具栏中的<img>【草图绘制】按钮，单击选择平面进行绘制，如图11-38所示。

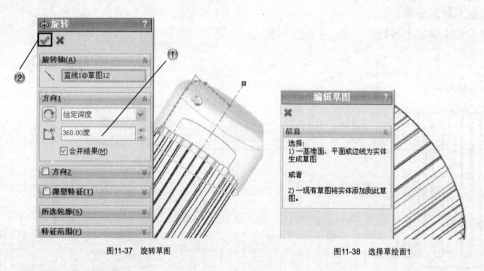

图11-37　旋转草图　　　　　　　　　　　　　　　图11-38　选择草绘面1

08　绘制圆形

单击【草图】工具栏中的<img>【圆】按钮，绘制圆形，如图11-39所示。最后单击【草图】工具栏中的<img>【退出草图】按钮。

09　凸台拉伸

单击【特征】工具栏中的<img>【拉伸凸台／基体】按钮，弹出【凸台-拉伸】的属性管理器，如图11-40所示。

①设置拉伸参数。

②单击【确定】按钮。

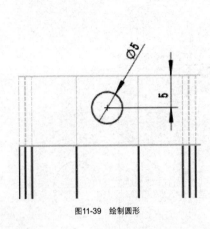

图11-39 绘制圆形   图11-40 凸台拉伸

10 创建圆角2

单击【特征】工具栏中的◎【圆角】按钮，弹出【圆角】属性管理器，如图11-41所示。

① 选择要圆角的边线。

② 设置圆角半径。

③ 单击【确定】按钮。

11 选择草绘面2

单击【草图】工具栏中的☑【草图绘制】按钮，单击选择平面进行绘制，如图11-42所示。

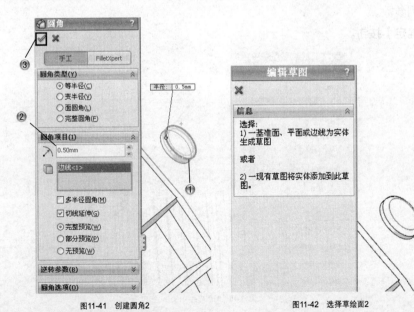

图11-41 创建圆角2   图11-42 选择草绘面2

12 绘制草图

单击【草图】工具栏中的╲【直线】按钮，绘制草图，如图11-43所示。最后单击【草图】工具栏中的☑【退出草图】按钮。

13 切除拉伸

单击【特征】工具栏中的 ⬜【拉伸切除】按钮，弹出【切除–拉伸】属性管理器，如图11-44所示。

①设置拉伸参数。

②单击【确定】按钮。

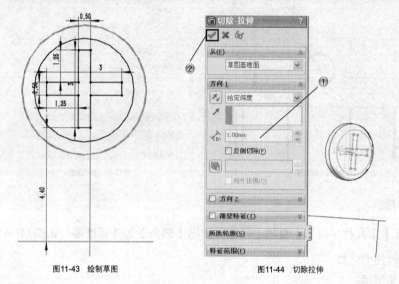

图11-43 绘制草图　　　　　　　　　图11-44 切除拉伸

14 圆周阵列

单击【特征】工具栏中的 ⚙【圆周阵列】按钮，弹出【圆周阵列】属性管理器，如图11-45所示。

①选择阵列对象和边线。

②设置阵列参数。

③单击【确定】按钮。

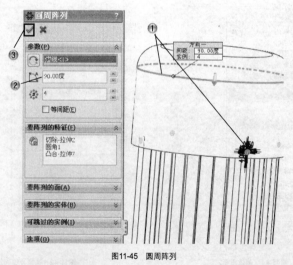

图11-45 圆周阵列

4. 创建接线盒

01 绘制3D直线

单击【草图】工具栏中的 ⬚【3D草图】按钮，再单击【草图】工具栏中的 ➘【直线】按钮，绘制经过几何中心的直线，如图11-46所示。

02 创建基准面

单击【参考几何体】工具栏中的 ⬚【基准面】按钮，弹出【基准面】属性管理器，如图11-47所示。

① 选择上视基准面和3D直线。

② 设置旋转角度。

③ 单击【确定】按钮。

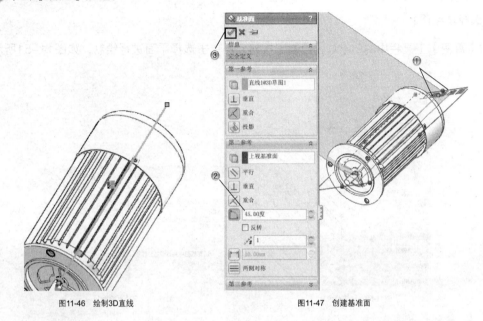

图11-46　绘制3D直线　　　　　　图11-47　创建基准面

03 绘制矩形1

选择基准面进行草绘。单击【草图】工具栏中的 ▭【边角矩形】按钮，绘制矩形，如图11-48所示。

04 创建圆角1

单击【草图】工具栏中的 ▱【绘制圆角】按钮，弹出【绘制圆角】属性管理器，如图11-49所示。

① 选择要圆角的线。

② 设置圆角参数。

③ 单击【确定】按钮。最后单击【草图】工具栏中的 ↵【退出草图】按钮。

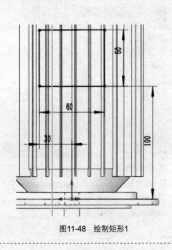

图11-48　绘制矩形1

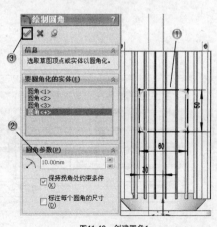

图11-49　创建圆角1

05 拉伸凸台1

单击【特征】工具栏中的【拉伸凸台/基体】按钮，弹出【凸台-拉伸】的属性管理器，如图11-50所示。

① 设置拉伸参数。

② 单击【确定】按钮。

06 选择草绘面1

单击【草图】工具栏中的【草图绘制】按钮，再单击选择平面进行绘制，如图11-51所示。

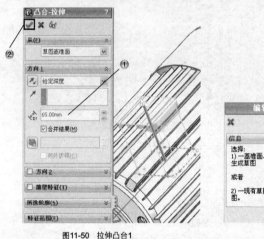

图11-50　拉伸凸台1　　　　　　　　　　图11-51　选择草绘面1

07 绘制矩形2

单击【草图】工具栏中的【边角矩形】按钮，绘制矩形，如图11-52所示。最后单击【草图】工具栏中的【退出草图】按钮。

08 拉伸凸台2

单击【特征】工具栏中的【拉伸凸台／基体】按钮，弹出【凸台-拉伸】的属性管理器，如图11-53所示。

① 设置拉伸参数。

② 单击【确定】按钮。

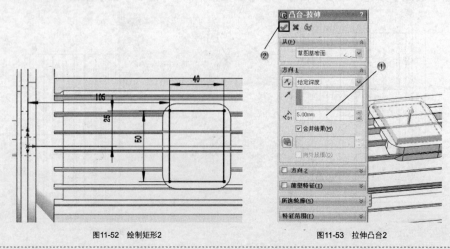

图11-52　绘制矩形2　　　　　　　　　　图11-53　拉伸凸台2

09　选择草绘面2

单击【草图】工具栏中的 [图标]【草图绘制】按钮，再单击选择平面进行绘制，如图11-54所示。

10　绘制草图

单击【草图】工具栏中的 [图标]【边角矩形】按钮，绘制矩形并圆角，如图11-55所示。最后单击【草图】工具栏中的 [图标]【退出草图】按钮。

图11-54　选择草绘面2　　　　　　　　　　　图11-55　绘制草图

11　拉伸凸台3

单击【特征】工具栏中的 [图标]【拉伸凸台／基体】按钮，弹出【凸台-拉伸】的属性管理器，如图11-56所示。

① 设置拉伸参数。

② 单击【确定】按钮。

12　创建圆角2

单击【特征】工具栏中的 [图标]【圆角】按钮，弹出【圆角】属性管理器，如图11-57所示。

① 选择要圆角的边线。

② 设置圆角半径。

③ 单击【确定】按钮。

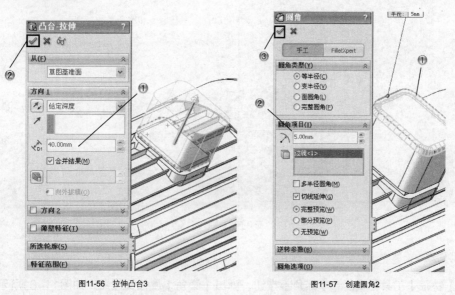

图11-56　拉伸凸台3　　　　　　　　　　　图11-57　创建圆角2

13 选择草绘面3

单击【草图】工具栏中的 【草图绘制】按钮，再单击选择平面进行绘制，如图11-58所示。

14 绘制矩形3

单击【草图】工具栏中的 【边角矩形】按钮，绘制矩形，如图11-59所示。最后单击【草图】工具栏中的 【退出草图】按钮。

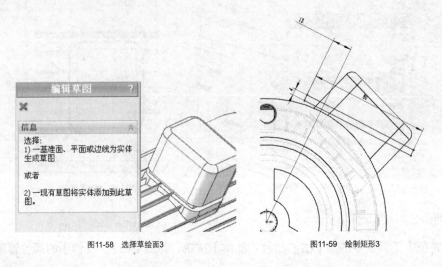

图11-58 选择草绘面3　　　　　　图11-59 绘制矩形3

15 拉伸凸台4

单击【特征】工具栏中的 【拉伸凸台／基体】按钮，弹出【凸台-拉伸】的属性管理器，如图11-60所示。

① 设置拉伸参数。

② 单击【确定】按钮。

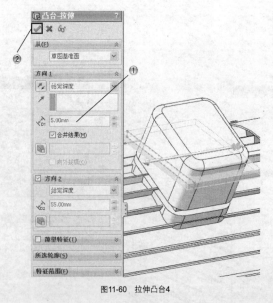

图11-60 拉伸凸台4

16 创建圆角3

单击【特征】工具栏中的 【圆角】按钮，弹出【圆角】属性管理器，如图11-61所示。

① 选择要圆角的边线。

② 设置圆角半径。

③ 单击【确定】按钮。

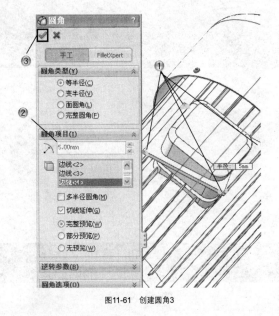

图11-61　创建圆角3

5. 模型渲染

01　添加颜色

单击【渲染工具】工具栏中的 ◎ 【编辑外观】按钮，打开【颜色】属性管理器，如图11-62所示。

① 选择法兰和孔的内面。

② 单击选择颜色。

③ 单击【确定】按钮。

02　设置场景

在【应用布景】下拉列表中，选择【工厂背景】选项，如图11-63所示。

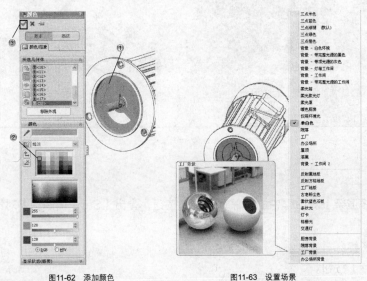

图11-62　添加颜色　　　　　　图11-63　设置场景

03 预览渲染

选择【PhotoView 360】|【预览渲染】菜单命令，进行预览，如图11-64所示。

图11-64　预览渲染

04 最终渲染

单击【渲染工具】工具栏中的 【最终渲染】按钮，打开如图11-65所示的【最终渲染】对话框，进行查看。

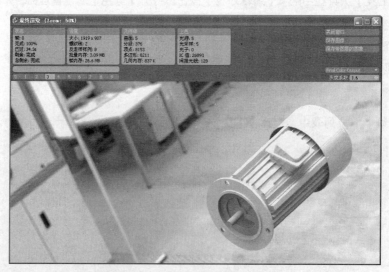

图11-65　最终渲染

05 保存图像

① 单击【最终渲染】对话框中的【保存图像】按钮，弹出【Save Image】对话框，如图11-66所示。

② 设置文件名称。

③ 单击【保存】按钮。

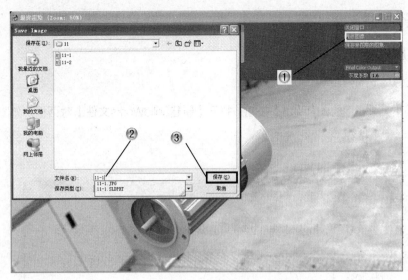

图11-66 保存图像

11.1.3 知识回顾

本节对1个电机模型的创建过程进行了讲解，其中介绍了多种实体命令的使用方法。在设计范例的讲解中，主要讲解了1个模型从开始建模到最终渲染完成的全部操作流程，包括各类参数的设置。通过这些讲解，可以使读者对本书的内容有1个全局的认识。

11.2 综合范例2——创建冲压模具模型

11.2.1 范例介绍

 结果文件：\11\11-2. SLDPRT

多媒体教学路径：主界面→第11章→11.2综合范例

本节讲解冲压模具模型的创建过程，模型的效果如图11-67所示。创建过程中需要创建底座上的各种孔和凹槽、定位孔和销，创建模芯组件，最后进行渲染。

通过对模型的分析，需要进行如下的创建步骤。

（1）创建底座。

（2）创建定位装置。

（3）创建模芯组件。

（4）模型渲染。

图11-67 冲压模具模型

11.2.2 范例制作

1. 创建底座

01 新建文件

单击【标准】工具栏上的 🗋【新建】按钮，打开【新建SolidWorks文件】对话框，如图11-68所示。

① 选择【零件】按钮。
② 单击【确定】按钮。

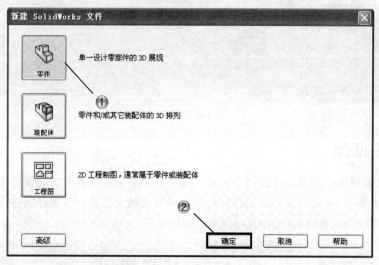

图11-68 新建文件

02 选择草绘面1

单击【草图】工具栏中的 ✍【草图绘制】按钮，单击选择上视基准面进行绘制，如图11-69所示。

03 绘制矩形1

单击【草图】工具栏中的 ☐【边角矩形】按钮，绘制矩形，如图11-70所示。

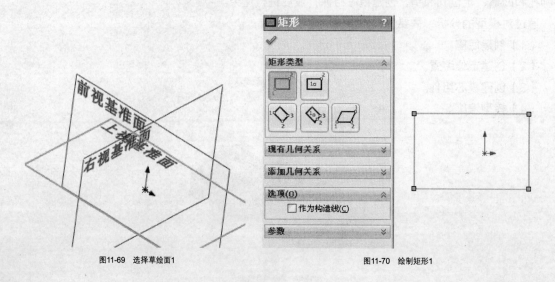

图11-69 选择草绘面1　　　　　　　　图11-70 绘制矩形1

04 创建尺寸

单击【草图】工具栏中的🖉【智能尺寸】按钮，弹出【尺寸】对话框，标注矩形，如图11-71所示。

05 中心定位

单击【草图】工具栏中的🖉【智能尺寸】按钮，弹出【尺寸】对话框，标注矩形中心，如图11-72所示。

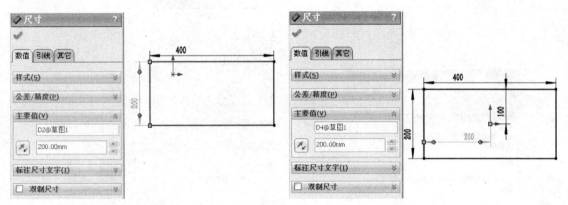

图11-71　创建尺寸　　　　　　　　　　　图11-72　中心定位

06 创建圆角

单击【草图】工具栏中的🖫【绘制圆角】按钮，弹出【绘制圆角】对话框，如图11-73所示。

①选择圆角直线。

②设置圆角半径。

③单击【确定】按钮。单击【草图】工具栏中的🖫【退出草图】按钮。

07 拉伸凸台

单击【特征】工具栏中的🖫【拉伸凸台／基体】按钮，弹出【凸台−拉伸】的属性管理器，如图11-74所示。

①设置拉伸参数。

②单击【确定】按钮。

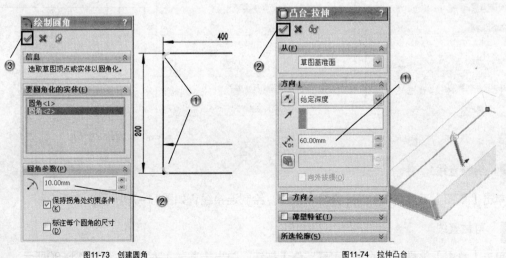

图11-73　创建圆角　　　　　　　　　　　图11-74　拉伸凸台

08　选择草绘面2

单击【草图】工具栏中的【草图绘制】按钮，单击选择平面进行绘制，如图11-75所示。

09　绘制矩形2

单击【草图】工具栏中的□【边角矩形】按钮，绘制矩形，如图11-76所示。

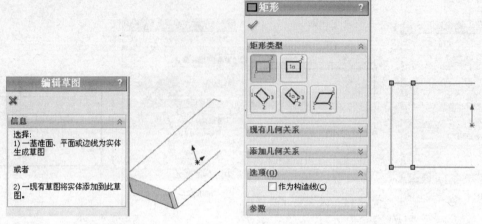

图11-75　选择草绘面2　　　　　　　　　　　　　　　　图11-76　绘制矩形2

10　标注尺寸1

单击【草图】工具栏中的【智能尺寸】按钮，弹出【尺寸】对话框，标注矩形，如图11-77所示。

11　绘制圆弧1

单击【草图】工具栏中的【3点圆弧】按钮，创建圆弧，如图11-78所示。

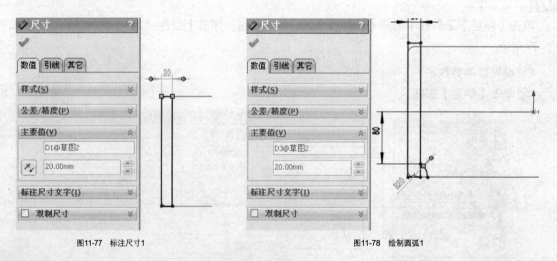

图11-77　标注尺寸1　　　　　　　　　　　　　　　　图11-78　绘制圆弧1

12　绘制直线1

单击【草图】工具栏中的＼【直线】按钮，绘制连接线，如图11-79所示。

13　剪裁直线

单击【草图】工具栏中的【剪裁实体】按钮，弹出【剪裁】对话框，如图11-80所示。

① 剪裁直线。

② 单击【确定】按钮。

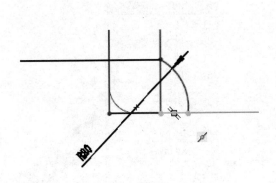

图11-79 绘制直线1

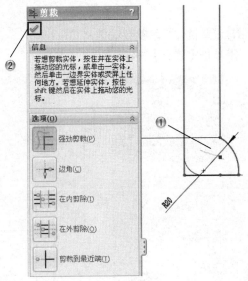

图11-80 剪裁直线

14 绘制中心线1

单击【草图】工具栏中的 ⟍【直线】按钮，绘制中心线，如图11-81所示。

15 镜像圆弧

单击【草图】工具栏中的 ⚎【镜向实体】按钮，弹出【镜向】对话框，如图11-82所示。

① 选择镜向草图和镜向点。

② 单击【确定】按钮。

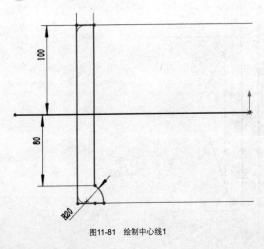

图11-81 绘制中心线1

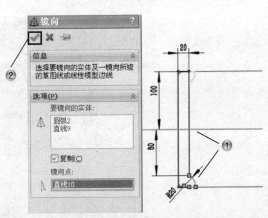

图11-82 镜像圆弧

16 剪裁中心线

单击【草图】工具栏中的 ⚎【剪裁实体】按钮，弹出【剪裁】对话框，如图11-83所示。

① 剪裁直线。

② 单击【确定】按钮。最后单击【草图】工具栏中的 ⛉【退出草图】按钮。

17 拉伸切除1

单击【特征】工具栏中的🔲【拉伸切除】按钮，弹出【切除–拉伸】的属性管理器，如图11-84所示。

① 设置拉伸切除参数。

② 单击【确定】按钮。

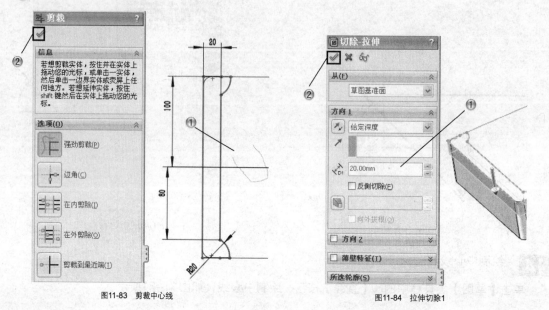

图11-83 剪裁中心线   图11-84 拉伸切除1

18 创建向导孔

选择【插入】|【特征】|【孔】|【向导】菜单命令，系统弹出【孔规格】属性管理器。

① 单击【位置】标签，切换到【孔位置】属性管理器，如图11-85所示。

② 放置孔并约束孔的位置。

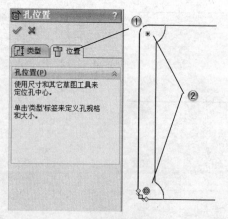

图11-85 创建向导孔

19 设置孔参数

单击【类型】标签，切换到【孔规格】属性管理器，如图11-86所示。

① 设置孔的参数。

② 单击【确定】按钮。

20 选择草绘面3

单击【草图】工具栏中的 ✎【草图绘制】按钮，单击选择平面进行绘制，如图11-87所示。

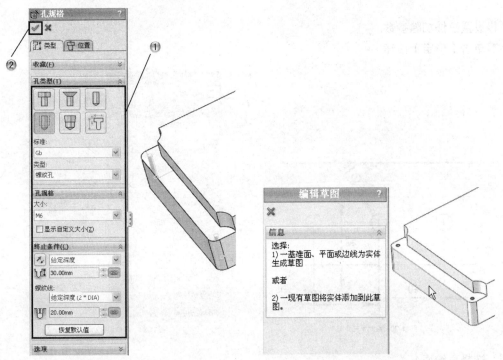

图11-86 设置孔参数　　　　　　图11-87 选择草绘面3

21 绘制第一个圆

单击【草图】工具栏中的 ⊙【圆】按钮，绘制圆，如图11-88所示。

22 绘制第二个圆

单击【草图】工具栏中的 ⊙【圆】按钮，绘制第二个圆，如图11-89所示。

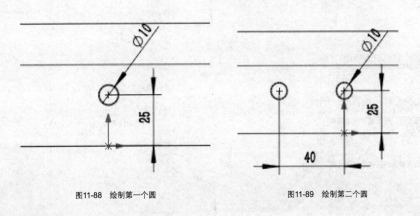

图11-88 绘制第一个圆　　　　　　图11-89 绘制第二个圆

23 绘制第三个圆

单击【草图】工具栏中的 ⊙【圆】按钮，绘制第三个圆，如图11-90所示。单击【草图】工具栏中的 ✎【退出草图】按钮。

24 拉伸切除2

单击【特征】工具栏中的▣【拉伸切除】按钮，弹出【切除-拉伸】的属性管理器，如图11-91所示。

① 设置拉伸切除参数。

② 单击【确定】按钮。

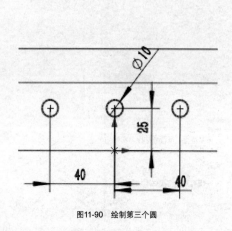

图11-90 绘制第三个圆

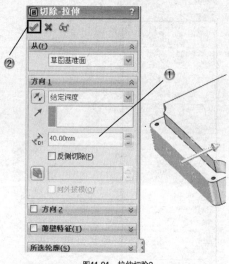

图11-91 拉伸切除2

25 选择草绘面4

单击【草图】工具栏中的 【草图绘制】按钮，单击选择平面进行绘制，如图11-92所示。

26 绘制第四个圆

单击【草图】工具栏中的◎【圆】按钮，绘制圆，如图11-93所示。

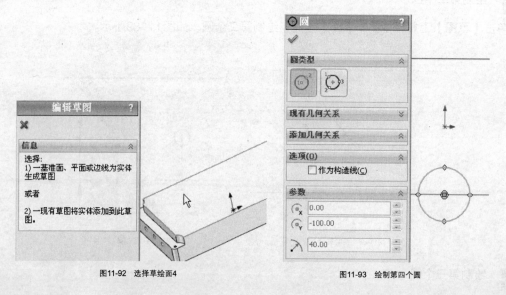

图11-92 选择草绘面4

图11-93 绘制第四个圆

27 绘制直线2

单击【草图】工具栏中的 【直线】按钮，绘制直线，如图11-94所示。

28 剪裁圆形

单击【草图】工具栏中的 【剪裁实体】按钮，弹出【剪裁】对话框，如图11-95所示。

① 剪裁圆形。

② 单击【确定】按钮。

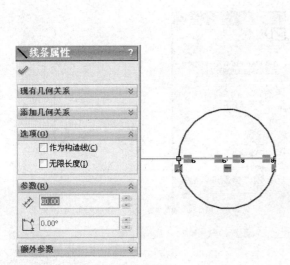

图11-94 绘制直线2

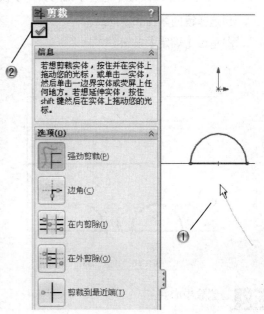

图11-95 剪裁圆形

29 阵列半圆

单击【草图】工具栏中的 【线性草图阵列】按钮，弹出【线性阵列】属性管理器，如图11-96所示。

① 选择阵列对象和方向。

② 设置阵列参数。

③ 单击【确定】按钮。

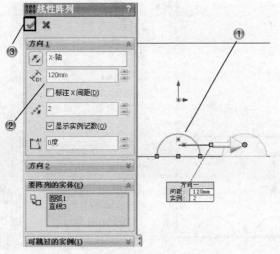

图11-96 阵列半圆

30 绘制中心线2

单击【草图】工具栏中的 \ 【直线】按钮，绘制中心线，如图11-97所示。

31 镜向半圆

单击【草图】工具栏中的 ▲ 【镜向实体】按钮，弹出【镜向】对话框，如图11-98所示。

①选择镜向草图和镜向点。

②单击【确定】按钮。

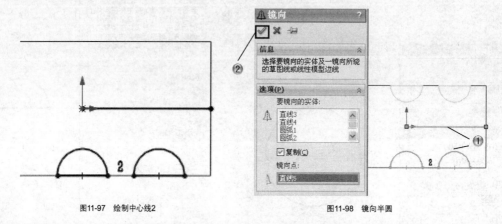

图11-97 绘制中心线2   图11-98 镜向半圆

32 删除中心线

选择中心线，按 "Delete" 键进行删除，如图11-99所示。单击【草图】工具栏中的 ❷ 【退出草图】按钮。

33 拉伸切除3

单击【特征】工具栏中的 ⚙ 【拉伸切除】按钮，弹出【切除-拉伸】的属性管理器，如图11-100所示。

①设置拉伸切除参数。

②单击【确定】按钮。

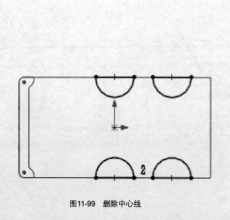

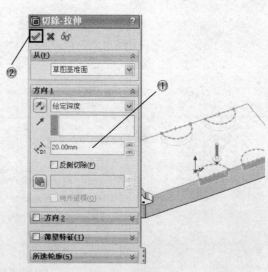

图11-99 删除中心线   图11-100 拉伸切除3

34 选择草绘面5

单击【草图】工具栏中的 【草图绘制】按钮，单击选择平面进行绘制，如图11-101所示。

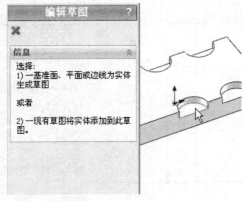

图11-101　选择草绘面5

35 绘制矩形3

单击【草图】工具栏中的 【边角矩形】按钮，绘制矩形，如图11-102所示。

36 标注尺寸2

单击【草图】工具栏中的 【智能尺寸】按钮，弹出【尺寸】对话框，标注矩形，如图11-103所示。

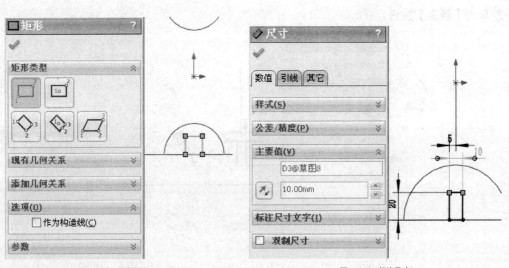

图11-102　绘制矩形3　　　　　　　　　　　图11-103　标注尺寸2

37 绘制圆弧2

单击【草图】工具栏中的 【3点圆弧】按钮，弹出【圆弧】对话框，创建圆弧，如图11-104所示。

38 剪裁草图

单击【草图】工具栏中的 【剪裁实体】按钮，弹出【剪裁】对话框，如图11-105所示。

① 剪裁直线。

②单击【确定】按钮。

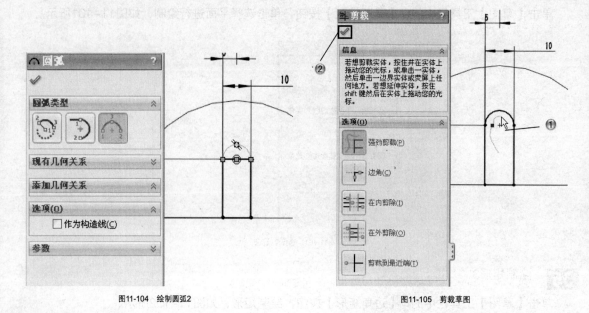

图11-104　绘制圆弧2　　　　　　　　　　　　　　　　　　　　图11-105　剪裁草图

39　移动复制草图

单击【草图】工具栏中的 🔲【移动实体】按钮，弹出【移动】对话框，如图11-106所示。

①选择移动实体和起点终点。

②单击【确定】按钮。

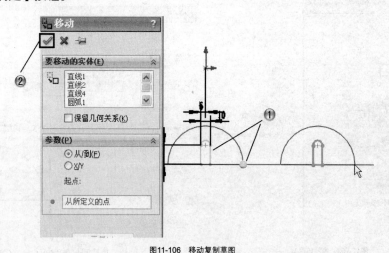

图11-106　移动复制草图

40　阵列草图

单击【草图】工具栏中的 🔲【线性草图阵列】按钮，弹出【线性阵列】属性管理器，如图11-107所示。

①选择阵列对象和方向。

②设置阵列参数。

③单击【确定】按钮。

41 镜向草图

单击【草图】工具栏中的 ⚠【镜向实体】按钮，弹出【镜向】对话框，如图11-108所示。

①选择镜向草图和镜向点。

②单击【确定】按钮。单击【草图】工具栏中的 ☑【退出草图】按钮。

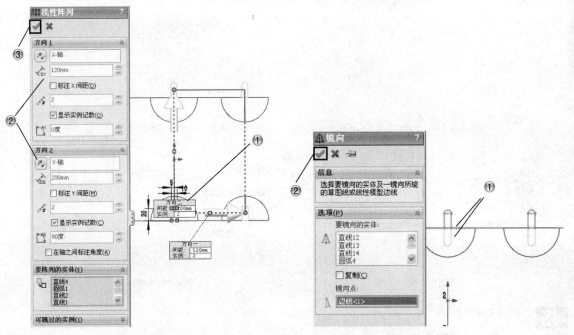

图11-107 阵列草图　　　　　　　图11-108 镜向草图

42 拉伸切除4

单击【特征】工具栏中的 ⬛【拉伸切除】按钮，弹出【切除-拉伸】的属性管理器，如图11-109所示。

①设置拉伸切除属性。

②单击【确定】按钮。

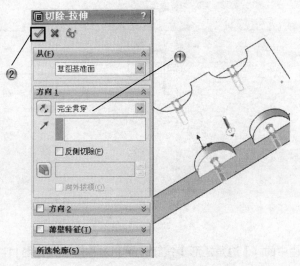

图11-109 拉伸切除4

43 选择草绘面6

单击【草图】工具栏中的 ┗ 【草图绘制】按钮，单击选择平面进行绘制，如图11-110所示。

44 绘制矩形4

单击【草图】工具栏中的 □ 【边角矩形】按钮，绘制矩形，如图11-111所示。

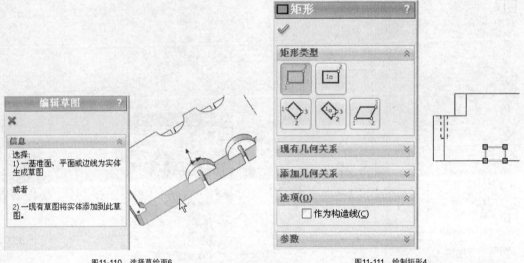

图11-110　选择草绘面6　　　　　　　　　　　　　　　图11-111　绘制矩形4

45 标注矩形尺寸1

单击【草图】工具栏中的 ◆ 【智能尺寸】按钮，弹出【尺寸】对话框，标注矩形，如图11-112所示。

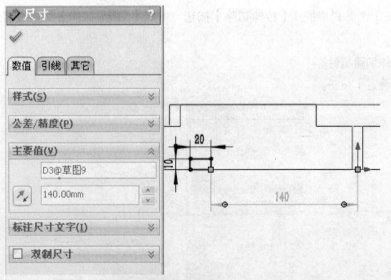

图11-112　标注矩形尺寸1

46 绘制对称矩形

单击【草图】工具栏中的 □ 【边角矩形】按钮，绘制对称矩形，如图11-113所示。

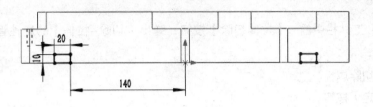

图11-113 绘制对称矩形

47 绘制矩形5

单击【草图】工具栏中的□【边角矩形】按钮，绘制矩形，如图11-114所示。

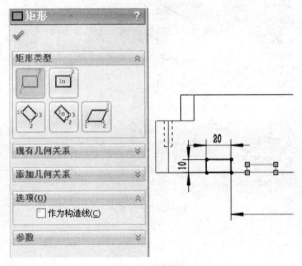

图11-114 绘制矩形5

48 标注矩形尺寸2

单击【草图】工具栏中的◇【智能尺寸】按钮，弹出【尺寸】对话框，标注矩形，如图11-115所示。单击【草图】工具栏中的【退出草图】按钮。

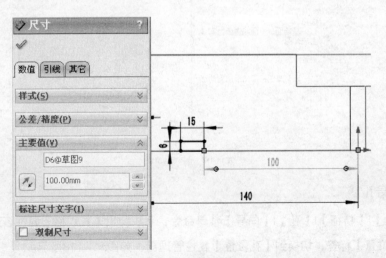

图11-115 标注矩形尺寸2

49 拉伸切除5

单击【特征】工具栏中的 📷【拉伸切除】按钮，弹出【切除-拉伸】的属性管理器，如图11-116所示。

① 设置拉伸切除属性。

② 单击【确定】按钮。

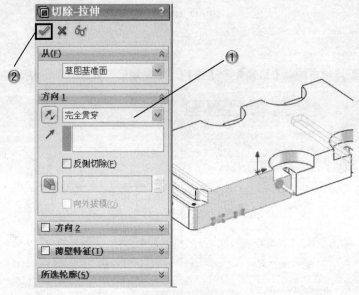

图11-116　拉伸切除5

2. 创建定位装置

01 选择草绘面1

单击【草图】工具栏中的 ✏【草图绘制】按钮，单击选择平面进行绘制，如图11-117所示。

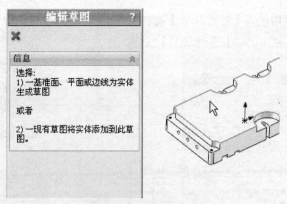

图11-117　选择草绘面1

02 创建向导孔

选择【插入】|【特征】|【孔】|【向导】菜单命令，系统弹出【孔规格】属性管理器。

① 单击【位置】标签，切换到【孔位置】属性管理器，如图11-118所示。

② 放置孔并约束孔的位置。

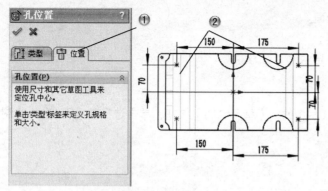

图11-118　创建向导孔

03　设置孔的类型

单击【类型】标签，切换到【孔规格】属性管理器，如图11-119所示。

①设置孔的参数。

②单击【确定】按钮。

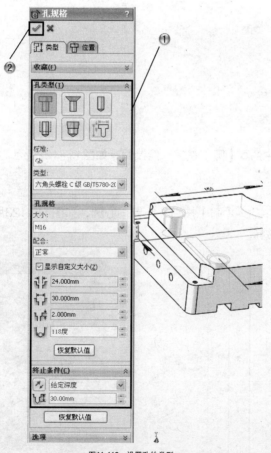

图11-119　设置孔的类型

04　创建基准面1

单击【参考几何体】工具栏中的◈【基准面】按钮，弹出【基准面】属性管理器，如图11-120所示。

① 选择上视基准面。
② 设置偏移参数。
③ 单击【确定】按钮。

05 选择草绘面2

单击【草图】工具栏中的 【草图绘制】按钮，单击选择基准面1进行绘制，如图11-121所示。

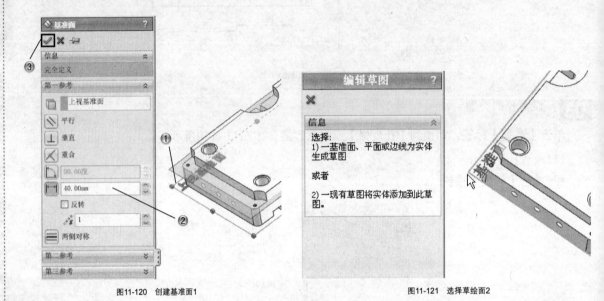

图11-120 创建基准面1　　　　　　图11-121 选择草绘面2

06 绘制圆形

单击【草图】工具栏中的 【圆】按钮，绘制圆，如图11-122所示。

07 绘制同心圆1

单击【草图】工具栏中的 【圆】按钮，绘制同心圆，如图11-123所示。最后单击【草图】工具栏中的 【退出草图】按钮。

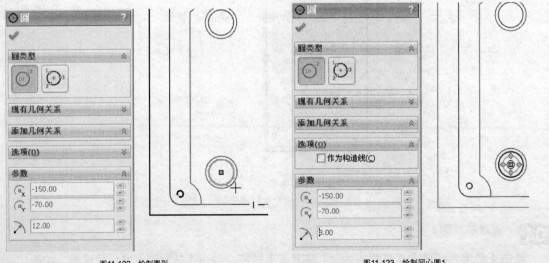

图11-122 绘制圆形　　　　　　图11-123 绘制同心圆1

08 拉伸凸台1

单击【特征】工具栏中的 📇【拉伸凸台／基体】按钮，弹出【凸台–拉伸】的属性管理器，如图11–124所示。

① 设置拉伸参数。

② 单击【确定】按钮。

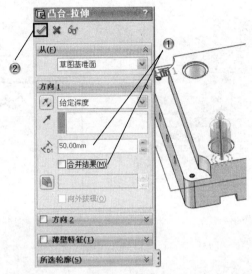

图11-124　拉伸凸台1

09 创建基准面2

单击【参考几何体】工具栏中的 ▣【基准面】按钮，弹出【基准面】属性管理器，如图11–125所示。

① 选择前视基准面。

② 设置偏移参数。

③ 单击【确定】按钮。

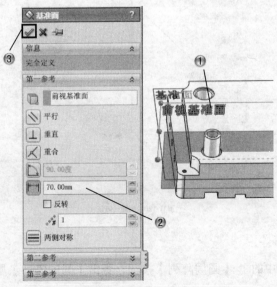

图11-125　创建基准面2

10 选择草绘面2

单击【草图】工具栏中的 🖉【草图绘制】按钮，单击选择基准面2进行绘制，如图11-126所示。

11 绘制小圆1

单击【草图】工具栏中的 ⊙【圆】按钮，绘制小圆，如图11-127所示。单击【草图】工具栏中的 🖉【退出草图】按钮。

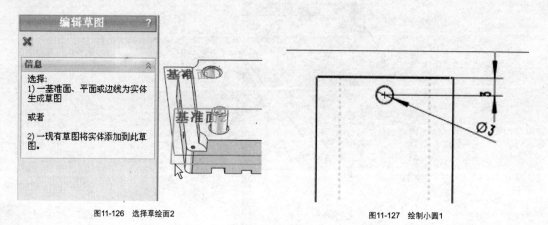

图11-126　选择草绘面2

图11-127　绘制小圆1

12 切除拉伸1

单击【特征】工具栏中的 ▣【拉伸切除】按钮，弹出【切除-拉伸】的属性管理器，如图11-128所示。

① 设置拉伸切除参数。

② 单击【确定】按钮。

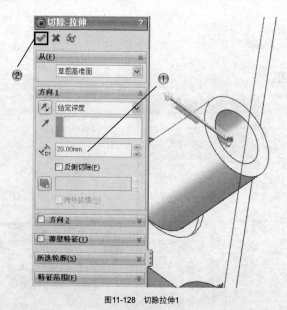

图11-128　切除拉伸1

13 圆周阵列1

单击【特征】工具栏中的 ✿【圆周阵列】按钮，弹出【圆周阵列】属性管理器，如图11-129所示。

① 选择阵列对象和边线。

② 设置阵列参数。

③ 单击【确定】按钮。

图11-129　圆周阵列1

14　创建基准面3

单击【参考几何体】工具栏中的 ▨【基准面】按钮，弹出【基准面】属性管理器，如图11-130所示。

① 选择右视基准面。

② 设置偏移参数。

③ 单击【确定】按钮。

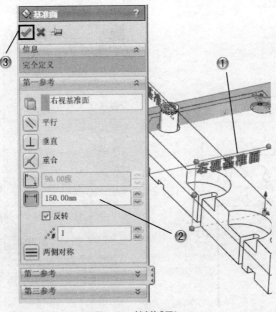

图11-130　创建基准面3

15 选择草绘面3

单击【草图】工具栏中的 【草图绘制】按钮，单击选择基准面3进行绘制，如图11-131所示。

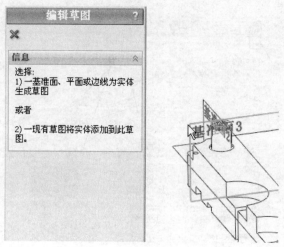

图11-131　选择草绘面3

16 绘制小圆2

单击【草图】工具栏中的 【圆】按钮，绘制小圆，如图11-132所示。单击【草图】工具栏中的 【退出草图】按钮。

17 切除拉伸2

单击【特征】工具栏中的 【拉伸切除】按钮，弹出【切除-拉伸】的属性管理器，如图11-133所示。

① 设置拉伸切除参数。

② 单击【确定】按钮。

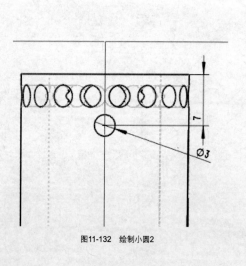

图11-132　绘制小圆2

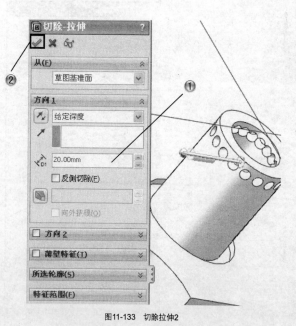

图11-133　切除拉伸2

18 圆周阵列2

单击【特征】工具栏中的 ⊛【圆周阵列】按钮，弹出【圆周阵列】属性管理器，如图11-134所示。

① 选择阵列对象和边线。

② 设置阵列参数。

③ 单击【确定】按钮。

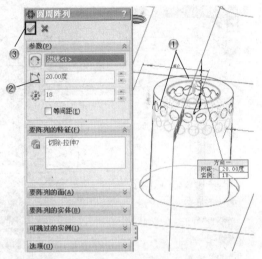

图11-134　圆周阵列2

19 线性阵列1

单击【草图】工具栏中的 ▦【线性草图阵列】按钮，弹出【线性阵列】属性管理器，如图11-135所示。

① 选择阵列对象和方向。

② 设置阵列参数。

③ 单击【确定】按钮。

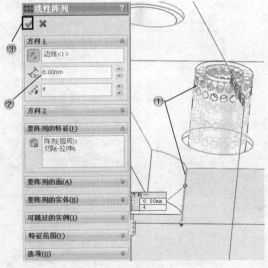

图11-135　线性阵列1

20 线性阵列2

单击【草图】工具栏中的 【线性草图阵列】按钮，弹出【线性阵列】属性管理器，如图11-136所示。

① 选择阵列对象和方向。

② 设置阵列参数。

③ 单击【确定】按钮。

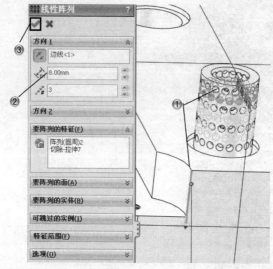

图11-136 线性阵列2

21 线性阵列3

单击【草图】工具栏中的 【线性草图阵列】按钮，弹出【线性阵列】属性管理器，如图11-137所示。

① 选择阵列对象和方向。

② 设置阵列参数。

③ 单击【确定】按钮。

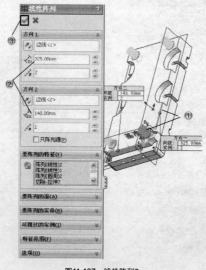

图11-137 线性阵列3

22 选择草绘面4

　　单击【草图】工具栏中的 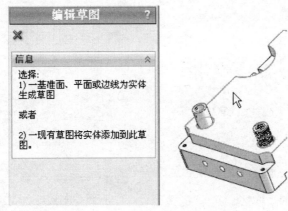 【草图绘制】按钮，单击选择平面进行绘制，如图11-138所示。

图11-138　选择草绘面4

23 绘制小圆3

　　单击【草图】工具栏中的 ◎ 【圆】按钮，绘制小圆，如图11-139所示。

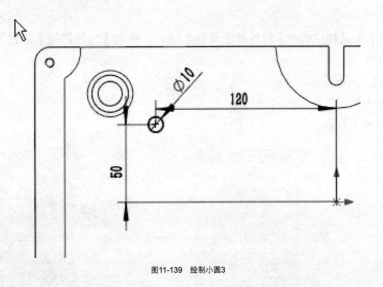

图11-139　绘制小圆3

24 绘制同心圆2

　　单击【草图】工具栏中的 ◎ 【圆】按钮，绘制同心圆，如图11-140所示。单击【草图】工具栏中的 ◎ 【退出草图】按钮。

25 拉伸凸台2

　　单击【特征】工具栏中的 ◎ 【拉伸凸台／基体】按钮，弹出【凸台-拉伸】的属性管理器，如图11-141所示。

① 设置拉伸参数。

② 单击【确定】按钮。

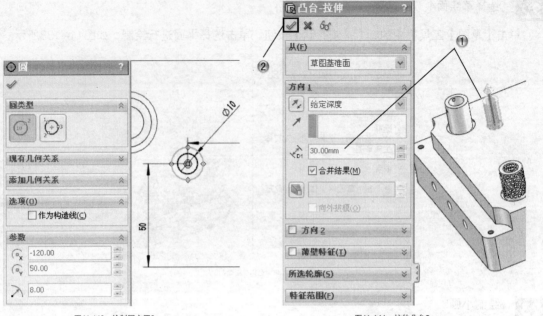

图11-140　绘制同心圆2　　　　　　　　　　　　　　　图11-141　拉伸凸台2

26　线性阵列4

单击【草图】工具栏中的 【线性草图阵列】按钮，弹出【线性阵列】属性管理器，如图11–142所示。

① 选择阵列对象和方向。

② 设置阵列参数。

③ 单击【确定】按钮。

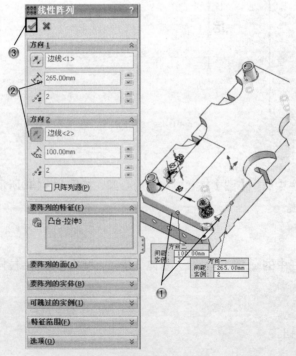

图11-142　线性阵列4

3. 创建模芯组件

01 选择草绘面1

单击【草图】工具栏中的 ✎【草图绘制】按钮，单击选择平面进行绘制，如图11–143所示。

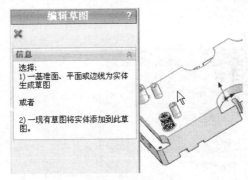

图11-143　选择草绘面1

02 绘制矩形1

单击【草图】工具栏中的 ▭【边角矩形】按钮，绘制矩形，如图11–144所示。

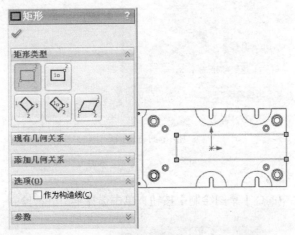

图11-144　绘制矩形1

03 标注尺寸1

单击【草图】工具栏中的 ✎【智能尺寸】按钮，弹出【尺寸】对话框，标注矩形，如图11–145所示。单击【草图】工具栏中的 ✎【退出草图】按钮。

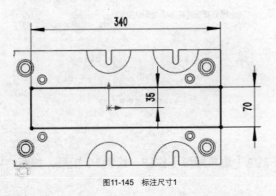

图11-145　标注尺寸1

04 拉伸凸台1

单击【特征】工具栏中的 【拉伸凸台／基体】按钮，弹出【凸台－拉伸】的属性管理器，如图11-146所示。

① 设置拉伸参数。

② 单击【确定】按钮。

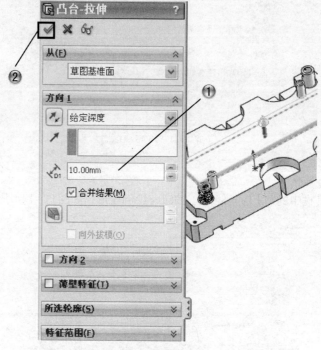

图11-146　拉伸凸台1

05 选择草绘面2

单击【草图】工具栏中的 【草图绘制】按钮，单击选择平面进行绘制，如图11-147所示。

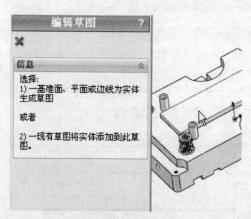

图11-147　选择草绘面2

06 绘制矩形2

单击【草图】工具栏中的 【边角矩形】按钮，绘制3个矩形，如图11-148所示。

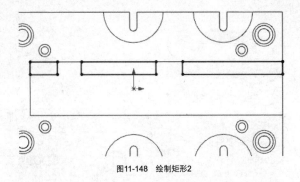

图11-148 绘制矩形2

07 标注尺寸2

单击【草图】工具栏中的 ◈ 【智能尺寸】按钮，弹出【尺寸】对话框，标注矩形，如图11-149所示。

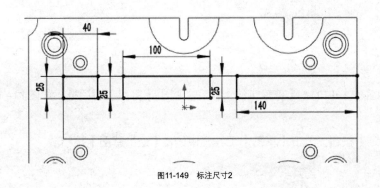

图11-149 标注尺寸2

08 绘制圆1

单击【草图】工具栏中的 ◎ 【圆】按钮，绘制圆，如图11-150所示。

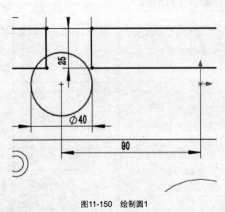

图11-150 绘制圆1

09 阵列矩形

单击【草图】工具栏中的 ▦ 【线性草图阵列】按钮，弹出【线性阵列】属性管理器，如图11-151所示。

① 选择阵列对象和方向。

② 设置阵列参数。

③单击【确定】按钮。

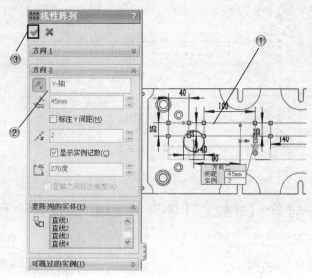

图11-151 阵列矩形

10 剪裁草图1

单击【草图】工具栏中的📄【剪裁实体】按钮，弹出【剪裁】对话框，如图11-152所示。

①剪裁圆形。

②单击【确定】按钮。单击【草图】工具栏中的📄【退出草图】按钮。

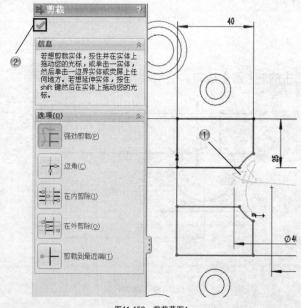

图11-152 剪裁草图1

11 拉伸凸台2

单击【特征】工具栏中的📄【拉伸凸台／基体】按钮，弹出【凸台-拉伸】的属性管理器，如图11-153所示。

①设置拉伸参数。

② 单击【确定】按钮。

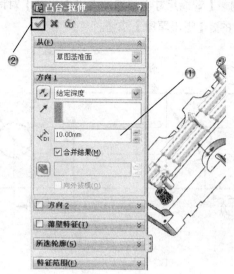

图11-153　拉伸凸台2

12 选择草绘面3

单击【草图】工具栏中的 ☑【草图绘制】按钮，单击选择平面进行绘制，如图11-154所示。

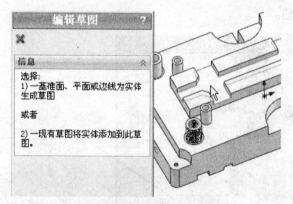

图11-154　选择草绘面3

13 绘制圆2

单击【草图】工具栏中的 ☉【圆】按钮，绘制2个圆，如图11-155所示。

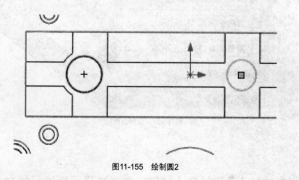

图11-155　绘制圆2

14 标注尺寸3

单击【草图】工具栏中的 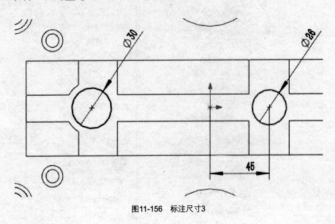【智能尺寸】按钮，弹出【尺寸】对话框，标注圆形，如图11-156所示。单击【草图】工具栏中的【退出草图】按钮。

图11-156 标注尺寸3

15 拉伸凸台3

单击【特征】工具栏中的【拉伸凸台／基体】按钮，弹出【凸台-拉伸】的属性管理器，如图11-157所示。

① 设置拉伸参数。
② 单击【确定】按钮。

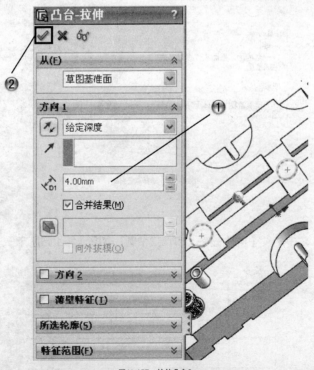

图11-157 拉伸凸台3

16 选择草绘面4

单击【草图】工具栏中的【草图绘制】按钮，单击选择平面进行绘制，如图11-158所示。

17 绘制矩形3

单击【草图】工具栏中的□【边角矩形】按钮，绘制2个矩形，如图11-159所示。

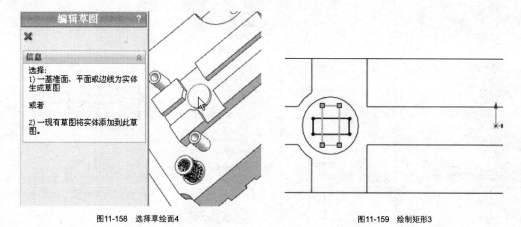

图11-158　选择草绘面4　　　　　　　图11-159　绘制矩形3

18 标注尺寸4

单击【草图】工具栏中的◇【智能尺寸】按钮，弹出【尺寸】对话框，标注矩形，如图11-160所示。

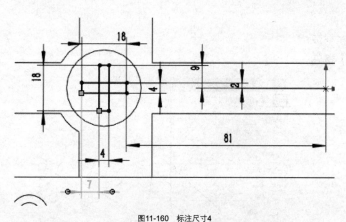

图11-160　标注尺寸4

19 剪裁草图2

单击【草图】工具栏中的⊞【剪裁实体】按钮，弹出【剪裁】对话框，如图11-161所示。

①剪裁矩形。

②单击【确定】按钮。

20 线性阵列1

单击【草图】工具栏中的▦【线性草图阵列】按钮，弹出【线性阵列】属性管理器，如图11-162所示。

①选择阵列对象和方向。

②设置阵列参数。

③单击【确定】按钮。单击【草图】工具栏中的◢【退出草图】按钮。

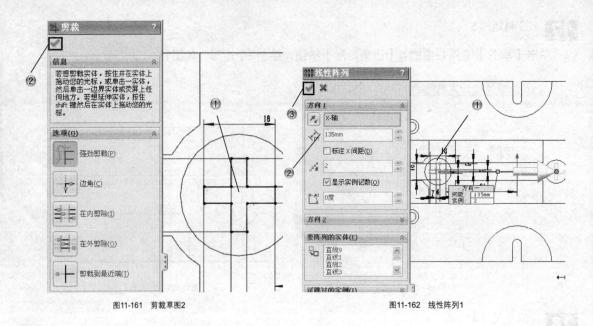

图11-161 剪裁草图2 　　　　　　　　　　　　　图11-162 线性阵列1

21 切除拉伸1

单击【特征】工具栏中的 【拉伸切除】按钮，弹出【切除–拉伸】的属性管理器，如图11–163所示。

①设置拉伸切除参数。

②单击【确定】按钮。

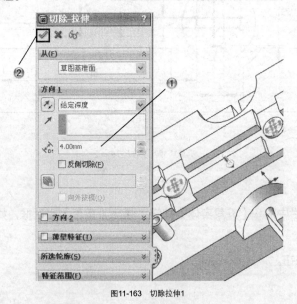

图11-163 切除拉伸1

22 选择草绘面5

单击【草图】工具栏中的 【草图绘制】按钮，单击选择平面进行绘制，如图11–164所示。

23 绘制圆3

单击【草图】工具栏中的 【圆】按钮，绘制圆，如图11–165所示。最后单击【草图】工具栏中的 【退出草图】按钮。

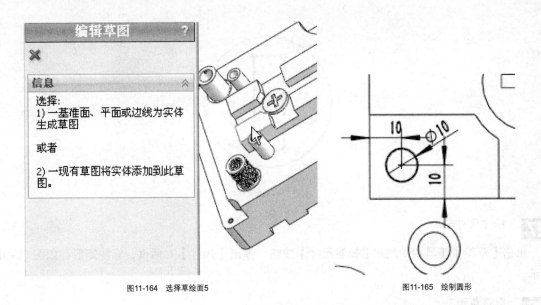

图11-164　选择草绘面5　　　　　　　　　图11-165　绘制圆形

24　拉伸凸台4

单击【特征】工具栏中的 【拉伸凸台／基体】按钮，弹出【凸台–拉伸】的属性管理器，如图11-166所示。

① 设置拉伸参数。

② 单击【确定】按钮。

25　选择草绘面6

单击【草图】工具栏中的 【草图绘制】按钮，单击选择平面进行绘制，如图11-167所示。

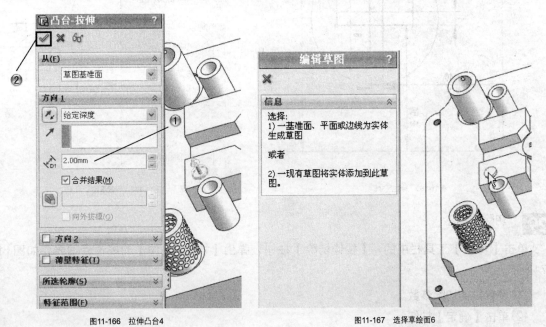

图11-166　拉伸凸台4　　　　　　　　　图11-167　选择草绘面6

26　绘制矩形4

单击【草图】工具栏中的 【边角矩形】按钮，绘制2个矩形，如图11-168所示。

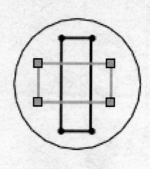

图11-168　绘制矩形4

27 标注尺寸5

单击【草图】工具栏中的⊘【智能尺寸】按钮，弹出【尺寸】对话框，标注矩形，如图11-169所示。

28 剪裁草图3

单击【草图】工具栏中的◪【剪裁实体】按钮，弹出【剪裁】对话框，如图11-170所示。

① 剪裁矩形。

② 单击【确定】按钮。单击【草图】工具栏中的◪【退出草图】按钮。

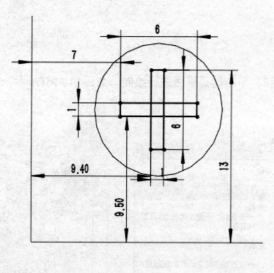

图11-169　标注尺寸5

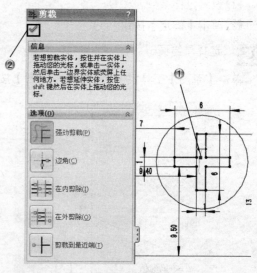

图11-170　剪裁草图3

29 切除拉伸2

单击【特征】工具栏中的◪【拉伸切除】按钮，弹出【切除–拉伸】的属性管理器，如图11-171所示。

① 设置拉伸切除参数。

② 单击【确定】按钮。

30 线性阵列2

单击【特征】工具栏中的▦【线性阵列】按钮，弹出【线性阵列】属性管理器，如图11-172所示。

① 选择阵列对象和方向。

② 设置阵列参数。

③ 单击【确定】按钮。

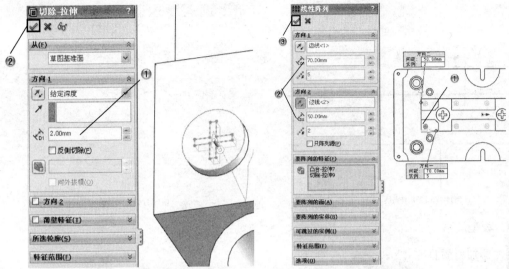

图11-171 切除拉伸2　　　　　　　　　　　　　图11-172 线性阵列2

31　选择草绘面7

单击【草图】工具栏中的 【草图绘制】按钮，单击选择平面进行绘制，如图11-173所示。

32　绘制直线

单击【草图】工具栏中的 【直线】按钮，绘制直线，如图11-174所示。

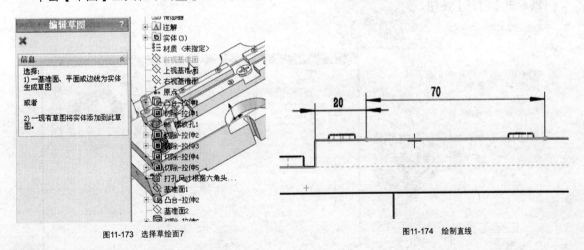

图11-173 选择草绘面7　　　　　　　　　　　　　图11-174 绘制直线

33　绘制样条线

单击【草图】工具栏中的 【样条曲线】按钮，绘制曲线，如图11-175所示。单击【草图】工具栏中的 【退出草图】按钮。

34　切除旋转

单击【特征】工具栏中的 【旋转切除】按钮，弹出【切除-旋转】的属性管理器，如图11-

176所示。

① 设置旋转切除参数。

② 单击【确定】按钮。

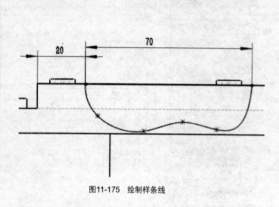

图11-175 绘制样条线

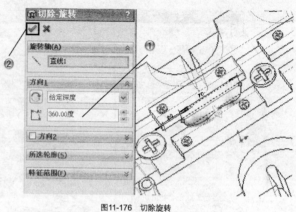

图11-176 切除旋转

4. 模型渲染

01 添加材质1

单击【渲染工具】工具栏中的 【编辑外观】按钮，打开【color（颜色）】属性管理器，如图11-177所示。最后单击【浏览】按钮。

02 选择材质1

在弹出的【打开】对话框中选择材质，如图11-178所示。

① 选择钢材质。

② 单击【打开】按钮。

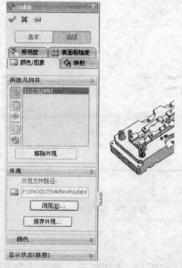

图11-177 添加材质1

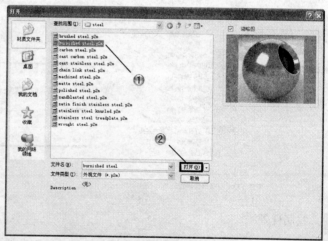

图11-178 选择材质1

03 添加颜色

单击【渲染工具】工具栏中的 【编辑外观】按钮，打开【磨光钢】属性管理器，如图11-179所示。

① 选择模型侧面。

② 单击选择颜色。

③ 单击【确定】按钮。

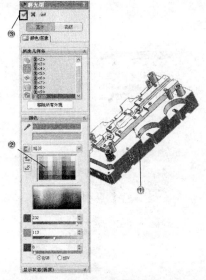

图11-179　添加颜色

04 添加材质2

单击【渲染工具】工具栏中的 【编辑外观】按钮，打开【color（颜色）】属性管理器，如图11-180所示。

① 选择凸台拉伸2和阵列特征。

② 单击【浏览】按钮。

05 选择材质2

在弹出的【打开】对话框中选择材质，如图11-181所示。

① 选择拉丝锌材质。

② 单击【打开】按钮。

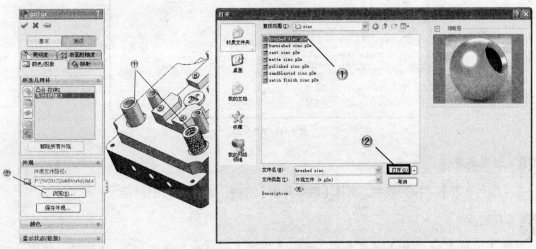

图11-180　添加材质2　　　　　　　图11-181　选择材质2

06 添加材质3

单击【渲染工具】工具栏中的 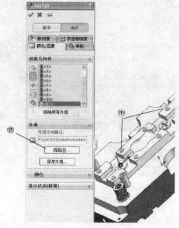 【编辑外观】按钮，打开【color（颜色）】属性管理器，如图11-182所示。

① 选择螺钉表面。

② 单击【浏览】按钮。

图11-182　添加材质3

07 选择材质3

在弹出的【打开】对话框中选择材质，如图11-183所示。

① 选择金色材质。

② 单击【打开】按钮。

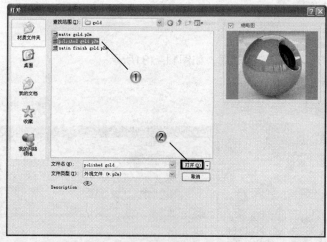

图11-183　选择材质3

08 设置场景

在【应用布景】下拉列表中，选择【院落背景】选项，如图11-184所示。

09 开启插件

选择【工具】|【插件】菜单命令，弹出【插件】对话框，如图11-185所示，选择并打开

"PhotoView360" 选项。

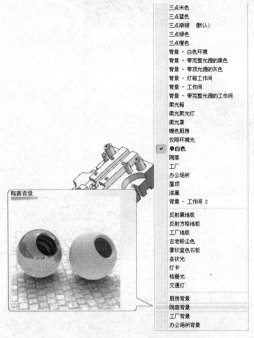

图11-184　设置场景

图11-185　开启插件

10　预览渲染

选择【PhotoView 360】|【预览渲染】菜单命令，进行预览，如图11-186所示。

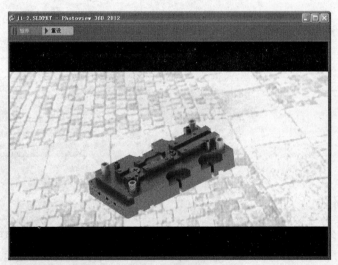

图11-186　预览渲染

11　最终渲染

单击【渲染工具】工具栏中的⬛【最终渲染】按钮，打开如图11-187所示的【最终渲染】对话框，进行查看。

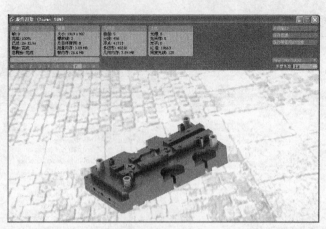

图11-187　最终渲染

12　保存图像

①单击【最终渲染】对话框中的【保存图像】按钮，弹出【Save Image】对话框，如图11-188所示。

②设置文件名称。

③单击【保存】按钮。

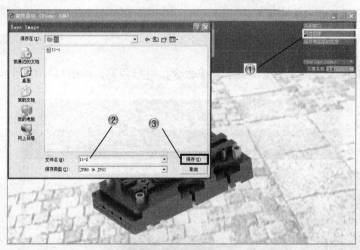

图11-188　保存图像

11.2.3　知识回顾

本节讲解了一个冲压模具模型的创建过程，主要介绍多种实体拉伸和拉伸切除，以及阵列命令的使用方法。通过使用软件的各种命令，读者可以对整个软件的实体模块创建有一个深刻的认识。

附 录

附录一　SolidWorks 2012快捷命令

SolidWorks 2012软件查看和设置命令的方法。

1. 选择【工具】|【自定义】菜单命令，弹出如下的【自定义】对话框。在【工具栏】选项卡中可以设置命令所在的工具栏。

2. 然后打开【命令】选项卡，此时即可设置快捷命令按钮。

SolidWorks 2012软件快捷方式表

命　令	快　捷　键
放大	Shift+Z
缩小	Z
整屏显示全图	F
上一视图	Ctrl+Shift+Z
视图定向菜单	空格键
前视	Ctrl+1
后视	Ctrl+2
左视	Ctrl+3
右视	Ctrl+4

命　令	快　捷　键
上视	Ctrl+5
下视	Ctrl+6
等轴测	Ctrl+7
正视于	Ctrl+8
过滤边线	E
过滤顶点	V
过滤面	X
帮助	F1
切换选择过滤器工具栏	F5
切换选择过滤器（开/关）	F6
从 WEB 文件夹打开	Ctrl+W
从零件制作工程图	Ctrl+D
从零件制作装配体	Ctrl+A
打印	Ctrl+P
重复上一命令	Enter
撤销	Ctrl+Z
剪切	Ctrl+X
复制	Ctrl+C
粘贴	Ctrl+V
下一窗口	Ctrl+F6
关闭窗口	Ctrl+F4
删除	Delete
新建	Ctrl+N
打开	Ctrl+O
保存	Ctrl+S
恢复	Ctrl+Y
重建模型	Ctrl+B
重建模型及其所有特征	Ctrl+Q
重绘屏幕	Ctrl+R
在打开的文件之间循环	Ctrl+Tab
旋转模型	水平或竖直：方向键；顺时针或逆时针：Alt+左或右方向键
平移模型	Ctrl+方向键
鼠标滚轮的快捷键	
平移	按住 Ctrl 键并使用鼠标中间按键来拖动
旋转零件或装配体	使用鼠标中间按键来拖动。
缩放所有类型的文件	按住 Shift 键并使用鼠标中间按键来拖动

附录二　国内外CAD/CAM网站介绍

1. PTC官网

网站名称： 美国参数技术公司（PTC）官方网站

网站网址： http://www.ptc.com

网站介绍： 美国参数技术公司（Parametric Technology Corporation，PTC公司）在1985年建立。PTC的产品开发系统PDS使客户可以在1个整合的平台上进行产品研发设计；PTC凭借5大产品线（Pro/ENGINEER、Windchill、Arbortext、MathCAD、Cocreate），配合世界级的技术支持和服务已成为全球CAID/CAD/CAE/CAM/PDM领域最具代表性的软件公司之一。PTC官网是PTC公司为了全球客户进行交流和了解PTC产品而建立的良好的设计技术交流平台。

2. CAD设计网

网站名称： CAD设计网

网站网址： http://www.askcad.com

网站介绍： CAD设计网（askcad.com）是专业的CAD/CAE/CAM类软件的技术交流社区，用户都是对CAD/CAE/CAM软件技术感兴趣的专业人士，或者是有继续深造等需求的人士（包括在校学生）和乐于分享知识的人士（包括高校老师和专业CAD/CAE/CAM公司人员）。

3. 云杰漫步CAX设计网

网站名称： YCAX——云杰漫步科技CAX设计论坛网

网站网址： http://www.yunjiework.com/bbs

网站介绍： 该网站是云杰漫步科技公司为方便CAD/CAM/CAE设计者交流而专门建立的，是国内最具人气的CAD/CAM/CAE学习和交流网站之一。论坛分为多个专业版块，可以向读者提供云杰漫步科技CAX设计教研室最新书籍的出版信息；还可以向读者提供实时的软件技术支持，解答读者在使用本书及相关软件时遇到的问题；同时论坛提供了强大的资料下载功能。

4. 智造网

网站名称： 智造网

网站网址： http://www.idnovo.com.cn

网站介绍： 智造网由机械工业信息研究院主办，是1个融汇知识与信息、具有专业工具协同设计制造功能和充满互动乐趣的服务平台，它致力于搭建1个开拓视野的平台，广泛介绍国内外前沿的设计、制造理念，并将先进的技术、工具引入到中国广大的制造业从业者当中，同时形成专业人员的互动平台。

5. 开思网

网站名称： 开思网

网站网址： http://www.icax.org

网站介绍： 开思网是国内大型CAD/CAE/CAM/PLM/ERP信息交流平台，包括工业设计、产品设计、模具设计、数控加工、有限元分析、机械制造、CAX视频在线学习及软件技术交流等内容。

6. UG技术论坛网

网站名称： UG技术论坛

网站网址： http://bbs.uggd.com

网站介绍： UG技术论坛创建于2005年，是全国最大的CAD/CAM和模具技术交流网站之一，一直致力于为中国乃至全球的模具企业提供最专业、最有价值的技术交流平台、网络营销及资讯服务。